对照Excel，
零基础学Python 数据分析

杨开振 著

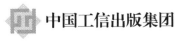

图书在版编目（CIP）数据

对照Excel，零基础学Python数据分析 / 杨开振著
. -- 北京 : 人民邮电出版社，2023.6
ISBN 978-7-115-60788-1

Ⅰ．①对… Ⅱ．①杨… Ⅲ．①软件工具－程序设计
Ⅳ．①TP311.561

中国版本图书馆CIP数据核字(2022)第252237号

内 容 提 要

本书主要介绍如何使用 Python 处理 Excel 数据。本书内容分为三大部分：第一部分主要介绍数据分析的概念和 Python 基础；第二部分通过蜂蜜电商数据分析案例详细介绍数据分析的技术要点，包括读写 Excel 文件所需的 xlwings 库和 openpyxl 库、数据分析的 pandas 核心库，以及数据可视化常用的 Matplotlib 库和 Seaborn 库；第三部分包括个人消费贷款数据分析和螺蛳粉连锁店销售数据分析两个实践案例，通过实践案例帮助读者回顾理论知识并提高实践能力。

本书适合 Python 零基础且需要处理大量 Excel 数据的办公人员阅读，也可以作为学习 Python 数据分析的入门教程。

◆ 著　　　　杨开振
　　责任编辑　刘雅思
　　责任印制　王　郁　马振武
◆ 人民邮电出版社出版发行　北京市丰台区成寿寺路 11 号
　　邮编　100164　电子邮件　315@ptpress.com.cn
　　网址　https://www.ptpress.com.cn
　　北京市艺辉印刷有限公司印刷
◆ 开本：800×1000　1/16
　　印张：15.25　　　　　　2023 年 6 月第 1 版
　　字数：371 千字　　　　 2023 年 6 月北京第 1 次印刷

定价：69.80 元

读者服务热线：**(010)81055410**　印装质量热线：**(010)81055316**
反盗版热线：**(010)81055315**
广告经营许可证：京东市监广登字 20170147 号

为什么要使用 Python 分析 Excel 数据

在使用传统办公软件进行数据分析的过程中，我们使用最多的数据分析工具莫过于 Excel 电子表格。但是，随着技术的日新月异，尤其是移动互联网时代的到来，数据量日益膨胀，业务也日趋复杂化，使用传统的办公软件 Excel 做数据分析日渐困难。主要体现在以下 4 点。

- 大量的数据导致 Excel 性能低下。如果只是处理几千条记录，Excel 的性能还是有保障的，但是需要处理几万条甚至几百万条记录时，Excel 的性能就很难得到保障了，在打开 Excel 的瞬间 Excel 可能就开始卡顿，无法再进行任何操作。对于需要处理移动互联网大量数据的企业，这是十分常见的场景，显然 Excel 已经无法满足需求。
- 业务的日趋复杂。Excel 的功能是有限的，业务的复杂化决定了一些复杂的数据分析和统计操作进行起来十分困难，这是 Excel 的局限性。
- 大量的手动操作易出错。使用 Excel 需要手动反复操作，稍有不慎就会出错，尤其是需要统计数百条及以上的 Excel 数据时，更是如此。
- 无法满足时效性。大量的数据或者多个 Excel 文件的使用都会造成统计困难。面对十万级的数据，Excel 打开时就会卡顿，而且在进行统计分析的过程中更是随时可能卡顿甚至崩溃，这必将对时效性造成很大影响。此外，有些企业将数据分散在多个 Excel 文件中，对成百上千个 Excel 文件进行数据整合就需要花费很长时间，加上还要处理这些数据，往往也无法保证时效性。

正是由于以上这些困难，我们需要一种新的工具来改进数据分析过程。Python 语言是主流编程语言，兼具简单和高效的特点，十分适合初学编程的人士学习。学会 Python 语法基础后，再结合 pandas 这个强有力的数据分析库，就能够通过短短的几行到十几行代码完成数据分析。Python 可以避免 Excel 数据分析所遇到的各种困难和局限性，使用 Python 来分析 Excel 数据是十分合适的，可以大大提高数据分析的效率。

本书特色与结构

在开始编写本书时，我就已经决定了本书不会面面俱到，而是有的放矢、突出重点，面向需要使用 Python 进行数据分析的非专业编程人员。由于面向的读者是非专业编程人员，因此本书会尽可能精简化，精简化包含以下两方面的意思。

- 知识点精选。不涉及数据分析的内容尽量简化。

- 内容简单化。不谈复杂的内容，只谈常见的数据分析知识点。

本书从这两个方面来降低读者的学习门槛和学习成本，以帮助读者尽快上手实践。在内容编排上，结合 Excel 的操作对应讲解 Python 数据分析如何实现，进一步让办公自动化人员更轻松地入门 Python 数据分析。

本书覆盖了 Python 数据分析的主要知识点，并强调实践，通过蜂蜜电商数据分析，一边讲解 Excel 操作，一边讲解 Python 代码，使读者能够在实践应用中学习知识。本书覆盖了进行数据分析所需掌握的大部分知识点，以便读者应对各类数据分析场景，做到从实践中来，到实践中去。

对非专业编程人员来说，灵活编程是比较困难的，这是我在实践中发现的一个普遍问题。大部分 Python 数据分析的案例和流程相对固化，本书突出了这些固化的案例和流程，并指导读者通过修改文件路径、统计方法和参数来灵活应对大部分的数据分析任务，这样就可以大大降低开发的难度了。

本书共分为三大部分。

- 第一部分：介绍数据分析的概念和 Python 基础，为后续的学习奠定基础。这一部分主要讲解进行数据分析所需掌握的 Python 语法，对于其他用得不多的知识点尽量简化甚至忽略。
- 第二部分：讲解蜂蜜电商数据分析案例，覆盖进行数据分析所需掌握的大部分知识点。这一部分会结合 Excel 操作来讲解 Python 编程实现案例，包括读写 Excel 文件所需的 xlwings 库和 openpyxl 库、数据分析 pandas 核心库，以及数据可视化常用的 Matplotlib 库和 Seaborn 库的各个知识点。
- 第三部分：进行 Excel 数据分析实践，包括个人消费贷款数据分析和螺蛳粉连锁店销售数据分析两个实践案例。个人消费贷款数据分析主要涉及数据处理、筛选、统计分析和数据可视化等操作。螺蛳粉连锁店销售数据分析主要涉及多 Excel 文件和多工作表下的数据整合与分析。这一部分可以让读者体验到如何将所学的知识应用到实践中。

软件版本

本书中用到的 Python 版本是 3.10.1，其他所涉及的数据分析库的版本分别是 pandas 1.4.3、NumPy 1.23.0、openpyxl 3.0.10、xlwings 0.27.10、Matplotlib 3.5.2 和 Seaborn 0.11.2。

读者对象

本书适合 Python 零基础且需要处理大量 Excel 数据的办公人员阅读，如从事文秘、金融、行政、人事、销售、管理、财务等岗位的人士。本书也适合作为学习 Python 数据分析的入门教程。

致谢

感谢人民邮电出版社异步图书的各位编辑，尤其是杨海玲老师对本书的内容和编写提出了很多有用的建议，刘雅思老师进行了全书的审读。没有她们的努力，就没有本书的顺利出版。

同时感谢我的家人在我创作本书时对我的支持和关心。

勘误

由于能力有限，尽管尽了最大努力，书中也难免存在不足之处，如果您发现了本书存在的问题，请与异步社区或者我本人联系，以便本书后续的修订。

资源与支持

本书由异步社区出品，社区（https://www.epubit.com）为您提供相关资源和后续服务。

配套资源

本书提供配套 Excel 文件和 Python 源代码。要获得相关配套资源，请在异步社区本书页面中点击 配套资源 ，跳转到下载页面，按提示进行操作即可。注意：为保证购书读者的权益，该操作会给出相关提示，要求输入提取码进行验证。

提交勘误

作者和编辑尽最大努力来确保书中内容的准确性，但难免会存在疏漏。欢迎您将发现的问题反馈给我们，帮助我们提升图书的质量。

当您发现错误时，请登录异步社区，按书名搜索，进入本书页面，点击"提交勘误"，输入勘误信息，点击"提交"按钮即可。本书的作者和编辑会对您提交的勘误进行审核，确认并接受后，您将获赠异步社区的 100 积分。积分可用于在异步社区兑换优惠券、样书或奖品。

扫码关注本书

扫描下方二维码，您将会在异步社区微信服务号中看到本书信息及相关的服务提示。

与我们联系

我们的联系邮箱是 contact@epubit.com.cn。

如果您对本书有任何疑问或建议，请您发邮件给我们，并请在邮件标题中注明本书书名，以便我们更高效地做出反馈。

如果您有兴趣出版图书、录制教学视频，或者参与图书技术审校等工作，可以发邮件给本书的责任编辑（liuyasi@ptpress.com.cn）。

如果您来自学校、培训机构或企业，想批量购买本书或异步社区出版的其他图书，也可以发邮件给我们。

如果您在网上发现有针对异步社区出品图书的各种形式的盗版行为，包括对图书全部或部分内容的非授权传播，请您将怀疑有侵权行为的链接通过邮件发给我们。您的这一举动是对作者权益的保护，也是我们持续为您提供有价值的内容的动力之源。

关于异步社区和异步图书

"异步社区"是人民邮电出版社旗下 IT 专业图书社区，致力于出版精品 IT 图书和相关学习产品，为作译者提供优质出版服务。异步社区创办于 2015 年 8 月，提供大量精品 IT 图书和电子书，以及高品质技术文章和视频课程。更多详情请访问异步社区官网 https://www.epubit.com。

"异步图书"是由异步社区编辑团队策划出版的精品 IT 专业图书的品牌，依托于人民邮电出版社的计算机图书出版积累和专业编辑团队，相关图书在封面上印有异步图书的 LOGO。异步图书的出版领域包括软件开发、大数据、AI、测试、前端、网络技术等。

异步社区

微信公众号

目　录

第一部分　数据分析的概念和 Python 基础

第二部分 蜂蜜电商数据分析

第三部分 实践案例

第一部分

数据分析的概念和 Python 基础

　　这一部分包含两方面的内容：一方面是为什么需要进行数据分析以及数据分析的主要流程和方法，另一方面是进行数据分析所需掌握的 Python 语言基础知识，这些内容是进行数据分析的基石。这一部分只集中讲解数据分析中必要的和常用的知识。

第1章

数据分析基础知识

    数据分析是指用适当的统计分析方法对收集来的大量数据进行分析与汇总，以便理解与利用，以求最大化地开发数据的功能，发挥数据的作用。数据分析是为了提取有用信息并形成结论而对数据加以详细研究和概括总结的过程。数据分析的数学基础在 20 世纪早期就已经确立，但一直受限于工具，直到计算机的出现，数据分析的实践才具有可能性，并得以推广。因此现代的数据分析是数学与计算机科学相结合的产物。

1.1　为什么要做数据分析

    数据分析的目的是把隐藏在大量看起来杂乱无章的数据中的信息集中和提炼出来，从而找出研究对象的内在规律，供企业参考，以避免决策的盲目性和自发性。但是需要注意的是，数据分析只是根据过往的经验进行统计分析，不能作为决策时的绝对依据，因为过往的经验基于的是过去的形势，而决策只能依据当前形势，如果不看当前形势是否发生了变化，仅凭过往经验去决策，很容易犯错。从这一点来说，数据分析只能辅助决策，作为决策的参考，而决策本身必须根据自身情况和当前形势来确定。

    一个人在做决策时常常需要回答 3 个问题。

- 我是谁？明确自己的定位，能做什么，不能做什么。明确自己的能力，能力必须匹配你所能做的事情。
- 我要做什么？根据自己的能力选择自己的方向和目标，相信读者也听过这句名言："选择比努力更重要。"
- 我应该怎么做？明确了自己的能力，选择了自己的方向和目标后，就要考虑如何落实了。

企业在做决策时也需要面对类似的 3 个问题。

- 企业的业务方向是什么，能力如何？明确企业是做什么的，以及在行业的地位和现有的实力，能做什么不能做什么。
- 企业当前要做什么？明确企业是要延续现有的业务，还是开启新业务，新旧业务的前景如何，机遇和挑战各自是什么。

- 企业应该怎么开展后续的业务？明确企业现在存在的问题，以及如何改正。如果要开启新业务，那么应如何开展，如何规避风险、提高效益等。

总的来说，数据分析的作用主要是分析现状、分析具体问题和预测未来，从而达到辅助决策的目的。

1.1.1 分析现状

数据分析的一个重要目标是对现状进行分析，让企业知道现今的状况如何，一般的现状又分为以下两方面。

- 企业整体运营的情况，一般通过财务报表进行分析，比如资产负债表、损益表和现金流量表三大报表，这些是企业运营中最重要的报表，借助它们可以从整体上分析企业运营的情况。
- 企业的业务往往是由各种业务组成的，这些业务错综复杂，甚至彼此存在关联。因此还需要分析企业的业务构成，还有它们的变化趋势以及关联度，这样才能动态且准确地掌握企业运营情况。比如旧业务是持续兴旺，还是快速衰败；新业务是在萌芽阶段，还是在快速崛起或者已经处于成熟阶段，如果可以使用数据分析的方法去监控这些数据，就很有利于企业对业务进行调整。

一般来说可以分析企业的日报、旬报、月报、季报和年报等，从不同的时间维度来监控企业运营的情况以做出相应的决策。

1.1.2 分析具体问题

一般来说，进行整体分析后，对数据的分析会集中在业务问题上，比如分析哪些产品是人们喜欢的，哪些产品是人们不喜欢的。通过数据分析，对于人们喜欢但供应不足的产品，应该考虑增加供应；对于人们不喜欢但供应过多的产品，应该考虑减少供应。这样的分析对于管理人员也是有用的，比如在一个项目中，个人的能力肯定是参差不齐的，那么就要分析哪些员工能力强，可以多委派些工作，哪些员工能力弱，需要培训和改进，从而提高团队的整体能力，减少项目的风险。

1.1.3 预测未来

对现有业务的分析，有时还需要预测未来的情况。比如奶茶业，受地域位置的影响，北京的奶茶业肯定是很难和广州的奶茶业相比的，因为广州位于亚热带，气温高、夏季时间长，人们对奶茶的需求更大；同时，奶茶业也受季节的影响，冬天喝冷饮的人总体较少。用历年的销售数据来预测未来什么产品应该减少，什么产品应该增加，甚至对应的产品应该减少多少或增加多少等，都需要进行数据分析，才能做出更为准确和合理的判断，以指导企业的规划。

若要开展新业务，需要对其进行预估。比如现今柳州螺蛳粉成为最受欢迎的小吃之一，那么其原因是什么？其他相关的企业经营数据如何？如果要加入这个行业，风险点在哪里？投资和收益比又如何？这些都是在开展新业务之前需要分析的问题，通过分析结果可以预估新业务的可行性。

1.2   为什么要使用 Python 做数据分析

本节先介绍数据分析的历史，再讨论为什么使用 Python 进行数据分析会成为主流。

1.2.1   数据分析的历史

数据分析的数学模型始于 20 世纪早期，但是受限于工具，数据分析一直难以进行，直到计算机出现，数据分析才逐渐得以发展。在计算机出现之前，数据分析主要集中在数据采集上。但是早期数据分析并没有随着计算机的出现而兴盛起来，一个根本的原因是早期计算机的功能十分有限，且实现数据分析的方法也很复杂，需要大量学习相关知识后才能使用计算机进行数据分析，所以早期计算机出现时，主要的数据分析集中在高精尖项目上，比如航天事业。从这一点来看，数据分析是十分依赖工具的，因此谈到数据分析的历史，我们一定要注意工具的重要性。

真正能让办公人员进行数据分析的是 20 世纪 90 年代计算机办公软件中电子表格工具（尤其是微软 Office 组件中的 Excel 软件）的出现。办公人员通过操作表格，大大降低了学习的难度，也能够快速地得到自己想要的结果。Excel 的功能不断地增强，办公人员从中受益良多。那时候互联网还没有发展起来，大部分企业的数据规模较小，业务也没那么复杂，所以一般来说做数据分析使用 Excel 就已经足够了。

但是随着互联网的兴起，尤其是微软 Windows 98 操作系统推出后，互联网开始普及。紧接着就是移动互联网的发展，在 2008 年后，移动互联网得到了长足的发展，使得企业业务规模大幅度增加，数据的规模也随之不断膨胀，与此同时带来的是业务日趋复杂化。而 Excel 在面对大量且复杂的数据时也出现捉襟见肘的情况，甚至难以应对，比如使用 Excel 处理 5000 条记录可以轻松完成，但是要处理 50 万条记录就完全不同了。在计算机中打开有 50 万条记录的 Excel 文件时，计算机已经因消耗资源过多出现了严重卡顿，接下来操作 Excel 的每一步都伴随着卡顿，最终使得操作无法继续进行。因此这个时候更多的数据分析工作只得交由软件开发公司处理，由软件开发公司提取数据、制作报表等。

提出需求，让软件开发公司完成提取数据和制作各类报表等工作，这样进行数据分析，应该说效果是好的。但是很快就会发现存在以下各类问题。

- 软件开发公司的开发是有周期的，而且开发周期一般较长，因此我们很难及时得到数据分析的结果。一般软件开发公司开发大规模系统以 5 年左右为周期，我们不可能等待数年后才解决问题。
- 有些企业在聘请软件开发公司人员开发项目后还会留小部分人员做后续的开发和运维，但是开发人员对业务的掌握程度参差不齐，有时候需要通过和开发人员进行大量的沟通才能让开发人员掌握业务，开发效率低下。
- 业务是不断发展的，有时候数据分析的口径也会发生变化，而向软件开发公司提出新的需求并进行重新开发涉及商务谈判、需求分析、软件开发和验收等阶段，这个过程注定是漫长的。

由此可见，单靠软件开发公司进行数据分析，确实可以处理很大一部分问题，但一些临时出现的、业务发生变化的和新增的需求是无法及时满足的。为了适应这些变化，掌握一种能够基于基础数据自行进行数据分析的工具就十分有必要了。

1.2.2 为什么 Python+Excel 会成为数据分析的主流工具

目前办公人员做数据分析使用的主要工具有 Excel、SQL 和 Python 等。

对于传统的办公自动化人员，数据分析工具以 Excel 为主。SQL 用于对数据库进行数据分析。使用 SQL 进行数据分析，一方面对办公人员来说学习难度较大，因为 SQL 涉及计算机数据库的很多复杂概念，对新手不算特别友好，不太适合一般办公人员学习；另一方面操作数据库也会带来比较大的风险，一旦操作不当容易导致数据安全性问题，得不偿失。

SQL 主要针对数据库，作为操作数据库的语言，虽然在性能上比 Python 好很多，但是在灵活性上远远不如 Python，Python 还有更多支持数据分析功能的模块。比如，在进行数据分析时，经常要绘制各类图表，此时 SQL 就无能为力了，而对 Python 来说，只需要使用 Matplotlib 库就可以了，而且学习起来也相对简单。从实际操作层面来说，除非是海量级的数据（一般是百万级或以上）才需要考虑使用 SQL，否则使用 Python 就足够了，所以在目前的办公自动化的大背景下，使用 Python 是明智的选择。

计算机编程语言很多，流行的有 C/C++、Java、Python、R 和 Go 语言等，为什么 Python 会脱颖而出呢？主要有 3 个原因：一是 Python 是当下和未来的主流语言；二是 Python 易学易用；三是 Python 语法高效。

（1）Python 是当下和未来的主流语言。目前人工智能（artificial intelligence，AI）、虚拟现实（virtual reality，VR）、网站、爬虫等领域都大量使用了 Python，而 Python 的使用率还在不断增长。在 Tiobe 网站的 2022 年 4 月计算机世界编程语言排行榜中，Python 排名第一，如图 1-1 所示。

Mar 2022	Mar 2021	Change	Programming Language	Ratings	Change
1	3	⌃	Python	14.26%	+3.95%
2	1	⌄	C	13.06%	-2.27%
3	2	⌄	Java	11.19%	+0.74%
4	4		C++	8.66%	+2.14%
5	5		C#	5.92%	+0.95%
6	6		Visual Basic	5.77%	+0.91%
7	7		JavaScript	2.09%	-0.03%
8	8		PHP	1.92%	-0.15%
9	9		Assembly language	1.90%	-0.07%
10	10		SQL	1.85%	-0.02%

图 1-1　2022 年 4 月计算机世界编程语言排行榜前 10 名

可见当前 Python 已经成为全球主流的编程语言，其前景远大。

（2）Python 易学易用。Python 的定位很明确，就是一种简单、易用但专业、严谨的通用组合语言，普通人也能够很容易掌握。Python 对初学者十分友好，其语法简洁明了，能给初学者带来快速掌握的学习体验。即使是对编程完全不了解的零基础人士，只要愿意学习，也可以在几天的时间里学会 Python 的基础部分，然后用 Python 来完成很多任务，比如运用一些常见的公式。

（3）Python 语法高效。如果要绘制图 1-2 所示的柱形图，使用 C/C++语言需要编写 500 行代码，使用 Java 需要编写 100 多行代码，而使用 Python 只需要编写 20 多行代码。显而易见，使用 Python 最方便，因为维护 20 行代码不算复杂，属于办公人员可以承受的范围，而使用 C/C++和 Java 产生的代码量比较大，办公人员就很难承受了。

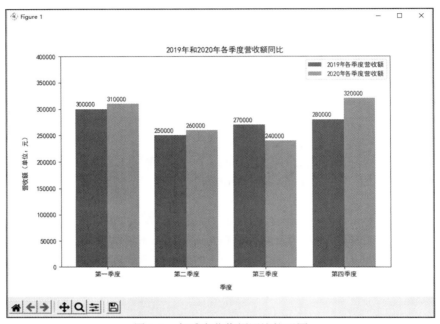

图 1-2 各季度营收额同比柱形图

1.2.3 使用 Python 做数据分析的优势

使用传统办公软件进行数据分析时大多数是基于 Excel 的，但是随着互联网，尤其是移动互联网的发展，企业通过网络获得的数据越来越多，同时业务也渐趋复杂化和多样化。在这样的趋势下，继续使用 Excel 进行数据分析变得越来越困难，主要反映在以下 4 个方面。

- 在 Excel 中一次操作只能处理少量的数据，当用 Excel 打开包含数万行甚至更多行记录的文件时，就会出现卡顿现象，导致操作不顺畅、效率低下。
- 有时候做数据分析需要处理多个 Excel 文件，这样会使操作变得十分复杂和麻烦。比如人事部门需要对员工进行管理，而员工可能有数百人，每个员工都对应一个 Excel 文件，手动操作几百个 Excel 文件的工作量会很大，也容易出现操作失误。
- Excel 的功能是有限的，无法满足日趋复杂的业务需求。
- Excel 需要手动反复操作，不仅耗时，而且容易操作失误。

Python 易学易用，可以通过简短的代码来解决上述问题，所以它成为当前主流的办公数据分析工具。其优势体现在以下 4 个方面。

- 使用 Python 能够处理上万行到几十万行的数据,可以有效改善使用 Excel 处理大量数据时发生卡顿的现象，提高办公效率，原本要好几天才能解决的问题，使用 Python 几分钟就能解决。

- 对于多个 Excel 文件，Python 提供了很多工具来整合数据，避免反复操作 Excel 文件。
- Python 是一门计算功能强大的编程语言，具有很强的计算能力，可以满足日趋复杂的业务需求。
- Python 不需要手动反复操作，只要编写好代码，经过测试后就能高效地实现数据分析了，还可以降低出错的可能性。

可见，使用 Python 进行数据分析已是大势所趋。

1.3　数据分析的对象

数据分析到底需要分析些什么呢？总体来说，数据分析可以从不同的角度进行操作，常见的有总体指标分析、对比分析、按时间维度分析、概率学分析、按指定维度分析等。虽然数据分析的角度很多，但是目的都是分析业务和辅助决策。

1.3.1　总体指标分析

总销量、总订单数以及规模、账户总额等，这些是十分常用的总体指标。在企业数据分析中，最典型的莫过于分析企业的资产负债表、损益表和现金流量表，它们都是衡量一个企业总体情况的数据，可以直接反映企业整体的财务和运营情况。

1.3.2　对比分析

对比分析也是十分常见的，比如企业常常会进行环比分析和同比分析，环比分析是对比上月的数据，同比分析是对比去年同期的数据。对比分析的目的是反映业务的增减量，从而预估未来的情况。事实上，还可以对比不同种类业务的变化趋势。比如 A 款手机去年畅销，但是今年遇冷，而 B 款手机今年畅销，那么进行对比后，就应该适当减少 A 款手机的进货量，增加 B 款手机的进货量。分析结果会影响企业的决策方向。

1.3.3　按时间维度分析

按时间维度分析也是十分常见和重要的，比如年报、季报和月报等。通过数据分析可以得到企业周期性的整体运营情况，也可以预估企业发展的趋势。对于一些特别关注的业务，可以采用旬报、周报，甚至日报等方式监测数据，以便及时做出调整。在数据分析和目标对比完成后，就可以在下一个业务周期调整企业的运营策略了。

1.3.4　概率学分析

对一些需要监测许多货物样本的企业来说，概率学分析是十分常用的。比如对一批货物进行检验，检验结果有合格与不合格之分，相应会产生数学期望、方差和标准差等概率学的指标，此外还有众数、中位数、最大值和最小值等（第 6 章会讨论）。采用概率学分析的方法检验这批货物，可以评估这批货物的整体质量。

1.3.5　按指定维度分析

影响业务的维度很多，但是有时候某个维度的影响比较大。比如以互联网广告收入为主的企业，其关注点可能更多在于用户访问量，因为其广告收入主要依靠网站的流量。鉴于此，这类企业就有必要做用户访问的流量数据分析，看看用户主要访问什么页面、点击什么类型的广告，以辅助预测未来主要接受哪方面的广告、主要的业务方向在哪里。这些维度会因企业业务的不同而有所不同，还会随着社会环境的发展而变化，找准企业发展所需的维度进行分析十分重要。

1.4 数据分析的流程

既然数据分析有如此多好处，那么如何进行数据分析呢？在做一件事情之前，需要先回答两个问题：第一个问题是要做什么，第二个问题是怎么做。要做什么决定了怎么做，因此第一步是熟悉企业的业务和数据，同时明确数据分析的目标，第二步才是思考怎么做。

企业的业务和数据的特点将决定使用什么工具进行数据分析。假如企业的业务很少，数据很简单，那么手动简单处理就可以了，此时采用 Excel 进行处理就很方便，完全不需要用到 Python。如果企业的数据很多，业务也复杂，或者需要处理的文件很多，那么使用 Python 辅助完成数据分析就很有必要了。

在明确了做什么的问题以后，就要考虑怎么做的问题了。对办公人员来说，数据分析的一般流程如图 1-3 所示。

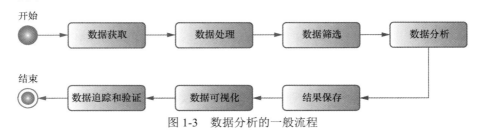

图 1-3 数据分析的一般流程

下面对图 1-3 所示的各个步骤进行讨论。

1.4.1 数据获取

数据获取是指获得业务基础数据，而业务基础数据是进行数据分析的前提条件。一般来说，办公人员可以从 ERP 系统及其他信息系统（或者数据库等）导出各种文件作为业务基础数据。比如常见的 Excel 文件、逗号分隔值（comma-separated values，CSV）文件、JSON 文件等。有些企业甚至直接使用数据库文件作为业务基础数据，允许办公人员或者数据分析师访问。当办公人员或数据分析师获得业务基础数据后，就可以对这些数据进行数据分析了。

1.4.2 数据处理

在获得业务基础数据后，要做的第一件事是验证数据的合法性。常见的非法数据有以下几种。
- 冗余数据：比如订单编号重复、存在两条相同的记录等。
- 逻辑错误：有些数据存在业务逻辑错误，有待修复，比如单品价格和购买数量的乘积不等于总价。
- 数据缺失：比如有的订单没有与对应的客户信息相关联。

在完成数据验证后，需要处理默认值的问题，比如有些订单享有优惠，而有些订单不享有，这样导出的基础数据中就可能存在默认值，在计算时需要考虑通过填充 0 等方式进行相应处理。

1.4.3　数据筛选

数据筛选也是数据分析中的重要步骤。以销售订单为例，存在业务办理成功和失败的情况，此外还有退货的订单，而进行统计分析时，我们往往只需要那些办理成功的订单数据，而不是办理失败和退货的订单数据。有时候，我们可能只需要部分数据，比如只对某类型产品的销量数据感兴趣，这时就需要根据对应的产品类型进行订单数据筛选，以进行下一步的数据分析。

1.4.4　数据分析

在处理完数据并且筛选出需要的数据后，就可以对数据进行分析了。分析数据常见的操作包括统计订单数、销售量求和及求平均值等。对于需要用概率学分析的数据，可能还需要考虑最大值、最小值、均值、方差和标准差等。常见的还有按时间维度分析，比如月报、季报和年报等内容，此外还有同比分析和环比分析。

1.4.5　结果保存

对数据进行分析后，接下来就要考虑对分析的结果进行保存，通常会保存分析的结果和图表等内容。

1.4.6　数据可视化

数据分析的结果可能十分复杂，或者涉及很多专业的词语，看起来不够直观。这个时候可以考虑使用数据可视化的方法进行数据展示，常见的是用图表展示，这样有利于人们快速理解数据分析的结果，给人以深刻的印象。

1.4.7　数据追踪和验证

数据并不是一成不变的，有可能一开始获取的基础数据不准确，需要做相应调整和修复，调整和修复这些基础数据后，需要重新进行数据分析。有可能数据分析使用的计算方法不当，需要进行调整。还有可能统计口径发生了变化，也需要重新调整和追踪数据。因为数据分析并不意味着单次分析后就完成了，而是需要进行多次分析。此外，还需要与各方核对和验证数据，以使数据一致。

第 2 章

Python 基础知识

本章将介绍 Python 的基础知识。因为本书是面向数据分析人员的，所以本章主要介绍数据分析所需的知识，并不会对 Python 的所有特性面面俱到地讲解。本章的内容包括安装 Python 和 PyCharm、Python 的基础语法（变量和数据类型）以及 Python 的控制语句（条件语句和循环语句）。

2.1　安装 Python 和 PyCharm

使用 Python 之前，需要先下载并安装 Python。为了更方便地编写代码，可以安装集成开发环境（integrated development environment，IDE）。目前最流行的 Python IDE 是 PyCharm，所以本书选择 PyCharm 作为集成开发环境。

2.1.1　安装 Python

访问 Python 的官方网站，如图 2-1 所示。

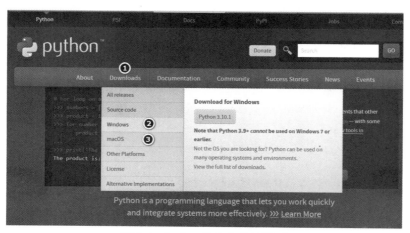

图 2-1　Python 的官方网站页面

在图 2-1 中，点击①Downloads，弹出下载菜单，选择下载相应操作系统版本的 Python 安装包。如果使用的是 Windows 操作系统，那么点击②Windows，下载 Windows 版本的 Python 安装包；如果使用的是 macOS 操作系统，那么点击③macOS，下载 macOS 版本的 Python 安装包。

安装包下载完成后，运行安装包，会弹出图 2-2 所示的安装对话框。

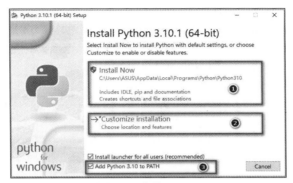

图 2-2 安装 Python

在图 2-2 中，①是快速安装选项，②是自定义安装选项，③是将 Python 加入系统路径的复选框。此处务必勾选③处的复选框，如果不勾选，就无法在系统命令行窗口中使用 Python 命令。

安装好 Python 后，打开命令行窗口，然后输入如下命令：

```
python --version
```

这个命令用于查看 Python 的版本，可以验证 Python 是否安装成功，如图 2-3 所示。

在图 2-3 中可以看到正常显示出 Python 的版本号为 3.10.1（可能会因安装的版本不同而显示不同的版本号），这说明 Python 已经安装成功。如果需要进行命令行编程，可以使用命令行窗口，也可以使用安装 Python 时附带安装的 IDLE。在开始菜单打开 IDLE，然后输入如下 Python 代码：

```
print("人生苦短，我用 Python")
```

这里的 print()是一个很常用的函数，使用它可以输出字符串和变量（后面将会学习）。这行代码将输出字符串"人生苦短，我用 Python"，如图 2-4 所示。

图 2-3 验证 Python 是否安装成功

图 2-4 使用 IDLE 开发 Python 程序

> **◉ 人生苦短，我用 Python**
> 这句话出自 Python 之父—— Guido van Rossum："Life is short, you need Python."

一般不使用命令行窗口或者 IDLE 进行编程，因为这样的编程环境并不友好。更多的时候使用 IDE 进行编程，因为 IDE 更加友好，也更方便。

2.1.2 安装和使用 PyCharm

在当今的 IDE 中，最流行的当属 PyCharm，所以本书以它作为开发的工具进行讲解。PyCharm 是 JetBrains 公司开发的一款 Python IDE，它提供了许多功能来提高开发者的工作效率，这些功能包括调试、语法高亮显示、项目管理、代码跳转、智能提示、自动完成、单元测试、版本控制等。要下载 PyCharm，可以访问 JetBrains 公司官网中的 PyCharm 下载页面，如图 2-5 所示。

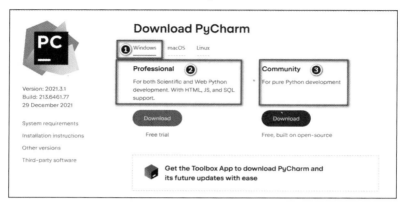

图 2-5　PyCharm 下载页面

在图 2-5 中，①处是选择操作系统，如果使用微软的操作系统就选择 Windows，如果使用苹果的操作系统就选择 macOS；②处是专业版 PyCharm（Professional）的下载，它会提供更多的功能，但是存在试用期，试用期过后，需要付费才能继续使用；③处是社区版 PyCharm（Community）的下载，它是免费且开源的。一般来说，做数据分析工作使用社区版 PyCharm 就足够了。

安装 PyCharm 的过程比较简单，这里就不再详细讨论了。打开 PyCharm 后就可以创建项目，如图 2-6 所示。

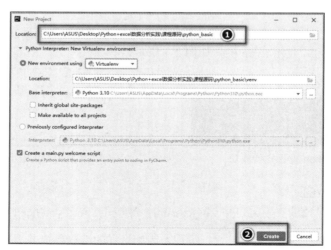

图 2-6　使用 PyCharm 创建项目

在创建项目时，最重要的是填写①处的项目路径。这里的项目命名为 python_basic，读者可以通过这个项目来学习第 2 章和第 3 章的内容。填写好项目名称后，点击②处的 Create 按钮，完成创建。

创建好项目后，就可以新建文件 test.py。注意，这里的文件名后缀为.py，表示 Python 源文件。编写该文件内容如下：

```
print("人生苦短，我用 Python")
```

运行 test.py 文件，其过程如图 2-7 所示。

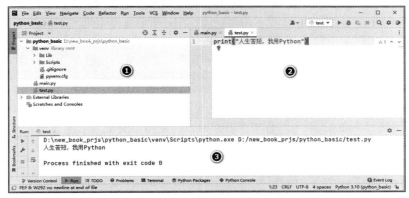

图 2-7　使用 PyCharm 编写和运行 Python 源文件

在图 2-7 中，①处是项目文件目录；②处是源码编辑区；③处是运行时的输入输出区域，在这个区域中可以看到运行的结果。

2.2　变量

变量是编程语言中的一个概念。它是一个标识，可以给它赋不同的值，以便它在程序中参与运算。在 Python 中，变量的使用有一定的规范。

2.2.1　变量的使用

变量的使用很简单，举例说明，代码如下：

```
# 声明变量 a，并且将整数 1 赋给它
a = 1
# 声明变量 b，并且赋值为字符串
b = "人生苦短，我用 Python"
# 修改变量 a 为整数 2
a = 2
# 修改变量 b 为新的字符串
b = "Hello World"
# 输出变量
print(a)
print(b)
# 删除变量 a
del a
# 将引发异常
print(a)
```

上述代码中，以"#"开头的行表示注释，注释就是对代码的解释和说明，其目的是帮助人们更轻松地理解代码，提高代码的可读性。注意，注释只是为了提高代码的可读性，它本身是不会被计算机识别和处理的。合理地编写注释有助于快速理解代码，所以注释是代码中必不可少的内容，也是一个优秀开发者能力的体现。这里的"#"代表单行注释，标识出该行是注释行。Python 中也存在多行注释，本章后面会进行说明。

上面这段代码很简单，主要描述对变量 a 和 b 的操作：第一步，将 a 赋值为整数 1；第二步，将 b 赋值为字符串"人生苦短，我用 Python"；第三步，修改变量 a 为整数 2；第四步，修改变量 b 为字符串"Hello World"。可以看出，在程序的运行过程中，变量 a 和 b 通过重新被赋值来参与运算。最后用语句"del a"来删除变量 a，这样就不能再引用这个变量了。

注意，程序中变量的值是保存在计算机的内存中的，变量指向该值。

> ⚠ **在程序设计中，"="是赋值运算符**
>
> 在程序设计中，"="是赋值运算符，并不是数学概念中的等号。它代表将"="右边的值赋给"="左边的变量。Python 中的变量不需要声明，但是每个变量在引用前都必须被赋值，因为变量被赋值以后才会被创建。

2.2.2 变量的命名

2.2.1 节介绍了变量的概念。变量的命名应该遵循一些原则，以提高程序的可读性。

> ⚠ **程序的可读性**
>
> 可读性是程序设计中的一个概念，意思是代码更易理解的程度。在我刚开始工作时，接触的项目经理曾经说过一段话，让我至今印象深刻。他说："在确保程序正确的前提下，应该尽量确保代码的可读性，除非你写出的代码能够提升几十倍的性能，否则就不要考虑破坏代码的可读性。真正的编程高手编写的代码应该是容易读懂的。如果编写的代码虽然实现了功能，但读起来令人费解，那么他的编程水平也不算高。"
>
> 可读性是确保正确性之外的首要编程原则，是每个开发者都应遵循的重要原则。要写出简单且易理解的代码，就需要开发者在实践中不断地积累和探索。本书会尽可能按照一般程序设计规范编写代码，以确保程序的可读性。
>
> 荷兰足球名宿约翰·克鲁伊夫曾经说过："踢足球非常简单，难的是踢简单的足球。"同理，"写程序非常简单，难的是写简单的程序。"

如果要定义一个用于保存用户名称的变量，那么变量的命名可能如下：

```
# 变量命名为a，而a不具备业务含义，可读性就低，需要参考上下文推断变量a的含义
a = "张三" # ①
# 变量命名为user_name，具备业务含义，可读性高，一看就知道此变量是用户名称
user_name = "张三" # ②
```

代码①将变量命名为 a，严格来说这不是一个很好的命名方式，因为 a 这个字母不具备业务含义，人们无法通过这个字母直接了解它所表达的业务含义，而只能通过上下文去推断它为用户名称，这样代码的可读性就降低了；而代码②将变量命名为 user_name，从名称上看，是用户名称的意思，很

容易确定它的业务含义，这样代码的可读性就提高了，这才是推荐的命名方式。

一般来说 Python 对变量的命名有以下 3 点强制要求。

- 变量名可以由字母、数字、汉字和下画线组成，但是不能以数字开头。
- 变量名不能是 Python 语言预留的关键字。
- 变量名不能包含空格。

这 3 点要求是强制性的，也就是说如果不遵循，程序就会报错，无法继续运行。下面举例说明哪些变量名是合法的，哪些是非法的。

```python
# 合法，变量名以字母开头
a0 = "你好"

# 非法，变量名以数字开头
0a = "你好"

# 合法，变量名由汉字组成
数字 = 1

# 合法，变量名以下画线开头
_0 = "Python"

# 合法，变量名可以使用下画线
a_0 = "你好"

# 非法，使用 Python 关键字命名变量
if = "你好"

# 非法，变量名不得包含空格
a 0 = "你好"

# 非法，"`"为非法字符
`a0 = 1
```

上述代码中非法的命名已经加粗，非法的具体原因也在注释中写清楚了，请读者注意。这里也许读者想了解 Python 的关键字有哪些。Python 的关键字可以使用如下代码查看：

```python
# 导入 keyword 模块
import keyword
# 显示所有关键字
print(keyword.kwlist)
```

运行代码，结果如下：

```
['False', 'None', 'True', 'and', 'as', 'assert', 'async', 'await', 'break', 'class',
'continue', 'def', 'del', 'elif', 'else', 'except', 'finally', 'for', 'from', 'global', 'i
f', 'import', 'in', 'is', 'lambda', 'nonlocal', 'not', 'or', 'pass', 'raise', 'return', 't
ry', 'while', 'with', 'yield']
```

这些是 Python 的所有关键字，也被称为保留字，它们都是不允许被用作变量名的。

为了提高变量的可读性和规范性，除合法性外，变量的命名还应该遵循以下 4 个原则。

- 变量名应该具备业务可读性，且尽量简洁。
- 不推荐使用汉字和其他无意义的特殊字符来命名变量。

- 变量名应该规避 Python 内置函数名。
- 对于由多个单词组合而成的变量名，推荐使用下画线 "_" 分隔单词。

这 4 个原则不是强制的，也就是说即便不遵循，Python 也不会提示语法错误。但是在命名变量的时候，还是应该严格遵循以上原则，下面举例说明：

```python
# 使用汉字，不推荐
句子 = "人生苦短，我用 Python"

# 命名为 a 和 b，不具备业务含义
a = "产品名称 1"
b = "产品名称 2"

# 不够简短，可以命名为 prd_name
product_name = "产品名称"

"""
下面是驼峰式命名法，在 C 语言和 Java 中是推荐使用此方法的，
但是在 Python 中不推荐使用这样的命名方法，
Python 中推荐使用下画线分隔单词
"""
userName = "用户名称"

# 和内置函数 print() 重名
print = "需要输出的内容"
# 由于存在变量 print，因此这样无法调用函数 print()
print(product_name)
```

上述代码中，命名不合理的原因已经在注释中写清楚了，请读者注意。粗体内容前后使用 3 个连续的双引号"""……"""进行注释，也可以前后使用 3 个连续的单引号'''……'''，其中省略号替代的内容即多行注释内容。此外，还需要了解 Python 的内置函数有哪些，不推荐将它们用作变量名。图 2-8 展示了这些内置函数的函数名。

abs	dict	help	min	setattr
all	dir	hex	next	slice
any	divmod	id	object	sorted
ascii	enumerate	input	oct	staticmethod
bin	eval	int	open	str
bool	exec	isinstance	ord	sum
bytearray	filter	issubclass	pow	super
bytes	float	iter	print	tuple
callable	format	len	property	type
chr	frozenset	list	range	vars
classmethod	getattr	locals	repr	zip
compile	globals	map	reversed	__import__
complex	hasattr	max	round	
delattr	hash	memoryview	set	

图 2-8　Python 中内置函数的函数名

对前面的代码进行调整，让它们更为规范：

```
# 不再使用汉字命名变量
sentence = "人生苦短，我用 Python"

# 变量名体现业务含义
prd_name_1 = "产品名称 1"
prd_name_2 = "产品名称 2"

# 变量名简短，且明确业务含义
prd_name = "产品名称"

# 多个单词之间使用下画线分隔
user_name = "用户名称"

# 不和内置函数 print() 重名
prt = "需要输出的内容"
# 没有命名为 print 的变量，这样就可以继续调用 print() 函数了
print(prt)
```

2.3 简单的数据类型

变量只是一个标识，它不涉及数据类型，数据类型指的是变量所指向的对象的类型。Python 中存在 6 种标准的数据类型：数字、字符串、列表、字典、元组和集合。本节介绍数字和字符串，它们都是相对简单的数据类型，也是最常用的数据类型。

2.3.1 数字

本节讲解数字数据类型。可以使用内置函数 type() 来获取变量的数据类型，代码如下：

```
# 定义数字变量，圆周率
pi=3.1415926
# 使用 type() 函数，获取变量的数据类型
print(type(pi))
```

上述代码中，type() 函数的用例已经加粗表示，其主要作用是获取变量的数据类型。运行代码，结果如下：

```
<class 'float'>
```

其中，class 表示类，类的概念将在第 3 章介绍；float 表示数字中的浮点数。

Python 3 支持以下 3 种数字类型。

- 整数（int）：也称为整型，可以是正整数、零和负整数，没有小数部分。
- 浮点数（float）：浮点数由整数部分和小数部分组成，浮点数还可以使用科学记数法表示，如 200 可以表示为 2e2，其含义为 $2e2=2 \times 10^2=200$。
- 复数（complex）：复数由实部和虚部组成，在 Python 中可以使用 $x+yj$ 表示，其中 x 和 y 都是浮点数，x 为实部，y 为虚部。例如，2.1+6.3j 表示一个复数，其中 2.1 是实部，6.3 是虚部。此外，也可以使用 complex() 函数来定义复数，如 2.1+6.3j 可以表示为 complex(2.1, 6.3)。

Python 提供了对数字的各种运算，包含算术运算、比较运算和赋值运算等，还提供了一些关于数字的函数，如计算绝对值的 abs() 函数、将数字四舍五入的 round() 函数等，这些也需要了解。

1. 算术运算

算术运算是数字运算中最常用的运算，其常见运算符如表 2-1 所示，假设存在变量 x=5、y=2。

表 2-1 算术运算符

运算符	描述	举例
+	加法运算，求两个数之和	x + y = 7
−	减法运算，求两个数之差	x − y = 3
*	乘法运算，求两个数之积	x * y = 10
/	除法运算，求两个数之商	x / y = 2.5
%	取模，求余数	x % y = 1
**	求幂，如 x**y 表示 x^y	x ** y = 5^2 = 25
//	整除求商，向下取整	x // y = 2

接下来实现表 2-1 中的例子，代码如下：

```
# 定义变量
x = 5
y = 2

# 加法
print(x + y)
# 减法
print(x - y)
# 乘法
print(x * y)
# 除法
print(x / y)
# 取模
print(x % y)
# x 的 y 次方
print(x ** y)
# x 除以 y，商向下取整
print(x // y)
```

2. 比较运算

比较运算也称为关系运算，是数字运算中常用的运算，其运算符如表 2-2 所示，这里假设变量 x=5、y=2。

表 2-2 比较运算符

运算符	描述	举例
==	判断两个数字是否相等	x == y，返回 False
!=	判断两个数字是否不相等	x != y，返回 True
>	判断前面的数字是否大于后面的数字	x > y，返回 True
<	判断前面的数字是否小于后面的数字	x < y，返回 False
>=	判断前面的数字是否大于或等于后面的数字	x >= y，返回 True
<=	判断前面的数字是否小于或等于后面的数字	x <= y，返回 False

注意，表 2-2 中的返回值要么为 True，要么为 False，其中 True 表示逻辑真，False 则表示逻辑假，True 和 False 统称为布尔值，布尔值有且只有这两个值。在后面的条件语句和循环语句中，还会看到大量布尔值的用例。

> ⚠ **关于 Python 中的布尔值的数字运算**
>
> 　在很多程序设计中，以 1 表示布尔值 True，以 0 表示布尔值 False。在 Python 3 中，布尔值也可以参与数字运算，比如在 IDLE 中进行如下测试：
>
> ```
> >>>True+1
> 2
> >>>False+1
> 1
> ```
>
> 　可见，在布尔值参与的运算中，True 实际上为 1，所以"True+1"的结果为 2；False 实际上为 0，所以"False+1"的结果为 1。但在实际应用中，尽量不要让布尔值参与运算，因为这样会降低代码的可读性，容易造成不必要的误解。

接下来实现表 2-2 中的例子，代码如下：

```
# 定义变量
x = 5
y = 2

# 相等运算
print(x == y)
# 不相等运算
print(x != y)
# 大于运算
print(x > y)
# 小于运算
print(x < y)
# 大于或等于运算
print(x >= y)
# 小于或等于运算
print(x <= y)
```

3．赋值运算

赋值运算也是常用的数字运算，其运算符如表 2-3 所示，下面依旧假设变量 x=5、y=2。

表 2-3　赋值运算符

运算符	描述	举例
=	赋值运算	x = 5，将整数 5 赋给变量 x
+=	加法赋值运算	x += y，等价于 x = x + y
−=	减法赋值运算	x −= y，等价于 x = x − y
*=	乘法赋值运算	x *= y，等价于 x = x * y
/=	除法赋值运算	x /= y，等价于 x = x / y
%=	取模赋值运算	x %= y，等价于 x = x % y
**=	幂赋值运算	x **= y，等价于 x = x**y

运算符	描述	举例
//=	整除赋值运算	x //= y，等价于 x = x// y
:=	海象运算符，是 Python 3.8 新增的运算符，允许在表达式中给变量赋值	—

接下来实现表 2-3 中的例子，代码如下：

```
# 赋值运算
x = 5
y = 2

# 加法赋值运算
x += y
print(x)

# 恢复 x 的值
x = 5
# 减法赋值运算
x -= y
print(x)

# 恢复 x 的值
x = 5
# 乘法赋值运算
x *= y
print(x)

# 恢复 x 的值
x = 5
# 除法赋值运算
x /= y
print(x)

# 恢复 x 的值
x = 5
# 取模赋值运算
x %= y
print(x)

# 恢复 x 的值
x = 5
# 幂赋值运算
x **= y
print(x)

# 恢复 x 的值
x = 5
# 整除赋值运算
x //= y
print(x)
# 恢复 x、y 的值
x = 5
y = 2
```

```
"""
先将变量 a 赋值为 x，这样变量 a 的值就是 5
再比较变量 a 和数字 3 是否相等
"""
print((a := x) == 3) # ①
print(a)
```

注意代码①处，这里的海象运算符先将 x 的值赋给变量 a，再比较变量 a 是否和数字 3 相等。运行代码，结果如下：

```
False
5
```

⚠️ **"=" 和 "==" 的区别**

初学者容易混淆这两个运算符。在 Python 中，"="是赋值运算符，比如 x=2 表示将 2 赋给变量 x；而 "=="是比较运算符，表示比较两个值是否相等，假设 x=2，那么 x == 1 返回 False，x == 2 返回 True。

4. 运算符优先级

在四则混合运算中，运算符是存在优先级的，比如"先乘除后加减"。同样，Python 的运算符也是有优先级的，表 2-4 从高到低列出了 Python 中运算符的优先级。

表 2-4　Python 中运算符的优先级（从高到低依次排列）

运算符	描述
**	幂运算
~、+、-	按位反转、一元取正、一元取负
	（注意，这里的"+"和"-"不是加法、减法运算符）
*、/、%、//	乘法、除法、取模、整除
+、-	加法、减法
>>、<<	按位右移、按位左移
&	按位与
^、|	按位异或、按位或
<、<=、>、>=	小于、小于或等于、大于、大于或等于
==、!=	相等、不相等
=、%=、/=、//=、-=、+=、*=、**=	赋值、取模赋值、除法赋值、整除赋值、减法赋值、加法赋值、乘法赋值、幂赋值
is、is not	身份运算符，判断两个标识符是否引用相同对象

在表 2-4 中，"~""&""^"">>""<<""\|"是位运算符，需要了解二进制的知识才能运用，但是一般做数据分析时用不到，所以本书就不进行讨论；"is"和"is not"是判断是否引用相同对象的运算符，将在第 3 章进行讨论。下面演示运算符优先级的运用，代码如下：

```
# 定义变量
a = 1
```

```
b = 3
c = 5
x = 2
y = 4
z = 6

# 先乘除后加法
print(a + x * y)
print(b + z / x)
# 使用圆括号改变运算符的优先级
print((a+b)*(z-x))
# 求 c*x**b
print(c*x**b)  # ①
```

上述代码中的加减乘除运算是比较好理解的，和算术的加减乘除一致，而代码①就不那么好理解了。不熟悉运算符优先级的开发者可能会感到疑惑：运算顺序是(c*x)**b，还是 c*(x**b) 呢？对照表2-4，可以知道正确的运算顺序是 c*(x**b)。显然，采用这样的写法会造成代码可读性降低，为了提高代码的可读性，改写成如下形式：

```
# 求 c*(x**b)
print(c*(x**b))
```

上述代码中使用圆括号"()"使需要优先处理的运算更加醒目，这样有助于消除由运算符优先级带来的疑惑。

2.3.2 字符串

字符串是 Python 中最常用的数据类型之一，在 Python 3 中，字符串采用的是 Unicode 编码，也就是说任何一个字符都用两字节表示。Python 中用单引号"'"或双引号"""来创建字符串，代码如下：

```
# 使用单引号定义字符串
string1 = '人生苦短，我用 Python。'
# 使用双引号定义字符串
string2 = "Python 易学易用，一定要好好学习哦。"
# 输出字符串
print(string1)
print(string2)
```

显然，在 Python 中使用字符串还是比较简单的。但有一点是需要注意的，在 C/C++和 Java 等广泛使用的编程语言中，字符串和字符是两个不同的概念，而 Python 中只有字符串，没有字符，即使对于'a'也是一个字符串，而不是一个字符。

1. 截取子串

对于字符串"人生苦短，我用 Python。"，"人生""短""Python""P""yt"都可以看成它的子串。在 Python 中，用"[]"和下标引用字符串来获取子串，在截取子串之前，先介绍一下字符串的下标，如图 2-9 所示。

在图 2-9 中，可以看到字符串的下标分为非负整数下标和负整数下标。非负整数下标按从左到右的顺序，从 0 开始递增；负整数下标按从右到左的顺序，从-1 开始递减。截取子串时，可以用非负整数下标进行截取，也可以

图 2-9　字符串的下标

用负整数下标进行截取。先用非负整数下标进行截取，代码如下：

```
# 字符串
sentence = "人生苦短，我用 Python。"
# 截取前两个字符作为子串
print(sentence[0:2]) # ①
# 截取第四个字符作为子串
print(sentence[3]) # ②
# 截取下标为 7（含）～13（不含）的字符作为子串
print(sentence[7: 13])
# 截取下标为 7 的字符串作为子串
print(sentence[7])
# 截取下标为 0（含）～4（不含）的字符作为子串
print(sentence[:4]) # ③
# 获取字符串的长度（也就是计算有多少个字符）
length = len(sentence) # ④
# 截取最后 3 个字符作为子串
print(sentence[length - 3:])
```

代码①处"0:2"表示从下标为 0（含）的字符开始，截取到下标为 2（不含）的字符作为子串。如果需要截取某个下标的字符，也可以用类似代码②处的写法，直接引用对应的下标即可。

代码③处":4"表示从下标为 0（含）的字符开始，截取到下标为 4（不含）的字符作为子串。代码④处使用了一个十分常用的函数 len()，用以获取字符串的长度（length）。上面最后一行代码中，"length − 3:"表示截取最后 3 个字符作为子串，即从下标 length − 3（含）开始，截取到最后一个字符作为子串。

通常情况下，截取子串都使用非负整数下标，但当要截取字符串的最后若干字符时，使用负整数下标会更加方便，比如要截取最后 9 个字符作为子串，代码如下：

```
# 截取最后 9 个字符作为子串
print(sentence[-9:])
```

2.　字符串的运算

除了上述的截取子串，Python 还提供了其他一些运算来处理字符串数据，比如字符串连接、判断是否为字符串的子串等。下面通过表 2-5 来介绍字符串的其他运算，假设存在一个变量 sentence="人生苦短，我用 Python。"。

表 2-5　字符串的运算

运算符	描述	举例
+	字符串连接	"您好，" + sentence 的结果为"您好，人生苦短，我用 Python。"
*	重复字符串	"123"*3 的结果为"123123123"，即将"123"重复 3 次
in	判断是否为字符串的子串	"人生" in sentence 返回 True，而"我的" in sentence 返回 False
not in	判断是否不是字符串的子串	"人生" not in sentence 返回 False，而"我的" not in sentence 返回 True

接下来实现表 2-5 的例子，代码如下：

```
# 字符串
sentence = "人生苦短，我用 Python。"
```

```
# 字符串连接（+）
print("您好，" + sentence)
# 重复字符串 3 次（*）
print("123" * 3)

# 判断是否是字符串的子串（in）
print("人生" in sentence)
print("我的" in sentence)

# 判断是否不是字符串的子串（not in）
print("人生" not in sentence)
print("我的" not in sentence)
```

注意，如果需要将字符串与数字连接，则需要先使用 str() 函数将数字转换为字符串，再使用 "+"
连接。代码如下：

```
# 字符串
string = "Hello"
# 数字
num = 789
# 使用 str() 函数将数字转换为字符串，再用 "+" 连接
print(string + str(num))
```

3. 字符串的格式化

上面介绍了使用运算符 "+" 连接字符串，但是如果过多地使用字符串连接运算符，就会降低代
码可读性，以如下代码为例：

```
# 变量
name = "张三"
hometown = "广东广州"
university = "中山大学"
age = 22
major = "金融学"
weight = 72.5

# 连接字符串
sentence = "您好，我是" + name + "，今年" + str(age)+"岁，体重" + str(weight) +\
           "千克，来自" + hometown + "，毕业于" + university + "，专业是" + major
print(sentence)
```

上述代码中，加粗的代码中大量地使用了 "+"，使得代码可读性不高。为了解决这个问题，Python
为字符串提供了一个 format() 方法来连接字符串。下面介绍如何使用 format() 方法，代码如下：

```
# 变量
name = "张三"
hometown = "广东广州"
university = "中山大学"
age = 22
major = "金融学"
weight = 72.5

"""
    使用 {n} 表示占位，其中的数字表示使用 format() 方法的第几个参数进行填充
    {2:.2f} 表示用 format() 方法的第三个参数填充，它是一个保留两位小数的浮点数
```

```
    """
    sentence = "您好，我是{0}，今年{1}岁，体重{2:.2f}千克，来自{3}，毕业于{4}，专业是{5}"\
        .format(name, age, weight, hometown, university, major) # ①
print(sentence)

# 定义字典，由一组键-值数据组成
params = {"name": "张三",
          "hometown": "广东广州",
          "university": "中山大学",
          "age": 22,
          "major": "金融学",
          "weight":72.5}

    """
    使用字典中的键来定义参数占位，
    {weight:.2f}，表示取字典中的键为 weight 的数值，同时保留两位小数
    """
    sentence = "您好，我是{name}，今年{age}岁，体重{weight:.2f}千克，" \
               "来自{hometown}，毕业于{university}，专业是{major}".format(**params) # ②
print(sentence)
```

上面的代码展示了实现字符串格式化的两种不同方式。代码①处使用的是数字占位的方式，它的缺点是 format()方法的参数位置必须根据数字来确定，不能调换顺序，否则会引发错误。代码②处使用的是字典的方式，通过字典中的键来定义参数占位，然后使用 "**params" 的方法来拆解字典，从而完成任务。关于字典的使用，第 3 章将会详细讲解，这里只需要了解其功能就可以了。在存在 3 个及以上参数时，建议读者使用代码②处的方式，原因有两个：第一，使用数字会降低代码可读性，使用键名则代码可读性更高；第二，使用 format()方法时，参数是有顺序要求的，而使用字典则没有这方面的问题。

👆 函数和方法

这里把 format()称为方法，把 print()称为函数，函数和方法的概念很接近，初学者容易混淆。函数是一个独立的代码块，它可以实现某种功能；方法在功能上和函数类似，但是它不是独立的，而是存在于某个类中，之所以把 format()称为方法，是因为它是字符串类（str）中的概念。类是面向对象编程的一个概念，这些内容将在第 3 章介绍。不过在大部分情况下，对初学者来说，即使把函数和方法理解为同一个概念，在学习中也不会存在太大的问题。

实际上，Python 还提供了另一种格式化字符串的方式，即在定义字符串时，以字母 f 开头。代码如下：

```
# 变量
name = "张三"
hometown = "广东广州"
university = "中山大学"
age = 22
major = "金融学"
weight = 72.5
# 请注意此处需要以字母 f 开头，代表接受格式化
# 如果要换行编写代码，则换行后也需要以字母 f 开头
# Python 会用对应的变量来填充字符串
```

```
sentence = f"您好，我是{name}，今年{age}岁，体重{weight:.2f}千克，" \
           f"来自{hometown}，毕业于{university}，专业是{major}"
print(sentence)
```

4. 转义字符

计算机中还存在一些特殊的字符，如常见的换行符，在 Python 中用"\n"表示。此外，还有制表符"\t"等。Python 中的转义字符如表 2-6 所示。

表 2-6　Python 中的转义字符

转义字符	描述
\	该字符只能出现在 **Python** 代码行尾，表示换行编写代码
\\	单个反斜杠字符
\'	单引号，区分创建字符时的单引号
\"	双引号，区分创建字符时的双引号
\a	响铃符
\b	作用相当于回格键（Backspace）
\000	空字符
\n	**换行符**
\v	纵向制表符
\t	**横向制表符**
\r	回车键（Enter）
\f	换页符
\oyy	使用八进制的 ASCII 码，如"\o60"表示字符 0
\xyy	使用十六进制的 ASCII 码，如"\x30"表示字符 0
\other	其他字符以普通格式输出

表 2-6 中的加粗的转义字符是我们经常用到的，需要读者掌握，其他转义字符则没有那么常用。若要取消转义，则可以以 R 或者 r 开头，代码如下：

```
print(R"\t")
print(r"\n")
```

运行代码，结果如下：

```
\t
\n
```

此外，Python 为多行内容的编写提供了三引号（既可以是 3 个单引号，也可以是 3 个双引号）的形式，三引号将开发者从引号和换行等格式化的泥潭中解救了出来，它采取"所见即所得"的方式来简化编写多行字符串并设置格式。下面介绍转义字符的使用，代码如下：

```
print("这是反斜杠  \\")
print("这是单引号  \'")
print("这是双引号  \"")
print("*****************换行*****************\n")
```

```
print("横向制表符间隔数字：1\t2\t3\t4\t5")
print(r"不再转义\t \n \' \ \"")

# 直接输出字符串，所见即所得
verse = """
        江雪
千山鸟飞绝，万径人踪灭。
孤舟蓑笠翁，独钓寒江雪。
"""
print(verse)
```

运行代码，结果如下：

```
这是反斜杠 \
这是单引号 '
这是双引号 "
****************换行****************

横向制表符间隔数字：1     2     3     4     5
不再转义\t \n \' \ \"

        江雪
千山鸟飞绝，万径人踪灭。
孤舟蓑笠翁，独钓寒江雪。
```

5．字符串常用的方法

使用对应的方法可以将字符串转换为数字，以 int()和 float()方法为例，代码如下：

```
# 将字符串"1"转换为整数 1
one = int("1")
print(type(one), one)

# 将字符串"3.14"转换为圆周率（浮点数）
pi = float("3.14")
print(type(pi), pi)
```

字符串的方法很多，这里只用实例介绍一些常用的方法，代码如下：

```
s = " Hello，人生苦短，我用 Python。 "
# 删除前后两端的空格，但是中间的空格不会删除
print(s.strip())
# 删除左端的空格
print(s.lstrip())
# 删除右端的空格
print(s.rstrip())

# 首字符大写
print(s.strip().capitalize())

# 求字符串的长度
length = len(s)
print(length)

# 求"1"在字符串中出现的次数
print(s.count("1"))
# 求字符串在下标区间[1, 4]的子串中出现"1"的次数
```

```
print(s.count("l", 1, 4))

# 判断是否以某字符串结尾
print(s.endswith("Python。"))
print(s.endswith("Python"))

# 查找字符串的下标，注意下标以 0 开始，查找失败就返回-1
print(s.find("y"))
# 查找字符串的下标，注意下标以 0 开始，查找失败会产生异常
print(s.index("y"))

# 如果字符串中只包含数字，则返回 True，否则返回 False
print(s.isdigit())
# 如果字符串中只包含数字字符，则返回 True，否则返回 False
print(s.isnumeric())
# 判断字符串是否为数字
print(s.isdecimal())

# 判断字符串是否为空串
print(s.isspace())
# 将 "Hello" 替换为 "Hi"，1 表示只替换一次
print(s.replace("Hello", "Hi", 1), "\n")

s1 = "hello word!!"
# 转换为标题，即各个单词的第一个字母大写
print(s1.title())
# 判断是否为标题
print(s1.istitle())

# 全部字母小写
print(s1.lower())
# 判断是否全部字母小写
print(s1.islower())

# 全部字母大写
print(s1.upper())
# 判断是否全部字母大写
print(s1.isupper())
```

上述代码中，所有用到的方法都加上了清晰的注释，请读者参考。

2.4　控制语句

Python 中的控制语句分为条件语句和循环语句。条件语句用于设置在什么条件下做什么事情。循环语句用于设置多次执行相同的逻辑。

2.4.1　条件语句

Python 的条件语句只有 if 语句，其结构如下：

```
if 条件 1 :
    语句块 1
[
elif 条件 2 :
    语句块 2
```

```
elif 条件 3 :
    语句块 3
...
else:
    语句块 4
]
```

注意，这里"[]"里面的条件分支是可有可无的。下面用 if 语句判断输入的字符串是否为一个数字，代码如下：

```
num = input("请输入一个数字: ") # ①

# 判断输入的字符串是否为一个数字
if num.isdigit(): # ②
    # 输出数字
    print("您输入的数字: ", num)
```

这里需要注意的是， if 语句中的代码需要缩进 4 个空格进行编写。Python 代码都是依照 PEP8 规范进行编写的，关于这个规范本书不单独讲解，因为单独介绍将会十分枯燥，将其穿插在各个概念中进行介绍会比较合理。代码①处使用了 input()函数，它的作用是允许用户在命令行中输入一个字符串，然后赋给变量 num；代码②处使用 isdigit()方法来判断输入的字符串是否为一个数字，如果是数字，则输出输入的字符串。第一次运行代码，然后输入 2022，结果如下：

```
请输入一个数字: 2022
您输入的数字:  2022
```

第二次运行代码，然后输入 abcd，结果如下：

```
请输入一个数字: abcd
```

第一次运行代码时，输入的是数字，所以在代码②处 if 语句的条件 num.isdigit()判断结果为 True，这样就会输出刚输入的数字。第二次运行时，输入的是字符串，所以在代码②处 if 语句的条件判断为 False，不会再运行下面的输出语句，于是程序什么也不做了。图 2-10 展示了代码的运行流程。

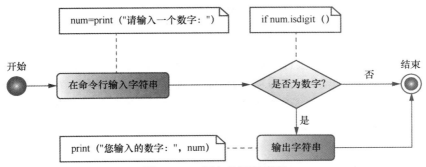

图 2-10　if语句的运行流程

上面简单地介绍了 if 语句，接下来介绍 else 分支。上面的代码只在判断结果是数字时才输出，而判断结果不是数字时就不输出。如果要在结果不是数字时也输出内容，以提示输入的内容错误，就要用到 else 分支。if...else...语句适用的场景为二选一，举例说明，代码如下：

```
num = input("请输入一个数字：")

# 判断输入的是否为一个数字
if num.isdigit():
    # 输出数字
    print("您输入的数字：", num)
# 在不满足 if 语句条件时，运行 else 分支
else:
    print("您输入的不是数字：", num)
```

运行两次代码并观察结果。

第一次运行代码，输入数字 2022，结果如下：

```
请输入一个数字：2022
您输入的数字： 2022
```

这里输入的 2022 是一个数字，所以 if 的判断条件 num.isdigit()返回 True，然后运行 if 分支语句。

第二次运行代码，输入字符串 abcd，结果如下：

```
请输入一个数字：abcd
您输入的不是数字： abcd
```

这里输入的 abcd 不是一个数字，所以 if 的判断条件 num.isdigit()返回 False，然后运行 else 分支语句。为了让读者能更轻松地理解上述代码的运行过程，下面展示了代码的运行流程，如图 2-11 所示。

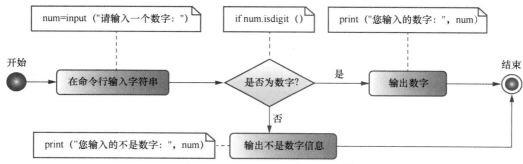

图 2-11　if...else...语句的运行流程

最后介绍一下 elif 分支语句。前面讲解了 if...esle...语句，但是它只是一个二选一的判断语句，有时候需要判断多个条件，比如输入一项发明，要判断是不是我国古代的四大发明（造纸术、指南针、火药和印刷术）之一，就需要使用多个判定条件，可以用 elif 分支语句来完成这个任务。代码如下：

```
invention = input("请输入一项发明：")
# 判断是否为造纸术
if invention == "造纸术":
    print("您输入的是我国古代的四大发明之一：", invention)
# 判断是否为指南针
    elif invention == "指南针":
    print("您输入的是我国古代的四大发明之一：", invention)
# 判断是否为火药
    elif invention == "火药":
    print("您输入的是我国古代的四大发明之一：", invention)
```

```
# 判断是否为印刷术
    elif invention == "印刷术":
        print("您输入的是我国古代的四大发明之一: ", invention)
# 不是四大发明
else:
    print("您输入的不是我国古代的四大发明: ", invention)
```

上述代码中加粗的代码就是 elif 分支语句的应用，可以编写多个 elif 语句作为判断条件。图 2-12 给出了这段代码的流程。

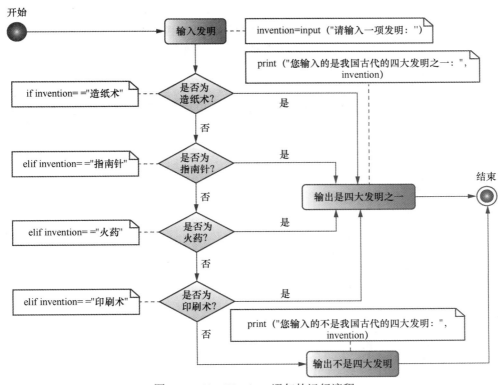

图 2-12　if...elif...else...语句的运行流程

从图 2-12 中可以看出，if...elif...else...语句有且只有一个分支会被运行。如果输入的发明是"火药"，那么会经过造纸术、指南针和火药 3 个判断语句，输出是我国古代的四大发明之一的结果，之后结束程序，这样就不会运行印刷术判断语句和 else 分支语句了。如果输入的发明是"电灯"，那么会经过造纸术、指南针、火药和印刷术这 4 个判断语句，均返回 False，再运行 else 分支语句，输出不是四大发明的结果。

第一次运行代码，输入"火药"，结果如下：

请输入一项发明：火药
您输入的是我国古代的四大发明之一：火药

第二次运行代码，输入"电灯"，结果如下：

请输入一项发明：电灯
您输入的不是我国古代的四大发明：电灯

> **⚠ 对于多条件分支的顺序的建议**
>
> if...elif...else...语句是多分支语句。但是在现实中各条件出现的概率并不是相等的。比如南方人每顿饭的主食大概率是米饭，小概率是米粉、面条和馒头等。那么在安排多条件分支的判断顺序时，就应该把大概率出现的条件排在前面，也就是将米饭排在第一位，这样在程序运行时，如果匹配到了米饭，就不需要再去匹配后面的条件了，从而提高程序的性能。

if 语句还可以进行嵌套，也就是 if 语句的分支里还允许使用 if 语句。有时候判断条件会比较复杂，比如判断一个年份是闰年还是平年，闰年需要满足以下两个条件之一：

- 能被 400 整除；
- 不能被 100 整除，但是能被 4 乘除。

这个时候就不能根据简单的判断条件来得出结论了，应该考虑使用 if 语句的嵌套来完成判断，代码如下：

```python
import sys

str_year = input("请输入一个年份:")
# 判断输入的是否为一个数字
if not str_year.isdigit():
    print("您输入的不是一个年份: ", str_year)
    # 退出程序
    sys.exit()
# 将字符串转换为整数
year = int(str_year)
# 能被 400 整除，为闰年
if year % 400 == 0:
    print(year, "是闰年")
# 不能被 100 整除
elif year % 100 != 0:
    # 并且能被 4 整除的为闰年
    if year % 4 == 0:
        print(year, "是闰年")
    # 其他情况为平年
    else:
        print(year, "是平年")
# 其他情况为平年
else:
    print(year, "是平年")
```

注意加粗的代码也是 if...else...语句，但是它在外层的 elif 语句之内，这样的情况被称为嵌套。从这个例子可以看出，通过 if 语句的嵌套，可以对更为复杂的情况进行判断。

> **⚠ 对于 if 语句的嵌套的建议**
>
> 一般来说，if 语句嵌套层级不要超过 3 层。如果嵌套超过 3 层，代码往往会不易理解。因此，当 if 语句嵌套超过 3 层时，就要考虑减少嵌套层级的问题。

上面的判断条件都很简单，而且都使用了比较运算符以返回布尔值。实际上，也可以不使用布尔值作为判断条件结果，代码如下：

```
a = 2
b = 5
c = 0

# 根据 a 来判断是否可以除以 a
if a:  # ①
    print(b/a)
# 根据 c 来判断是否可以除以 c
if c:  # ②
    print(b/c)
```

代码①和代码②处使用的判断条件都只是一个数字，而非布尔值。Python 中存在这样一个规则：对于数字 0、""、False 和 None（对象为空），在判断条件内都会被认定为 False。注意代码②处，c 的值为 0，这样该 if 语句就不会运行了，从而避免了除以 0 的异常。但是在实际应用中，不建议使用非布尔值作为判断条件，因为这样会使得代码可读性大大降低。将上述代码修改为如下代码，可读性会大大提高：

```
a = 2
b = 5
c = 0

# 当 a 不等于 0 时
if a != 0:
    print(b/a)
# 当 c 不等于 0 时
if c != 0:
    print(b/c)
```

注意，上述代码中的判断条件都加粗了。这里都是比较运算，都会返回布尔值，逻辑性和可读性都比原来的代码要好，因此推荐读者用这种方式编写代码。为了提高代码可读性，后文都不采用数字、字符串作为判断条件，而只用布尔值逻辑式进行判断。

布尔值可以进行逻辑运算，主要是与运算、或运算和非运算。

- 与运算：在 Python 中用关键字 and 来表示，比如 a and b，表示只有 a 和 b 都为 True 时，结果才为 True，否则为 False。
- 或运算：在 Python 中用关键字 or 来表示，比如 a or b，表示只有 a 和 b 都为 False 时，结果才为 False，否则为 True。
- 非运算：在 Python 中用关键字 not 来表示，比如 not a，表示如果 a 为 True，则返回 False；如果 a 为 False，则返回 True。

上述判断是否为我国古代四大发明的代码实际很冗余，厘清逻辑后，可以对其进行简化，代码如下：

```
invention = input("请输入一项发明：")
# 判断是否为四大发明中的一种
if invention == "造纸术" or invention == "指南针" or \
        invention == "火药" or invention == "印刷术":
    print("您输入的是我国古代的四大发明之一: ", invention)
# 不是四大发明
else:
    print("您输入的不是我国古代的四大发明: ", invention)
```

注意，加粗的代码是判断是否为四大发明的语句，这里使用 or 连接各条件，意思是只要满足其中之一就可以了。请注意，因为这个条件比较长，所以这里使用了代码的换行符 "\"，表示后面两个判断条件和前面两个判断条件是同行代码。在 Python 的代码规范中，对于过长（含空格超过 80 个字符）的行，都推荐换行编写。但是如果需要换行的内容在 "()" "[]" "{}" 之内，则不需要添加 "\"，以常用的 print() 函数为例，代码如下：

```
print("我国古代的四大发明是：造纸术、火药、印刷术和指南针\n",
      "人生苦短，我用 Python\n",
      "这里我编写的换行代码\n")
```

这里的代码换行并没有使用 "\"，这是因为它们都在 "()" 之内。

有时候判断条件比较复杂，比如前面判断闰年，用嵌套 if 语句判断一个年份是闰年还是平年的代码还是比较冗余，用逻辑判断式对其进行简化，代码如下：

```
import sys

str_year = input("请输入一个年份:")
# 判断输入的是否为一个数字
if not str_year.isdigit():
    print("您输入的不是一个年份: ", str_year)
    # 退出程序
    sys.exit()

# 将字符串转换为整数
year = int(str_year)
"""
满足以下两个条件之一（或运算）：
（1）能被 400 整除
（2）不能被 100 整除，但能被 4 整除
"""
if year % 400 == 0 or (year % 100 != 0 and year % 4 == 0):
    print(year, "是闰年")
else:
    print(year, "是平年")
```

请注意判断条件为

```
year % 400 == 0 or (year % 100 != 0 and year % 4 == 0)
```

实际上这个判断条件等价于

```
year % 400 == 0 or year % 100 != 0 and year % 4 == 0
```

也就是说，同时存在 or 和 and 逻辑运算时，and 的优先级高于 or。但仍然建议将判断条件写为前者，因为使用 "()" 能够让代码更清晰和明确。

逻辑运算的优先级顺序为 not>and>or，举例说明，代码如下：

```
a = 24680

"""
先计算 a % 3 == 0
再计算 a % 5 == 0 and not (a % 7 == 0)
最后执行 or 运算
```

```
"""
result = a % 3 == 0 or a % 5 == 0 and not (a % 7 == 0)
print(result)

"""
 使用圆括号改变优先级，
 这样就会先计算(a % 3 == 0 or a % 5 == 0)
 再计算 not (a % 7 == 0)
 最后执行 and 运算
"""
result2 = (a % 3 == 0 or a % 5 == 0) and not (a % 7 == 0)
print(result2)
```

上述代码中加粗的部分是逻辑运算式，而注释中写清楚了判断的过程，请读者参考。

2.4.2 循环语句

循环语句是指让代码多次运行相同的逻辑结构的语句。Python 中有 while 和 for 两种循环语句。

1. while 循环语句

while 循环语句的结构如下：

```
while 条件:
    代码块 1
[
else:
    代码块 2
]
```

其中，else 语句是可选的。while 循环语句的运行流程如图 2-13 所示。

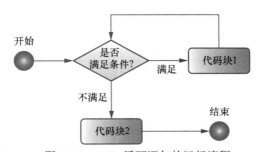

图 2-13　while 循环语句的运行流程

接下来，练习使用 while 循环语句。数学中存在阶乘的概念，比如 5 的阶乘写作 5!，而 5!=5×4 ×3×2×1=120，5!的结果可以手动计算出来。但是如果要计算 100!，手动计算就没有那么容易了。而用 while 循环语句来计算 100!就不太难，代码如下：

```
# 准备计算 100!
factorial = 1
n = 100
# while 循环语句，循环条件为 n > 0，这样当 n == 0 时就会退出循环
while n > 0:
    factorial = factorial * n
    # 等价于 n = n - 1
    n -= 1
```

```
else:
    print("n! =", factorial)
```

需要注意的是，这里的变量 n 的取值是从 100 递减到 0 的所有整数，这些整数在循环语句中都被使用到。

代码 n −= 1 的意思是，每次循环 n 就减 1。而循环条件是 n > 0，这样就能控制变量 n 在区间[1, 100]内取整数。变量 factorial 则用于计算阶乘，从而得到最后的结果。

⚠️ **数学区间**

为了方便，本书采用了数学区间的表示方法，比如[1, 100]就是一个区间。它表示在 1（含）～ 100（含）的范围内取任意实数值。如果要表达取整数值，可以像上面那样用语言说明，也可以使用数学表示方法，比如：

$$n \in [1, 100], n \in \mathbf{Z}$$

这里的符号 "∈" 表示 "属于"，而 **Z** 表示整数集合。此外还有其他集合，比如 **R** 表示实数，**N** 表示自然数。

数学中还有开区间和闭区间之分，开区间用 "(""）" 表示，闭区间用 "[""]" 表示，它们的含义分别如下：

- "(" 表示取值不包含区间的左端点；
- ")" 表示取值不包含区间的右端点；
- "[" 表示取值包含区间的左端点；
- "]" 表示取值包含区间的右端点。

下面举例进行说明。

- $n \in (1, 100], n \in \mathbf{R}$：左开右闭区间，意思是 n 属于不包含 1 但是包含 100 的 1～100 的任意实数。
- $n \in [1, 100), n \in \mathbf{Z}$：左闭右开区间，意思是 n 属于包含 1 但是不包含 100 的 1～100 的任意整数。
- $n \in (1, 100), n \in \mathbf{N}$：开区间，意思是 n 属于不包含 1 也不包含 100 的 1～100 的任意自然数。
- $n \in [1, 100], n \in \mathbf{N}$：闭区间，意思是 n 属于包含 1 也包含 100 的 1～100 的任意自然数。

使用循环语句（while 和 for）时需要注意两点：第一，注意循环退出的条件，以避免无限循环（也称为死循环）；第二，注意循环条件的边界问题。

无限循环的特点是循环语句没有退出的条件，代码如下：

```
i = 100
# 循环条件为 i>0
while i > 0:
    """
    i 的初始值为 100，而且每次循环加 1，
    那么 i 永远都能满足循环条件 i>0，这样就不会退出 while 循环，
    这就是无限循环，应该避免
    """
    i += 1
```

上述代码中加粗的注释解释了为何会出现无限循环，在编写循环条件时，需要特别注意这个问题。

循环边界的问题也很重要，比如通过下标访问字符串时就要特别注意这个问题，以如下代码为例：

```python
sentence = "人生苦短，我用 Python。"
idx = 0
# while 语句
while idx <= len(sentence):
    # 当 idx == len(sentence) 时，用 sentence[idx] 就会越界
    print(sentence[idx], end="\t")
    idx += 1
```

上述代码中的错误是循环条件存在越界的问题，该循环条件是 idx <= len(sentence)，当 idx == len(sentence) 时，超过了字符串 sentence 的下标，这样就会导致异常。为了避免异常，应该把循环条件写为 idx < len(sentence)。不注意循环边界往往会漏掉访问某个值或者产生异常，请读者务必认真考虑循环条件的边界问题。

2. for 循环语句

for 循环语句是最常用的循环语句，它的功能比 while 循环语句更强大，其结构如下：

```python
for 变量 in 序列（sequence）:
    代码块 1
[
else:
    代码块 2
]
```

其中，else 语句是可选的。for 循环语句的运行流程如图 2-14 所示。

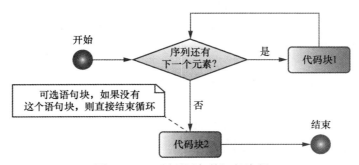

图 2-14　for 循环语句的运行流程

前面的 while 循环语句计算了 100!，其实使用 for 循环实现会更简单，代码如下：

```python
factorial = 1
"""
for 循环语句，这里的 range() 函数表示从区间 [1,101) 中取整数，
请注意这里的写法，循环过程包含 1，但不包含 101
"""
for n in range(1, 101):
```

```
    # 求阶乘
    factorial *= n
print("n! =", factorial)
```

通过对比可以发现，for 循环语句要比 while 循环语句简洁得多。这里介绍一个重要的函数 range()，它是一个用于指定范围的函数，但是请注意它只能用于指定整数范围，不能用于指定浮点数范围，它有以下 3 个参数。

- start：开始数字，默认值为 0，取值范围包含该数字。比如 range(1, 101)，start 就等于 1，而返回值包含 1。
- stop：结束数字，取值范围不包含该数字。比如 range(1, 101)，stop 就等于 101，而返回值不包含 101。
- step：步长，默认值为 1，也就是从 start 开始，每次都递增 1，如果设为 2，则每次都递增 2。

如果要获取小于或等于 10 的正偶数，使用 range()函数也十分简单，代码如下：

```
# start=2, stop=11, step=2，请注意 stop 不能设为 10
for n in range(2, 11, 2):
    print(n, end="\t")
```

这里要获取正偶数，就不能取 0，所以 start 设为 2；要小于或等于 10，stop 就要设为 11，因为如果设为 10，按 range()函数的特性就不包含 10；各偶数间相差 2，所以 step 设为 2。

3. 跳转关键字 break、continue

在循环语句中，有时候需要在某个条件下终止循环，比如在 1000 个订单中，只需要找到某个指定的订单，那么查找到该订单后，就应该结束循环，而不是继续查找后续订单，这个时候就可以使用关键字 break 来终止循环。有时候需要跳过某次循环，比如现在有员工 100 人，其中男员工 52 人，女员工 48 人，妇女节时，只需要给这 48 位女员工买礼物，而不需要给 52 位男员工购买，这样就需要跳过男员工，只处理女员工，这时候可以使用关键字 continue。

下面来看一句英文格言"The more we do, the more we can do; the more busy we are, the more leisure we have."。可以翻译为：我们干得越多，能干的也就越多，人越忙越有空。通过循环完成以下两个任务：

（1）找到这句话的第一个字母"o"的下标；

（2）统计这句话中有多少个字母"o"。

下面来看如何实现找到第一个字母"o"的下标，代码如下：

```
sentence = "The more we do, the more we can do; " \
           "the more busy we are, the more leisure we have."
# 第一个字母"o"的下标
o_idx = -1
for idx in range(0, len(sentence)):
    if sentence[idx] == "o":
        o_idx = idx
        # 找到字母"o"的下标后，使用 break 语句结束循环
        break

print("第一个字母"o"的下标为：", o_idx)
```

在上述代码中，当满足 if 语句的条件，也就是找到第一个字母"o"的下标时，就记录该下标，然后使用 break 语句结束循环。因为任务已经完成了，也就没有必要继续查找下去了，所以使用 break 语句提前结束循环。

再来看看如何统计存在多少个字母"o"，代码如下：

```
sentence = "The more we do, the more we can do; " \
           "the more busy we are, the more leisure we have."
# 统计字母"o"出现的次数
o_count = 0
for char in sentence:
    # 遇到不是"o"的字母，使用关键字 continue 跳过本次循环，什么都不做，继续下一轮循环
    if char != "o":
        continue
    # 是字母"o"，递增 1
    o_count += 1
print(o_count)
```

上述代码中逐个字母地遍历此句子，当遇到不是"o"的字母时，运行 continue 跳转语句。它的作用是跳过本次循环，什么都不做，不会在本次循环中执行 o_count += 1 的操作，然后继续下一轮循环，这样就能选择性地处理那些符合条件的情况了。

4. 循环的嵌套

和 if 语句一样，循环语句也能嵌套。在程序设计中，最为经典的循环嵌套示例就是九九乘法表。九九乘法表可以看作一个二维的表格，有一个纵向变量，假设为 i，取值为 1～9，还有一个横向变量，假设为 j，取值为 1～i，如图 2-15 所示。

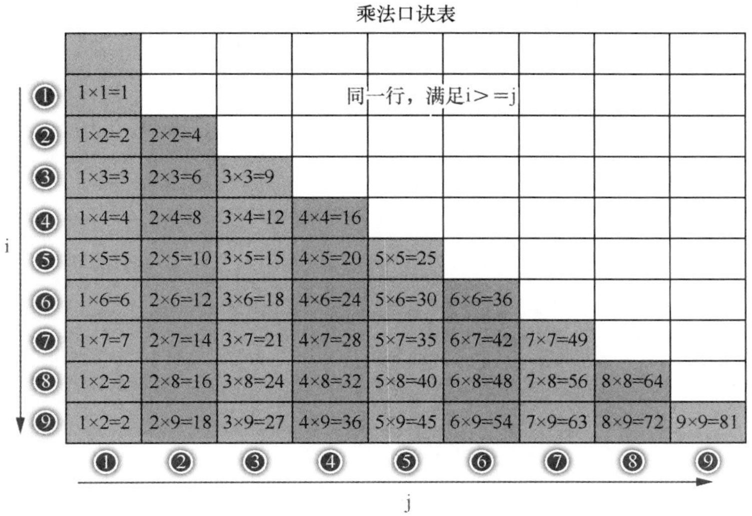

图 2-15　九九乘法表

图 2-15 就是九九乘法表，这里为了讲解处理的思路，添加了变量 i 和 j，其中 i 是纵向变量，j 是横向变量。认真地研究一下，会发现同一行的乘法口诀都满足 i>=j 的条件。有了这些认知，就可

以输出九九乘法表，代码如下：

```
for i in range(1, 10): # 纵向变量
    # 输出某一行的乘法口诀，因为存在条件 i>=j，所以 range()函数的 stop 参数设为 i+1
    for j in range(1, i + 1): # 横向变量
        # 输出口诀
        print("{0}*{1}={2}".format(j, i, i*j), end="\t")
    # 完成一行输出，换行
    print("")
```

上述代码中 i 控制的是纵向变化，而 j 控制的是横向变化。这里最重要的逻辑是第二个 for 语句中循环条件的边界，因为任何一行乘法口诀都满足 i>=j，所以 range()函数的取值区间是[1, i + 1]，这样就能够输出该行的乘法口诀了。输出完某行后，再进行换行处理，最终就能够得到一个完整的九九乘法表。

运行代码，结果如下：

```
1*1=1
1*2=2    2*2=4
1*3=3    2*3=6    3*3=9
1*4=4    2*4=8    3*4=12   4*4=16
1*5=5    2*5=10   3*5=15   4*5=20   5*5=25
1*6=6    2*6=12   3*6=18   4*6=24   5*6=30   6*6=36
1*7=7    2*7=14   3*7=21   4*7=28   5*7=35   6*7=42   7*7=49
1*8=8    2*8=16   3*8=24   4*8=32   5*8=40   6*8=48   7*8=56   8*8=64
1*9=9    2*9=18   3*9=27   4*9=36   5*9=45   6*9=54   7*9=63   8*9=72   9*9=81
```

第 3 章

Python 中的高级概念

本章在第 2 章的基础上进行讲解，主要内容是较为复杂的数据类型，比如列表、字典、元组和集合，还有其他一些重要概念，包括函数、类和异常等。

3.1 复杂的数据类型

3.1.1 列表

列表是 Python 中最基本的数据类型，也是最常用的数据类型之一，它由多个元素组成。注意，列表是一个有序的数据类型，定义元素时存在先后顺序。

1. 创建列表

创建列表的方法很简单，使用一个方括号"[]"即可，代码如下：

```
# 创建列表
integers = [10, 2, 5, 6, 2, 4]
strings = ["b", "c", "a"]
mixes = ["你好", "python", 2.22]

# 创建集合
integer_set = {8, 2, 0, 3, 9, 4} # ①

# 输出列表，列表元素的顺序和创建时是一致的
print(integers)
print(strings)
print(mixes)
# 集合是无序的，输出的元素和创建时可能不同
print(integer_set)
```

上述代码中，先创建了 3 个列表，分别是 integers、strings 和 mixes，其中 integers 是整数列表，strings 是字符串列表，而 mixes 是混合列表，有字符串也有数字，可见列表元素的数据类型可以是不同的。代码①处创建的是一个数字集合，本章后面会介绍集合的内容，这里只是用于对列表顺序进行说明。运行代码，结果如下：

```
[10, 2, 5, 6, 2, 4]
['b', 'c', 'a']
['你好', 'python', 2.22]
{0, 2, 3, 4, 8, 9}
```

观察整数列表和整数集合的输出，列表元素的顺序和创建时的顺序是一致的，而集合元素的顺序则和创建时的顺序不一致。这是因为列表是有序的，而集合是无序的。

2. 列表的数据结构

要用好列表，就一定要理解列表的数据结构，而列表的数据结构和字符串的数据结构类似，掌握了字符串的数据结构，列表的数据结构也就不难理解了。创建一个列表，代码如下：

```
# 球类列表
balls = ["足球", "篮球", "排球", "网球", "乒乓球", "台球", "羽毛球"]
```

它的数据结构如图 3-1 所示。

从图 3-1 中可以看出，列表和字符串的数据结构是类似的，有非负整数下标，也有负整数下标。对列表的截取和访问与字符串也是类似的，举例说明，代码如下：

图 3-1　列表的数据结构

```
# 球类列表
balls = ["足球", "篮球", "排球", "网球", "乒乓球", "台球", "羽毛球"]

# 访问第 3 个元素
print(balls[2])
# 访问前 3 个元素
print(balls[:3])
# 访问第 6 个及之后的元素
print(balls[5:])
# 访问第 4 个（含）～第 6 个（不含）元素
print(balls[3:5])
# 访问倒数第 2 个元素
print(balls[-2])
# 访问最后 3 个元素
print(balls[-3:])

# 获取列表的长度（也就是列表元素的个数）
print(len(balls))
```

上述的代码中给出了清晰的注释，请读者参考。只要参照图 3-1，回顾之前介绍过的字符串的知识，就很容易理解这些代码。

3. 列表的增删查改

列表的增删查改操作比较简单，举例说明，代码如下：

```
# 球类列表
balls = ["足球", "篮球", "排球", "网球", "乒乓球", "台球", "羽毛球"]

# 使用 insert() 方法在下标 1 处插入元素，原有下标 1 和之后的元素下标都增加 1
balls.insert(1, "棒球") # ①
print(balls)
# 使用 append() 方法在列表末尾添加元素
balls.append("水球") # ②
```

```
print(balls)

# 访问第 4 个元素
print(balls[3])

# 使用 pop() 方法弹出最后一个元素，并返回
ball = balls.pop()  # ③
print(ball)
# 使用 pop() 方法根据下标弹出元素，并返回
pop_ball = balls.pop(3)  # ④
print(pop_ball)

# 使用 remove() 方法删除指定的元素
balls.remove("台球")  # ⑤
print(balls)

# 使用关键字 del 删除对应下标的元素
del balls[2]  # ⑥
print(balls)

# 使用 clear() 方法清除所有元素
balls.clear()  # ⑦
print(balls)
```

上述代码中，代码①向列表插入元素，并指定插入下标 1 处；代码②在列表尾部添加一个元素；代码③弹出最后一个元素；代码④弹出下标为 3 的元素；代码⑤删除"台球"元素；代码⑥删除下标为 2 的元素；代码⑦清空列表。

4. 列表的运算

在 Python 中，列表也具备一定的运算功能，常见的运算符或关键字如表 3-1 所示。

表 3-1 列表的运算符或关键字

运算符（关键字）	描述
+	连接两个列表为新列表，比如[1, 2, 3] + [3, 4, 5]，结果为[1, 2, 3, 3, 4, 5]，注意两个列表中相同的元素不会合并
*	重复列表，比如[1, 2, 3]*3，结果为[1, 2, 3, 1, 2, 3, 1, 2, 3]
in	判断元素是否在列表之中
not in	判断元素是否不在列表之中

接下来实现表 3-1 中的例子，代码如下：

```
# 定义列表
integer1 = [1, 2, 3]
integer2 = [3, 4, 5]
# 连接成新的列表
print(integer1 + integer2)
# 重复 3 次
print(integer1 * 3)
# 判断元素 1 是否在列表中
print(1 in integer1)
# 判断元素 1 是否不在列表中
print(1 not in integer1)
```

5. 列表方法/函数

列表也有很多方法/函数，但很多不常用。有的之前已经介绍过了，比如 len()用于计算列表长度，remove()用于删除元素。下面举例说明列表常用方法/函数的用法，代码如下：

```python
# 使用 list() 函数创建列表
integers = list(range(1, 6))
print(integers)
# 使用 extend() 函数添加多个元素
integers.extend(range(6, 10))
print(integers)
# 使用 max() 函数求最大值
print(max(integers))
# 使用 min() 函数求最小值
print(min(integers))


# 统计数字 3 在列表中出现的次数
print(integers.count(3))
# 获取数字 5 在列表中的下标
print(integers.index(5))
# 复制一个新的列表
integers2 = integers.copy()
# 在新的列表开头插入 0
integers2.insert(0, 0)
print(integers)
print(integers2)
```

对于需要注意的方法/函数名称，上述代码中都做了加粗处理，关于它们的作用有清楚的注释，请读者参考。

有时候需要对一些列表进行排序，使用的方法是 sort()，该方法有一个参数 reverse。这个参数是一个布尔值，默认值为 False，也就是从小到大升序排列。如果要从大到小降序排列，那么设置 reverse 为 True 就可以了。举例说明，代码如下：

```python
# 列表
integers = [9, 3, 8, 1, 7, 9, 6, 4, 5]
# 从小到大升序排列
integers.sort()
print(integers)
# 还原列表
integers = [9, 3, 8, 1, 7, 9, 6, 4, 5]
# 从大到小降序排列
integers.sort(reverse=True)
print(integers)
```

3.1.2　字典

字典是常用的数据结构，它是用花括号"{}"定义的。它由键值对构成，其结构如下：

```
{key1: value1, key2: value2, key3: value3, key4: value4,...}
```

声明字典有两种比较简单的方法，代码如下：

```python
user_info = {
    "编号": "0001",
    "级别": "黄金会员",
```

```
        "注册日期": "2021-12-03",
        "用户状态": "启用",
        "账户积分": 8000
} # ①

print(user_info)

# 使用 dict()函数创建字典，需要指定参数的关键字
user_info2 = dict(编号="0001", 级别="黄金会员",
                    注册日期="2021-12-03", 用户状态="启用", 账户积分=8000) # ②
print(user_info2)
```

上述代码中，代码①是最常用的定义字典的方法，而代码②通过 dict()函数定义字典，此时需要定义关键字。

1. **字典的增删查改**

字典的增删查改操作比较简单，举例说明，代码如下：

```
# 定义字典
user_info = {
    "编号": "0001",
    "级别": "黄金会员",
    "注册日期": "2021-12-03",
    "用户状态": "启用",
    "账户积分": 8000
}

# 根据键获取值
print(user_info["账户积分"]) # ①

# 根据键弹出值，实际就是删除
value = user_info.pop("注册日期") # ②
print(value)

# 添加一个新的键值对
user_info["性别"] = "女" # ③
print(user_info)

# 修改键对应的值
user_info["账户积分"] = 10000 # ④
print(user_info)

# 随机弹出键值对
key, val = user_info.popitem() # ⑤
print(key, "-->", val)

# 清除所有键值对
user_info.clear() # ⑥
print(user_info)

# 删除字典
del user_info # ⑦
```

上述代码中，代码①根据某个键访问值；代码②弹出某个键的值，实际就是删除某个键，然后返回其值；代码③新增一个键值对；代码④根据键修改对应的值，请注意代码③和代码④是相同的格式，字典会判断原来是否存在对应的键来决定是新增还是修改；代码⑤随机弹出一个键值对；代

码⑥清除字典中所有的键值对；代码⑦删除字典变量 user_info。

2. 遍历字典

遍历字典分为按值、按键或者按键和值进行遍历，举例说明，代码如下：

```python
# 定义字典
user_info = {
    "编号": "0001",
    "级别": "黄金会员",
    "注册日期": "2021-12-03",
    "用户状态": "启用",
    "账户积分": 8000
}

# 遍历值
for val in user_info.values():  # ①
    print(val, end="\t")
print()  # 换行


# 遍历键
for key in user_info.keys():  # ②
    print(key, end="\t")
print()  # 换行


# 遍历键和值
for key, val in user_info.items():  # ③
    print("(", key, ",", val, end=")\t")
```

上述代码中，代码①使用 values()方法获取字典所有的值进行遍历；代码②使用 keys()方法获取字典所有的键进行遍历；代码③使用 items()方法获取字典所有键和值进行遍历。

3.1.3　元组和集合

元组和集合类似，因为在实际工作中用到元组和集合的机会不太多，所以这里只简单介绍。

1. 元组

元组使用圆括号“()”进行定义，它的特性是不可修改，即声明了元组后，就不能修改它的值了，因此元组适合用于声明那些不允许修改的数据。举例说明，代码如下：

```python
# 声明我国三大平原元组，请注意元组不可修改
three_plain = ("东北平原", "华北平原", "长江中下游平原")

# 使用 tuple()函数定义元组
three_plain2 = tuple(["东北平原", "华北平原", "长江中下游平原"])

# 输出元组
print(three_plain)

# 访问某个元素
print(three_plain[2])

# 遍历元组
for plain in three_plain:
```

```
        print(plain, end="\t")
print()
```

```
# 下面的代码会产生异常，因为元组的元素不可修改
three_plain2[1] = "汉中平原"  # ①
```

需要强调的是，变量 three_plain 被声明为我国三大平原，这三大平原是固定且不允许修改的，所以将其声明为元组。因为元组不可修改，所以代码①的写法会引发异常。

2. 集合

集合的元素强调唯一性，如果集合中的两个元素相同，它们就会被合并为一个元素。同时需要注意，集合是无序的。集合是用花括号"{}"定义的，关于集合的常见操作如下：

```
# 数字集合，请注意数字 1 和 3 各出现了两次
integers = {3, 1, 2, 8, 9, 3, 5, 1}
# 输出集合
print(integers)

# 添加元素
integers.add(6)
# 输出集合
print(integers)

# 删除元素
integers.discard(5)
# 输出集合
print(integers)

# 遍历集合
for integer in integers:
    print(integer, end="\t")
print()
```

运行代码，结果可能如下：

```
{1, 2, 3, 5, 8, 9}
{1, 2, 3, 5, 6, 8, 9}
{1, 2, 3, 6, 8, 9}
1    2    3    6    8    9
```

注意，上述结果中数字的顺序和代码中的定义有所不同，这是因为集合是无序的。在实际运行中，输出的顺序也可能和上面的结果不同，这都是正常的。此外，请注意出现声明重复的元素也会被合并，因为集合是唯一的，不允许重复。如果需要元素按照一定顺序排列，就不要使用集合。

3.2 函数

程序设计中，函数是指一段可以直接被另一段程序或代码引用的程序或代码，也称为子程序。函数一般有三要素，分别是输入参数、返回值和功能，如图 3-2 所示。

函数一般用于两种场景：一种是某个功能需要使用很多次，比如需要找到多个列表中的最小值，那么可以编写一个函

图 3-2　函数三要素

数，然后多次调用，从而简化代码；另一种是代码很长，则可以将代码切分为几个函数再分别调用，从而降低代码的复杂度。

在 Python 中，函数分为内置函数和自定义函数。

- 内置函数：Python 内部提供的函数，不需要编写代码，可直接调用。
- 自定义函数：Python 内部没有，开发人员根据自己的需要编写的函数。

下面介绍一个常用的内置函数 max()，它的作用是获取可迭代对象的最大值，代码如下：

```
# 定义两个整数列表
integers = [1, 3, 8, 2, 5, 6]
integers2 = [2, 90, 32, 12, 67]

# 使用 max() 函数获取列表的最大值
print(max(integers))
print(max(integers2))
```

上述代码通过内置函数 max() 分别获取两个列表中的最大值。请读者注意，调用 max() 函数并不需要知道 max() 函数是如何实现的，只需要知道 max() 函数的三要素就可以了，也就是它的输入参数、返回值和功能。它的输入参数是可迭代对象，比如列表、元组等；返回值是可迭代对象中元素的最大值；功能是找到最大值。本节的重点内容不是内置函数，而是自定义函数，下面来讨论自定义函数。

3.2.1　函数的定义

函数的定义需要遵循以下几个规则。

- 函数以关键字 def 开头，后接函数名称和圆括号 "()"。
- 输入参数都需要在圆括号中定义，当然参数不是必需的，可以为空。
- 为了让调用者可以更有效地使用函数，应该通过注释给出函数功能、参数和返回值的相关说明。
- 函数体以冒号开始，并且按照 Python 的规则进行缩进。
- return [表达式] 结束函数，有选择性地为函数调用者返回一个值。如果无返回值，就相当于返回 None。

函数格式用伪代码表示为如下形式：

```
def 函数名称(参数列表):
    函数代码块
```

定义一个求圆的面积的函数，代码如下：

```
def cal_area_of_circle(r):  # ①
    """  ②
    求圆的面积
    :param r: 圆的半径
    :return: 返回圆的面积
    """
    # 定义圆周率
    pi = 3.14
    # 圆的面积公式
    s = pi * r * r
    # 返回圆的面积，且保留 4 位小数
```

```
    return round(s, 4)  # ③


# 按 Python 编码建议，其他代码需和函数间隔两行# ④
print(cal_area_of_circle(3.9))
print(cal_area_of_circle(7.2))
```

上述代码中，代码①定义函数，以关键字 def 开头，cal_area_of_circle 是函数名，按规范，函数名应该表达清楚其功能，因为函数是实现某个功能的代码模块。圆括号"()"里的内容是参数列表，这里是半径 r。半角冒号":"表示函数代码块的开始。代码②是函数的注释，这是一个固有格式，第一行表示函数的功能，即函数是做什么的；第二行":param r"表示参数 r，需要写清楚参数的含义为圆的半径；第三行":return"表示返回值，即返回什么内容给函数调用者。接下来编写函数的逻辑功能，使用圆的面积公式计算出结果并保存到变量 s 中，代码③使用关键字 return 将结果返回给调用者，当函数运行 return 语句时，就会结束函数。请注意，因为按照 Python 编码规范，函数定义结束后需要间隔两行再编写新的代码，所以代码④处间隔两行后再根据需要多次调用函数。

> ⚠️ **怎样的函数才算一个好的函数**
>
> 　　对函数来说，函数的三要素清晰是最重要的，尤其是功能一定要清晰，因为函数是具有一定功能的独立模块。函数的功能应该是单一的，也就是说，一个函数应该只具备一个功能，而不是多个功能，比如示例函数 cal_area_of_circle()的三要素就很明确，功能是求圆的面积，输入参数是半径，返回值是圆的面积。如果函数的定义是清晰明确的，就是一个好的函数。

有时候，函数是无返回值的，举例说明，代码如下：

```
def say_morning(name):
    """
    早上问候
    :param name: 姓名
    """
    print("早上好, " + name)


result = say_morning("张三")
print(result)
```

say_morning()函数中是不存在任何返回值的，这样的函数称为无返回值函数。在 Python 中，无返回值函数会返回 None 给调用者。运行代码，结果如下：

```
早上好，张三
None
```

3.2.2　指定函数参数的关键字和默认值

有时场景很复杂，比如参数很多，如果还要指定参数的位置，对调用者来说就不是那么友好了。另外，一些常用的参数可能还会有固定值。比如常用的万有引力公式：

$$F = G\frac{m_1 m_2}{r^2}$$

其中，m_1 和 m_2 分别是两个物体的质量，G 是一个常量，约等于 6.67×10^{-11}N·m²/kg²，而 r 则是两个物体之间的距离。

下面编写函数实现万有引力公式。G 是一个常量，所以在定义函数时可以指定它的默认值，对于参数 m_1、m_2 和 r 可以指定关键字，以免出现位置上的混淆，代码如下：

```python
# 可以指定参数的默认值，有默认值的参数需要写在最后
def cal_gravitation(m1, m2, r, g=6.67e-11): # ①
    """
    计算万有引力
    :param m1: 物体 A 的质量
    :param m2: 物体 B 的质量
    :param r: 两个物体之间的距离
    :param g: 常量
    :return: 两个物体之间的万有引力
    """
    f = g*m1*m2/(r**2)
    # 结果保留 4 位小数
    return round(f, 4)


# 若没有指定关键字，则必须按函数定义顺序传递参数
print(cal_gravitation(1e7, 1e8, 10)) # ②
# 指定函数的关键字进行传递，可不按顺序传递参数，注意没有传递常量 g
print(cal_gravitation(r=10, m2=1e8, m1=1e7)) # ③
# 指定函数的关键字进行传递，传递变量 g 覆盖原有默认值
print(cal_gravitation(r=10, m1=1e7, m2=1e8, g=6.672e-11)) # ④

# 如果参数很多，可以考虑使用字典明确各个参数的含义，此时代码可读性更高
param_dict = {"r": 10, "m1": 1e7, "m2": 1e8, "g": 6.672e-11}
# 通过 "**" 来拆解字典，传递参数
print(cal_gravitation(**param_dict)) # ⑤
```

上述代码中，代码①定义了函数名和其参数，其中参数 g 是一个常量，默认值为 6.67e-11（这里使用科学记数法表示，也就是 6.67×10^{-11}）。这里需要注意的是，带有默认值的参数需要写在参数列表的最后。代码②调用函数，但是请注意在没有指定关键字传递参数时，参数需要和函数定义的顺序一致。代码③指定关键字传递参数，此时不需要按函数定义参数的顺序进行传递。代码④在传递参数时，也传递了含有默认值的参数 g，此时会覆盖默认值。代码⑤使用字典优化多个参数的传递，当要传递 5 个或者 5 个以上参数时，使用字典明确参数的含义是一个很好的办法，有助于提高代码可读性。

3.2.3　函数内外变量的可见性

对函数来说，变量有可见性和不可见性之分，举例说明，代码如下：

```python
def func(a, b):
    """
    计算 a+b
    :param a: 数 a
    :param b: 数 b
    :return: a+b 的和
    """
    sum = a + b
```

```
    # c是全局变量，所以函数可以访问
    print(c)  # ①
    d = 9  # ②
    return sum


# 定义全局变量a、b和c
a = 1
b = 2
c = 5
print(func(a, b))
# 变量d是函数内部的变量，在函数外部是不可见的，所以此处会引发运行异常
print(d)  # ③
```

上述代码中，代码①访问全局变量 c，这是允许的。代码②定义的变量 d 是函数内部的变量，在代码③处进行全局访问，这是不允许的，会引发异常，因为变量 d 是函数内部的变量，所以函数外部是无法访问这个变量的。

> ⚠️ **请确保函数的独立性**
>
> 　　对函数来说，函数的独立性越高越好。上述的 func()函数就不是一个好的函数，因为它访问了变量 c，而变量 c 是全局变量，这样函数就和全局耦合在一起了。函数应该是独立的，也就是它和全局的交互仅与输入参数有关，而不应该存在其他交互，这样的函数才是好的。如果函数和全局耦合在一起了，那么在实际应用中调用和修改函数都会十分麻烦。

3.2.4　传递可更改对象与不可更改对象

　　传递的参数有可更改对象和不可更改对象之分，这个问题和变量在计算机内存的处理有关，情况比较复杂，这里就不再深入讨论了，只需要记住参数存在如下情况。

- 字符串（str）、数字（int、float 和 complex）、元组（tuple）是不可更改对象。
- 列表（list）、集合（set）、字典（dict）和其他大部分对象是可更改对象。

它们作为函数参数在传递时会有很大的区别，举例说明，代码如下：

```
def my_func(x, y, z):
    x = 3
    y = "您好"
    z.remove(z[2])  # ①


# 定义参数
a = 1  # 数字
b = "人生苦短，我用 Python。"  # 字符串
c = list(range(5))  # 列表
# 调用函数
my_func(a, b, c)
# 调用函数后输出变量
print(a)
print(b)
print(c)
```

运行代码，结果如下：

```
1
人生苦短，我用 Python。
[0, 1, 3, 4]
```

从上述结果来看，参数 a 和 b 都没有变化，但是参数 c 有变化，删除了元素 2。为什么会这样呢？这是因为在代码中，传递给 my_func()函数的 3 个变量分别是数字、字符串和列表，数字和字符串是不可更改对象，因此函数内部的修改不会影响到这两个参数，而列表是可更改对象，代码①处删除了列表的第三个元素，因此会影响到列表参数。

3.2.5　把函数放在不同的模块中

在程序设计中，有时需要用到很多函数，这时可以考虑将这些函数放在一个独立的模块里，然后在要使用的时候将其导入程序就可以了。比如现在先写一个包含四则运算函数的文件，然后新建文件夹 operation，接着在该文件夹里新增文件 four_fundamental.py，该文件的内容如下：

```
def add(a, b):
    """ 加法 """
    return a + b


def subtract(a, b):
    """ 减法 """
    return a - b


def multiply(a, b):
    """ 乘法 """
    return a * b


def divide(a, b):
    """ 除法 """
    if b == 0:
        return "除数不能为 0。"
    return a/b
```

显然这个文件包含了四则运算函数，那么如何使用这个文件呢？可以使用 import 语句来导入，代码如下：

```
# 导入模块，并且为模块定义别名"ff"
import operation.four_fundamental as ff # ①

# 使用别名"ff"调用模块中的函数 # ②
print(ff.add(8, 2)) # 加法
print(ff.subtract(8, 2)) # 减法
print(ff.multiply(8, 2)) # 乘法
print(ff.divide(8, 2)) # 除法
```

上述代码中，代码①使用 import 语句导入文件模块，并且使用 as 关键字为模块定义别名"ff"；代码②使用别名"ff"调用模块中编写好的函数。因此，在需要编写很多函数时，可以使用多个文件去定义和管理函数，从而简化代码。

3.3 类

在程序设计中，函数被称为面向过程编程。面向过程编程以要解决的问题为核心，但是由于一些问题过于复杂，因此需要很多函数，导致代码混乱不堪，同时难以管理和扩展。为了解决这些问题，一些软件工程师提出了面向对象编程（object-oriented programming，OOP）的概念。面向对象是将某些事物归为类（class），比如奔驰车和奥迪车都可以归为汽车，只是品牌不同。由于办公人员使用得不多，因此本节只简单介绍 OOP 的基本概念。

现实中，有些人家里会养猫，并且会养多只，那么 OOP 人员就会将它们归为一类，也就是猫类。在 Python 中，类是用关键字 class 声明的，下面我们先给出猫类的定义：

```python
class Cat:  # ①

    """ 构造方法，设置属性 """ # ②
    def __init__(self, name, age):
        self.name = name
        self.age = age

    # 声明方法，注意在类里，类似函数的功能块称为方法  ③
    def feed(self, food):
        print("给" + self.name + "喂食" + food)
```

下面简单介绍代码，一些重要的概念会以楷体字标出。

代码①以关键字 class 开头，表示定义一个类，而 Cat 则是类名，按照编程规则首字母为大写，命名方式为驼峰式命名；代码②处的 __init__()方法是类的构造方法，这个方法名是 Python 规定的，不能自行定义，构造方法是指当对某个事物采用类来构建时会调用的方法。构造方法一般用于设置类的属性（简称属性），属性是指类中的成员变量，__init__()方法中定义的 self.name 和 self.age 就是 Cat 类的属性；代码③定义一个类的方法（简称方法），方法和函数的概念很相近，区别是方法在类中，而函数不在类中。在 Python 中，类的方法规定第一个参数表示当前对象，方法中的 self.name 表示获取当前对象的 name 属性。

有了类，就可以通过类来创建对象了。创建两个对象，并且调用对应的方法，代码如下：

```python
# 创建第一个对象
cat1 = Cat("贴心猫", 1) # ①
# 调用方法
cat1.feed("鱼肉") # ②

# 创建第二个对象
cat2 = Cat("可爱猫", 2) # ③
# 调用方法
cat2.feed("草莓")
```

上述代码中，代码①创建对象 cat1，并且设置属性 name 为"贴心猫"，age 为 1，此时代码②调用类的 feed()方法，从类的定义来看，该方法会访问 self.name，而这里的 self 表示当前对象，也就是 cat1。代码③创建对象 cat2，这意味着一个类可以创建多个对象。运行代码，结果如下：

```
给贴心猫喂食鱼肉
给可爱猫喂食草莓
```

> **🖊 驼峰式命名方法**
>
> 　　在程序开发中有一种被广泛使用的命名方法，即驼峰式命名方法。比如创建部门经理类，按驼峰式命名方法，可以将类命名为 DeptMgr，这里类名中第一个单词的首字母要大写，第二个单词的首字母也要大写，以此类推，这样类名看起来就会呈现高低错落起伏的形状，如同驼峰一般，因此人们把这样的命名方式称为驼峰式命名。驼峰式命名是一种可读性高的命名方法，在 C/C++、Java 等主流语言中使用广泛。

　　关于类的内容还有很多，鉴于类在办公自动化的场景中使用不多，这里就不再深入研究了。

3.4　异常

　　在程序设计中，往往会出现一些中断的情况，比如数学运算中规定除以 0 是非法的，代码如下：

```
print(1/2)
# 除以 0，在数学中是非法的
print(2/0)
print(3+5)
```

　　注意上述代码中的加粗部分除以了 0。运行代码，结果如下：

```
0.5
Traceback (most recent call last):
  File "D:\new_book_prjs\python_basic\test.py", line 3, in <module>
    print(2/0)
ZeroDivisionError: division by zero
```

　　注意最后加粗的输出信息，它明确说明了哪个文件在第几行出现了除以 0 的错误。而代码中的 print(3+5) 语句没有运行，这说明在发生异常后，程序就中断了。

　　代码在运行中出现的错误称为异常。有时程序可能出现一些运行时错误。比如正在看视频，突然网络中断了，这是生活中十分常见的场景。为了能更好地处理那些有可能出现问题的代码，Python 等高级语言引入了异常处理机制，以使程序更加健壮。

　　在 Python 中，异常处理机制的语法结构如下：

```
try:
    # 一般放置那些容易出现错误的代码
    try 语句块
except error_type: # 指定异常类型（error_type）
    #处理指定的异常的代码
    异常语句块 1
except:
    # 处理非指定的所有异常的代码
    异常语句块 2
else:
    # 在程序运行过程中没有发生异常的处理
    else 语句块
finally:
    # 无论异常是否发生都会运行的语句块
    finally 语句块
```

在异常处理中，try 语句块是必需的，except 语句块和 finally 语句块两者必须至少出现其一，else 语句块是可选的。以除以 0 为例来演示这个过程，代码如下：

```
print(1/2)

# try 语句表示启用异常处理机制
try:  # ①
    # 除以 0 在数学中是非法的
    print(2/0)
except ZeroDivisionError as ex:  # ②
    # 当异常发生时运行的代码
    print("看看您是不是除以 0 了？")
    print("异常信息：" + str(ex))
finally:  # ③
    # 无论有没有异常都会运行的代码
    print("这是一定会运行的代码")

print(3+5)
```

上述代码中，代码①处的关键字 try 代表启用异常处理机制，然后在 try 语句块内执行了除以 0 的操作；代码②是 except 语句块，它会在出现异常时运行，如果没有异常，它就不会运行；代码③是 finally 语句块，它表示无论是否出现异常都会运行的语句。运行代码，结果如下：

```
0.5
看看您是不是除以 0 了？
异常信息：division by zero
这是一定会运行的代码
8
```

从结果来看，这里没有输出除以 0 的异常信息，取而代之的是 except 语句块内的代码，同时 finally 语句块也运行了。倘若把上述 try 语句块中加粗的代码替换为以下代码：

```
# 除以 1
print(2/1)
```

再次运行代码，结果如下：

```
0.5
2.0
这是一定会运行的代码
8
```

从结果来看，except 语句块中的代码都没有运行，这是因为 try 语句块中并没有异常发生。

为了让读者更好地理解异常处理机制，这里给出异常处理机制的运行流程，如图 3-3 所示。

有时候，finally 语句块也不是必需的，可以换为 else 语句块，代码如下：

```
# try 语句表示启用异常机制
try:
    # 输入被除数和除数
    snum1 = input("请输入被除数：")
    snum2 = input("请输入除数：")
    # 转换类型
    num1 = float(snum1)
```

```
    num2 = float(snum2)
    # 除法运算
    print(num1/num2)
except Exception as ex:  # 捕获异常
    print("错误：您输入的不是数字或除数为 0")
else:  # 没有异常时运行
    print("一切正常")
```

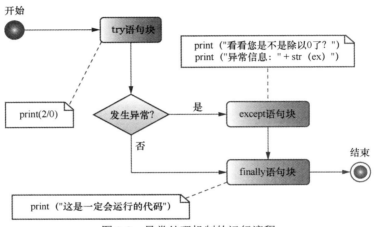

图 3-3　异常处理机制的运行流程

上述代码中没有 finally 语句块，而多了 else 语句块。先运行一次代码，然后输入 2 和 1，结果如下：

```
请输入被除数：2
请输入除数：1
2.0
一切正常
```

因为没有发生异常，所以 except 语句块就没有运行，而 else 语句块运行了。再次运行代码，然后输入 2 和 0，结果如下：

```
请输入被除数：2
请输入除数：0
错误：您输入的不是数字或除数为 0
```

这里给出上述代码的运行流程，如图 3-4 所示。

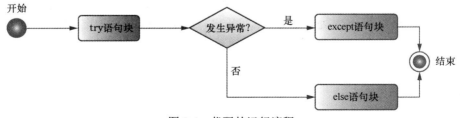

图 3-4　代码的运行流程

3.5 文件操作

在 Python 中，读取文件使用的是内置函数 open()，接下来举例说明。在项目中新建文件夹 files，创建文件"购买清单.txt"，该文件的内容如下：

```
苹果 2 斤
菠菜 1 斤
猪肉 3 两
鸡 1 只
白菜 1 斤
```

读取这个文件，代码如下：

```
try:
    # 打开并读取文件，参数 encoding 用于指定文件编码
    file = open("./files/购买清单.txt", encoding="utf-8")  # ①
    # 将文件内容全部读入变量 contents 中
    contents = file.read()  # ②
    print(contents)
finally:
    # 必然会运行的代码，用于关闭文件
    file.close()
```

上述代码中采用了 try...finally...语句来应对代码中可能出现的异常，这里的 finally 语句块必然会运行，所以使用它来关闭文件。代码①读取文件，这里的路径 "./files/购买清单.txt" 中的 "./" 表示当前路径。代码②处的 read() 方法用于读取文件所有的内容作为字符串，并赋给变量 contents。

这里使用 try...finally...语句有点麻烦，可以采用更方便的 with 语句来打开文件：

```
# 用 with 语句打开文件，它会自动关闭文件，因此不必再调用文件的 close()方法
with open("./files/购买清单.txt", encoding="utf-8") as file:  # ①
    # 将文件内容全部读入
    contents = file.read()
    print(contents)
```

上述代码中，代码①使用 with 语句来读取文件，这样就不需要再调用关闭文件的方法了，简化了代码。

3.5.1 读取 CSV 文件

逗号分隔值（CSV）文件是一种常见的文件类型。CSV 是一种通用的、相对简单的文件格式，在商业和科学领域被广泛应用。CSV 并不是一种严格的数据格式，一般具备以下 4 个特点。

- 纯文本，使用某种字符集，比如 Unicode、UTF-8 或 GB2312。
- 文件是由记录组成的，一般一行就是一条记录。
- 每条记录的字段用分隔符（一般是半角逗号或分号）分隔。
- 每条记录都有同样的字段序列。

为了方便讲解，在 files 文件夹内新建文件"学生科目分数.csv"，该文件的内容如下：

```
姓名,科目,分数
张三,语文,90
张三,数学,92
```

```
张三,英语,96
李四,语文,87
李四,数学,88
李四,英语,86
```

读取这个文件，代码如下：

```python
# 用 with 语句打开文件，它会自动关闭文件，因此不必再调用文件的 close() 方法
with open("files/学生科目分数.csv", encoding="utf-8") as file:
    # 使用 readline() 方法读取行数据，然后通过海象运算符赋给变量 line
    while line := file.readline(): # ①
        # 替换换行符
        line = line.replace("\n", "") # ②
        # 使用 split() 方法以 "," 分隔数据
        line_data = line.split(",") # ③
        print(line_data)
```

上述代码中，先用 with 语句打开文件，然后在代码①处使用 readline() 方法读取数据，请注意这里使用了海象运算符 ":="，这样会先给变量 line 赋值，再判断 line 是否为空，如果不为空则继续循环。这里的 readline() 方法第一次调用会读取第一行，第二次调用会读取第二行，以此类推，直至读取到文件结尾为止。代码②替换换行符为空格。代码③使用 split() 方法分隔字段，这样就能得到逐个字段的值了。运行代码，结果如下：

```
['姓名', '科目', '分数']
['张三', '语文', '90']
['张三', '数学', '92']
['张三', '英语', '96']
['李四', '语文', '87']
['李四', '数学', '88']
['李四', '英语', '86']
```

注意 readline() 方法，它逐行读取数据，而不是一次性读取所有的数据。事实上，读取 CSV 文件的更好的方法是使用 csv 模块，代码如下：

```python
# 导入 csv 模块
import csv # ①

# 用 with 语句打开文件，它会自动关闭文件，因此不必再调用文件的 close() 方法
with open("./files/学生科目分数.csv", encoding="utf-8") as file:
    # 使用 csv 阅读器
    csv_rd = csv.reader(file) # ②
    # 遍历 CSV 文件
    for item in csv_rd:
        print(item)
```

显然，使用 csv 模块比直接读取文件简单许多。上述代码中，代码①导入 csv 模块，代码②使用 csv 阅读器捆绑读取的文件，然后使用循环遍历 CSV 文件。运行代码，结果如下：

```
['姓名', '科目', '分数']
['张三', '语文', '90']
['张三', '数学', '92']
['张三', '英语', '96']
['李四', '语文', '87']
['李四', '数学', '88']
['李四', '英语', '86']
```

可见，最后得到的结果与前面相同。

3.5.2 写入文件

前面读取了文件的内容，下面介绍如何将内容写入文件。以写入一个旅游清单为例，代码如下：

```python
import os # ①

# 创建文件夹 # ②
if not os.path.exists("./new_files"): # 判断文件夹是否存在
    os.mkdir("./new_files") # 创建文件夹
"""
注意指定参数 mode 为 "w"，表示以写入模式打开文件
如果文件不存在，则会新建文件
如果文件存在，则会先删除原有的数据，再写入数据
"""
with open("./new_files/旅游清单.txt", mode="w", encoding="utf-8") as file: # ③
    # 景点清单
    scenery_lst = [
        ["八达岭长城", "已去"],
        ["九寨沟", "未去"],
        ["张家界", "已去"],
        ["桂林山水", "未去"]]
    # 遍历清单
    for scenery in scenery_lst:
        # 写入文件
        file.write(scenery[0] + "\t" + scenery[1] + "\n") # ④
```

上述代码中，代码①导入 os 模块。代码②先判断是否存在对应的文件夹，如果不存在，就使用 mkdir()函数创建文件夹。代码③处 open()函数的参数 mode 设置为 "w"，表示以写入模式打开文件。如果要打开的文件不存在，则会创建文件；如果存在，则会清空原有文件的内容。代码④将内容写入文件。运行代码，可以看到新增的文件（路径为./new_files/旅游清单.txt），打开文件，可以看到它的内容如下：

```
八达岭长城    已去
九寨沟      未去
张家界      已去
桂林山水    未去
```

> ⚠️ **注意 open()函数中的 mode 参数**
>
> 上面的 open()函数中，设置了参数 mode 为 "w"。注意，这样的设置会清空原有的文件内容，所以这一步一定要慎重，否则可能会错删数据，造成难以挽回的损失。

有时候并不需要创建一个新的文件，而是要在原有的文件中追加内容，那么应该如何操作呢？先来看错误的操作，代码如下：

```python
with open("./new_files/旅游清单.txt", mode="w", encoding="utf-8") as file: # ①
    scenery_lst = [
        ["黄山", "已去"],
        ["华山", "未去"]]
    for scenery in scenery_lst:
        file.write(scenery[0] + "\t" + scenery[1] + "\n")
```

上述代码和之前的差不多，运行代码后，文件的内容如下：

```
黄山      已去
华山      未去
```

从结果来看，之前写入的内容被清空了，这显然不是我们想要的结果。为什么会是这样的结果呢？代码①处 open()函数的参数 mode 依旧设置为 "w"，这就意味着打开文件时内容就被清空了，所以出现了现在的结果。为了追加文件内容，这里修改参数 mode 为 "a"，代码如下：

```
with open("./new_files/旅游清单.txt", mode="a", encoding="utf-8") as file: # ①
    ...
```

先运行之前写入内容的代码，再运行上述代码，打开文件，结果如下：

```
八达岭长城     已去
九寨沟     未去
张家界     已去
桂林山水    未去
黄山      已去
华山      未去
```

从结果来看，已经成功地在文件末尾添加了所需的内容。

第二部分

蜂蜜电商数据分析

当今世界是互联网的世界，尤其是移动互联网应用十分广泛，很多人通过网络购买商品，因此电商行业也十分盛行。在这样的情况下，许多业务人员必然要面对大量的电商数据，并对其进行处理和分析。电商数据很多，本书只能选择某类产品进行分析，这一部分讲解如何处理和分析关于蜂蜜的电商数据。蜂蜜是人们熟悉的商品，希望读者阅读本书是一个甜蜜的过程。

这一部分主要讲解 pandas 库，它也是做数据分析最主要的库。在讲解 pandas 的过程中，这一部分将结合 Excel 实例详细地讲解数据分析的流程和主要的知识点，为读者未来的数据分析实践和应用打下坚实的基础。

第 4 章

读取和清洗数据

正所谓"巧妇难为无米之炊"。对数据分析来说，"米"就是数据，而"炊"就是数据分析的结果。显然，必须先有数据，并且理解数据相关的业务，才能进行下一步的数据分析。使用 Python 做数据分析，要先将数据读取到 Python 环境中，才能进行下一步的操作。不过有时候读取的数据并不是那么规范，甚至有些缺陷，因此往往需要对数据进行检查、验证和清洗才能进行下一步的操作。在处理数据之前，必须要做的一件事情就是理解和掌握相关业务，熟悉数据设计和特点。

4.1 业务分析

所有的数据分析都是为具体的业务服务的，因此在做数据分析之前，必须掌握业务，否则数据分析难以进行。在没有掌握业务之前，即使进行了数据分析，得到的结果也往往是错的。在企业工作时，常常需要制作报表，在这个过程中，往往都是在业务和技术之间进行探索，以寻求最佳的方法。

> **⊕ 技术和业务不是对立的，应该通过一定的手段将它们有机结合在一起**
>
> 技术和业务并不是各自独立的，而是相互影响的。很多时候技术会影响业务，并且改变业务的形态，比如现在的电商、移动支付、互联网金融、共享单车、共享汽车等都极大地影响了人们的生活，可见，通过技术手段可以极大地优化人们对业务的体验。
>
> 如果你只熟悉业务，而拒绝新的技术，不能优化人们的体验，就意味着客户不会选择你。如果使用新的技术，但是脱离了人们对业务的需求，那么也意味着你将失去许多客户。可见，技术和业务并不是割裂的，而是相互有机地结合在一起的，它们的目标是一致的，那就是更好地为人们服务，因此它们同等重要，在即将到来的万物互联的时代更是如此。

为了让读者熟悉业务，本节准备了 4 个 Excel 数据文件，从这 4 个文件出发来熟悉业务数据，以便进行后续的学习。

4.1.1 销售明细表分析

销售明细表是本示例的核心数据，如图 4-1 所示。

图 4-1　销售明细表①

订单编号	用户编号	用户名称	产品编号	产品名称	单价	商品数量	商品总定价	优惠金额	实际交易金额	交易日期	购买渠道	支付渠道	经销员编号	订单状态	备注
0000001	U0001	聂白秋	P0001	新西兰麦卢卡蜂蜜	300	2	600	60	540	2021/9/7	1	1	S0001	1	满2件9折
0000002	U0003	韩天真	P0003	秦岭槐花蜜	80	12	960	120	840	2021/10/12	1	1	S0001	1	满10件减120元
0000003	U0002	褚新苗	P0006	云南米花团黑蜜	200	1	200		200	2021/2/15	1	1	S0001	1	
0000004	U0001	聂白秋	P0001	新西兰麦卢卡蜂蜜	300	5	1500	225	1275	2021/5/2	2	1	S0002	1	满3件8.5折
0000005	U0003	韩天真	P0006	云南米花团黑蜜	200	3	600	100	500	2021/11/7	1	1	S0002	1	满500减100
0000006	U0004	龙瑶瑾	P0002	新疆雪蜜	100	5	500	100	400	2021/11/11	1	1	S0003	1	
0000007	U0002	褚新苗	P0001	新西兰麦卢卡蜂蜜	300	1	300	100	200	2021/11/11	1	1	S0003	1	双十一优惠券满300减100
0000008	U0003	龙瑶瑾	P0005	东北椴树蜜	120	2	240		240	2022/3/2	1	1	S0003	1	
0000009	U0001	聂白秋	P0007	西藏崖蜜	500	2	1000	100	900	2022/5/7	1	1	S0004	1	满2件减100
0000010	U0003	韩天真	P0008	鸭脚木冬蜜	100	6	600	100	500	2022/2/27	2	1	S0001	1	满2件减100
0000011	U0002	褚新苗	P0008	鸭脚木冬蜜	80	3	240	50	190	2022/7/9	1	1	S0001	1	满200减50
0000012	U0002	褚新苗	P0001	新西兰麦卢卡蜂蜜	300	2	600		600	2022/10/21	1	1	S0004	1	
0000013	U0004	龙瑶瑾	P0008	鸭脚木冬蜜	80	3	240		240	2022/10/21	1	1	S0004	1	
0000014	U0001	聂白秋	P0005	东北椴树蜜	120	6	720	120	600	2021/12/12	1	1	S0005	1	双十二满5件减120
0000015	U0003	韩天真	P0001	新西兰麦卢卡蜂蜜	300	9	2700	500	2200	2021/12/30	1	1	S0003	1	满2000减500
0000016	U0004	龙瑶瑾	P0009	甘肃枸杞蜜	150	20	3000	300	2700	2022/3/4	2	1	S0003	1	满2件9折
	U0003	褚新苗	P0002	新疆雪蜜	100	1	100		100	2022/8/12	2	4	S0003	1	
0000017	U0002	褚新苗	P0002	新疆雪蜜	100	1	100		100	2022/8/12	2	4	S0003	1	

在图 4-1 中，可以看到用户编号、产品编号等字段，通过这些字段可以和其他表进行关联。比如要想通过销售信息得到对应的产品信息，就需要将销售明细表的产品编号关联产品信息表的产品编号。购买渠道、支付渠道和订单状态字段都是数字字段，这些字段往往表示某些特殊的含义，而且是统计分析所需的关键字段。下面给出这些字段的值表示的具体含义。

- 购买渠道：1-App 客户端、2-网页端、3-微店。
- 支付渠道：1-财付通、2-支付宝、3-储蓄卡、4-信用卡。
- 订单状态：1-交易成功、0-交易失败、9-退货。

4.1.2　产品信息表分析

上面分析了销售明细表，接下来分析产品信息表，如图 4-2 所示。

产品编号	产品名称	单价	蜂蜜类型	库存	进口标志	止卖日期	状态
P0001	新西兰麦卢卡蜂蜜	300	2-单花蜜	300	1	2023/1/1	1
P0002	新疆雪蜜	100	1-百花蜜	500	0	2024/10/1	1
P0003	秦岭槐花蜜	80	2-单花蜜	600	0	2023/5/1	1
P0004	俄罗斯椴树蜜	60	2-单花蜜	50	1	2025/11/1	1
P0005	东北椴树蜜	120	2-单花蜜	200	0	2023/9/1	1
P0006	云南米花团黑蜜	200	2-单花蜜	150	0	2026/5/12	1
P0007	西藏崖蜜	500	1-百花蜜	100	0	2022/10/1	1
P0008	鸭脚木冬蜜	80	2-单花蜜	200	0	2024/12/1	1
P0009	甘肃枸杞蜜	150	2-单花蜜	400	0	2023/8/8	1
P0010	湖北神农架岩蜜	200	1-百花蜜	150	0	2024/12/12	1
P0011	青海油菜花蜜	50	2-单花蜜		0	2025/11/11	0

图 4-2　产品信息表

在图 4-2 中可以看到产品的信息，其中蜂蜜类型分为百花蜜和单花蜜，百花蜜是以多种植物的花作为蜜源酿造的蜂蜜，而单花蜜则是以某一种花作为蜜源酿造的蜂蜜。进口标志和状态字段也是数字字段，具有一定的含义，具体如下。

- 进口标志：1-国外进口蜜、0-国产蜜。
- 状态：1-正常、0-未上市。

4.1.3　用户信息表分析

用户是购买蜂蜜的客户，也是很重要的分析维度，用户信息表如图 4-3 所示。

这里的状态字段是一个数字字段，其含义如下。

- 状态：1-正常、0-黑名单用户。

---

① 细心的读者可以看到第 17 行的订单编号为空。现实中有问题的数据比比皆是，需要我们进行修复。

	A	B	C	D	E	F
1	用户编号	用户名称	手机号	地区	注册日期	状态
2	U0001	聂白秋	13588888888	北京	2020/3/6	1
3	U0002	濮新苗	13688888888	广东广州	2021/1/13	1
4	U0003	韩天真	13788888888	上海	2020/11/18	1
5	U0004	龙瑶瑾	13888888888	云南昆明	2021/2/20	1
6	U0005	吴雅辰	13988888888	浙江宁波	2020/9/11	1
7	U0006	关悠奕	13568888888	新疆乌鲁木齐	2020/12/15	1
8	U0007	潘妙茜	13578888888	湖北武汉	2020/11/17	1
9	U0008	简玮琪	13598888888	四川成都	2021/3/5	1
10						
11	U0009	束丝娜	13528888888	黑龙江哈尔滨	2021/5/6	1

图 4-3　用户信息表

4.1.4　销售员信息表分析

销售员是向用户推销产品的人员，通过宣传和介绍可以有效提升用户购买产品的意愿。销售员还需要进行售后服务，销售员信息表如图 4-4 所示。

	A	B	C	D	E	F	G	H	I	J	K	L
1	职员编号	姓名	性别	手机号码	出生日期	入职时间	职务	亲和力	口才	经验	专业能力	学习能力
2	S0001	张三	男	13699999999	1993/9/8	2015/1/2	中级经销员	85	86	90	92	95
3	S0002	李四	女	13799999999	1996/3/2	2017/8/21	初级经销员	80	80	86	78	93
4	S0003	钱五	女	13899999999	1990/11/9	2014/10/11	高级经销员	88	90	99	96	92
5	S0004	赵六	男	13999999999	1994/6/9	2020/12/12	实习生	62	66	64	70	85

图 4-4　销售员信息表

图 4-4 中记录了销售员的能力值，分别为亲和力、口才、经验、专业能力和学习能力，使用雷达图来展示这些信息会比较直观。

4.1.5　数据关联

上面分析了 4 张表中的数据，可以知道，这 4 张表中的数据是相互关联的。这 4 张表的核心是销售明细表，它通过产品编号关联产品信息表，通过用户编号关联用户信息表，通过经销员编号关联销售员信息表。在数据分析中，数据关联是十分常见的，比如可能要计算单花蜜和百花蜜的销售数量和金额，就需要把销售明细表和产品信息表关联起来，这些内容在后面都会进行介绍。

4.2　读取 Excel 数据

在掌握了业务和数据后，需要做的就是读取数据到 Python 中。当前使用 Python 做 Excel 数据分析时最常用的库是 pandas，所以本书的一个核心任务就是帮助读者掌握 pandas 的使用方法，后面会在具体实践中介绍 pandas，并且对大部分常见的应用场景进行讲解。

> **🖉 pandas 和 NumPy**
>
> pandas 是基于 NumPy 的库，该库是为解决数据分析任务而创建的。pandas 纳入了大量库和一些标准的数据模型，提供了可以高效地操作大型数据集所需的工具，还提供了大量的用于快速、便捷地处理数据的函数和方法。pandas 是使 Python 成为强大而高效的数据分析环境的重要因素之一。
>
> 实际上，pandas 中用到了很多 NumPy 的内容。不过，NumPy 多用于科学计算和学术研究，把它单独列出来介绍会很烦琐，此外很多内容在做数据分析时用不到，因此没有必要单独用一章介绍 NumPy。本书会在介绍 pandas 的过程中，顺带介绍常用的 NumPy 内容。

Pandas 没有提供读取 Excel 数据的功能，一般来说，读取 Excel 数据所使用的是 xlwings、xlrd、xlwt、openpyxl 和 xlutils 等，不过它们的功能各有不同，下面通过表 4-1 进行介绍。

表 4-1　Python 中常用的读写 Excel 数据的工具

功能	库				
	xlwings	xlrd	xlwt	openpyxl	xlutils
读	√	√	×	√	√
写	√	×	√	√	√
修改	√	×	×	√	√
xls 格式	√	√	√	×	√
xlsx 格式	√	√	√	√	×
批量操作	√	×	×	×	×

从表 4-1 中可以看出，一方面 xlrd、xlwt 和 xlutils 功能有限；另一方面 openpyxl 的写入功能不如 xlwings 全面。鉴于上述情况，使用 openpyxl 读取 Excel 数据，使用 xlwings 写入 Excel 数据就成了当前主流。

4.2.1　安装对应的库

如果使用命令行，可以使用 pip 命令来安装对应的库，方法也十分简单，下面以安装 openpyxl 为例进行介绍。在命令行窗口中输入如下命令，界面如图 4-5 所示。

```
pip install openpyxl
```

其他库的安装与此类似，这里不再赘述。

要使用集成开发环境（IDE）来编写代码，

图 4-5　通过 pip 命令安装 openpyxl 库

需要自行导入对应的库。下面以使用最为广泛的 PyCharm 为例进行讲解。新建项目 honey，在菜单栏选择 File→Settings，就会弹出 Settings 对话框，点击 Project:honey→Python Interpreter，如图 4-6 所示。

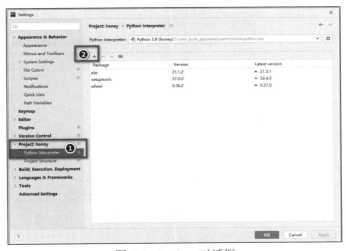

图 4-6　Settings 对话框

点击图 4-6 中的①处表示打开导入库的菜单，点击②处的"+"可以导入新库，点击后，会弹出新的对话框，如图 4-7 所示。

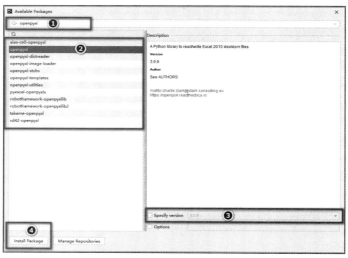

图 4-7　选择安装库

在图 4-7 中，①处是搜索框，可以在其中输入对应的库名进行查询，从而找到需要的库；②处是库的展示区，可以在其中选择需要安装的库；选择需要安装的库后，可以在③处选择需要的版本；然后在④处点击 Install Package 按钮进行安装。

这里请安装 NumPy、openpyxl、pandas 和 xlwings 这 4 个库，然后返回到图 4-6 所示的对话框，就可以看到对应的安装信息了，如图 4-8 所示。

图 4-8　查看已安装的库

安装好 NumPy、openpyxl、pandas 和 xlwings 库后，就可以进行后续的开发了。

4.2.2　读取简单的 Excel 数据

安装了所需的库，接着就可以读取 Excel 数据了。读取 Excel 数据很简单，使用 pandas 提供的 read_excel()函数即可，该函数需要 openpyxl 库支持，否则会发生异常，所以需要像 4.2.1 节那样先安装 openpyxl 库。下面使用 read_excel()函数来读取用户信息表的数据，如代码清单 4-1 所示：

代码清单 4-1　使用 pandas 读取简单的 Excel 数据

```
# 导入 pandas
import pandas as pd

# 声明带有待格式化内容的文件路径，前缀 r 表示不进行转义，{0}表示待格式化，可以根据需要填充
filename = r"D:\蜂蜜销售数据分析\Excel 数据\{0}.xlsx"

# 使用 pandas 的 read_excel()函数读取 Excel 数据
users = pd.read_excel(filename.format("用户信息表"))  # ①

# 输出用户信息
print(users)
```

上述代码中，代码①是读取 Excel 数据的方法，很简单。运行代码，结果如下：

```
   用户编号    用户名称      手机号          地区           注册日期       状态
0  U0001    聂白秋     1.358889e+10   北京         2020-03-06    1.0
1  U0002    濮新苗     1.368889e+10   广东广州       2021-01-13    1.0
2  U0003    韩天真     1.378889e+10   上海         2020-11-18    1.0
3  U0004    龙瑶瑾     1.388889e+10   云南昆明       2021-02-20    1.0
4  U0005    吴雅辰     1.398889e+10   浙江宁波       2020-09-11    1.0
5  U0006    关悠奕     1.356889e+10   新疆乌鲁木齐     2020-12-15    1.0
6  U0007    潘妙菡     1.357889e+10   湖北武汉       2020-11-17    1.0
7  U0008    简玮琪     1.359889e+10   四川成都       2021-03-05    1.0
8  NaN      NaN     NaN          NaN          NaT         NaN
9  U0009    束丝娜     1.352889e+10   黑龙江哈尔滨     2021-05-06    1.0
```

从结果来看，读取 Excel 数据已经成功了，但是手机号是用科学记数法表示的。虽然这样读取 Excel 数据很简单，但是读取销售明细表的数据后，就会遇到新的问题，代码如下：

```
# 导入 pandas
import pandas as pd

# 声明带有待格式化内容的文件路径，前缀 r 表示不进行转义，{0}表示待格式化，可以根据需要填充
filename = r"D:\蜂蜜销售数据分析\Excel 数据\{0}.xlsx"
# 使用 pandas 的 read_excel()函数读取 Excel 数据
order_details = pd.read_excel(filename.format("销售明细表"))  # ①
# 输出销售明细信息
print(order_details)
```

运行代码，结果如下：

```
   订单编号  用户编号  用户名称  产品编号   产品名称        ...  购买渠道  支付渠道  经销员编号  订单状态  备注
0   1.0   U0001   聂白秋   P0001   新西兰麦卢卡蜂蜜   ...   1     1    S0001    1   满 2 件 9 折
1   2.0   U0003   韩天真   P0003   秦岭槐花蜜      ...   1     2    S0003    1   满 10 件减 120
2   3.0   U0002   濮新苗   P0006   云南米花团黑蜜    ...   1     1    S0001    1   NaN
3   4.0   U0001   聂白秋   P0001   新西兰麦卢卡蜂蜜   ...   2     1    S0002    1   满 3 件 8.5 折
4   5.0   U0003   韩天真   P0006   云南米花团黑蜜    ...   1     2    S0002    1   满 500 减 100
5   6.0   U0004   龙瑶瑾   P0002   新疆雪蜜      ...   1     1    S0003    1   满 4 件送 1 件
...
```

50	**50.0**	U0009	束丝娜	P0005	东北椴树蜜	...	1	1	S0003	1	买 3 送 1
51	**51.0**	U0007	潘妙菡	P0009	甘肃枸杞蜜	...	1	2	S0001	1	NaN
52	**52.0**	U0009	束丝娜	P0007	西藏崖蜜	...	2	3	S0003	1	NaN

请注意加粗的列，该列是订单编号，可以发现订单编号前面的 "0" 全部都没有了，并且该列变成了浮点数，这是因为读取 Excel 数据时，pandas 认为该列为数字。这显然是不对的。为了解决这个问题，可以指定对应列的数据类型，这里可以通过参数 dtype 将订单编号指定为字符串类型。修改上述代码①，如代码清单 4-2 所示：

代码清单 4-2　以指定数据类型读取 Excel 数据

```
order_details = pd.read_excel(
    filename.format("销售明细表"), dtype={"订单编号": str})
```

注意上述代码中加粗的部分，这里指定了订单编号为字符串类型，这样才能避免把订单编号读取为数字导致格式错误。对于那些有特殊数据类型要求的字段，都可以用这种方式处理。

4.2.3　pandas DataFrame

读取数据后可以得到一张数据表，那么这张表的数据类型和结构是什么样的呢？这就是本节要介绍的内容，先来看如下代码：

```
# 导入 pandas
import pandas as pd

# 声明带有待格式化内容的文件路径，前缀 r 表示不进行转义，{0}表示待格式化，可以根据需要填充
filename = r"D:\蜂蜜销售数据分析\Excel 数据\{0}.xlsx"
# 读取用户信息表数据
users = pd.read_excel(filename.format("用户信息表"))
# 输出用户信息表的数据类型
print(type(users))  # ①
```

上述代码中，代码①使用 type()函数判断用户信息表的数据类型。运行代码，结果如下：

```
<class 'pandas.core.frame.DataFrame'>
```

从结果来看，它的数据类型就是 DataFrame，而 DataFrame 的内容是本书的核心内容。为了让读者掌握 DataFrame 数据结构，下面以用户信息表的 DataFrame 数据结构为例进行讲解，如图 4-9 所示。

index ＼ columns	用户编号	用户名称	手机号	地区	注册日期	状态
1	U0001	聂白秋	1358888888	北京	2020/3/6	1
2	U0002	濮新苗	1368888888	广东广州	2021/1/13	1
3	U0003	韩天真	1378888888	上海	2020/11/18	1
4	U0004	龙瑶瑾	1388888888	云南昆明	2021/2/20	1
5	U0005	吴雅辰	1398888888	浙江宁波	2020/9/11	1
6	U0006	关悠奕	1356888888	新疆乌鲁木齐	2020/12/15	1
7	U0007	潘妙菡	1357888888	湖北武汉	2020/11/17	1
8	U0008	简玮琪	1359888888	四川成都	2021/3/5	1

图 4-9　用户信息表的 DataFrame 数据结构

图 4-9 就是用户信息表的 DataFrame 数据结构，DataFrame 和 Excel 表格的结构是十分相近的，所以十分利于办公人员理解和使用。它是一个二维数组，存在以下两个索引。

- index：一个数字序列，从 0 开始，作为行索引。

- columns：由一组字符串组成，作为列索引。

从这个结构来看，可以知道 pandas 的 read_excel()函数在读取 Excel 数据时，会把第一行作为列索引读取进来，而行索引则是 pandas 自动生成的一个数字序列。

显然 DataFrame 是一个二维数组，只需要通过行列索引就可以获取具体的行、列或者单元格的数据，举例说明，代码如下：

```python
# 导入 pandas
import pandas as pd

# 声明带有待格式化内容的文件路径，前缀 r 表示不进行转义，{0}表示待格式化，可以根据需要填充
filename = r"D:\蜂蜜销售数据分析\Excel 数据\{0}.xlsx"
# 读取用户信息表数据
users = pd.read_excel(filename.format("用户信息表") ,dtype = {"手机号": str})

# 获取 "用户编号" 列
print(users["用户编号"], "\n") # ①
# 获取第二行的数据
print(users.loc[1], "\n") # ②
# 获取 "用户名称" 列第四个单元格的数据
print(users["用户名称"][3]) # ③
```

请注意，DataFrame 是一个列优先的数据结构。上述代码中，代码①获取 "用户编号" 列的数据；代码②使用 loc()方法来获取指定的行数据，这里获取的是第二行数据，请注意其索引是 1，这是因为第一行数据的索引是 0；代码③获取某个单元格的数据，需要给出行索引和列索引，因为 DataFrame 是列优先的数据结构，所以列索引在前，行索引在后。

获取多行多列的数据也是常见的需求，举例说明，代码如下：

```python
# 获取用户信息表的指定 3 列的数据
cols = ["用户编号", "用户名称", "手机号"]
print(users[cols], "\n") # ①

# 获取第二行（含）~第四行（含）的数据
print(users.loc[1:3], "\n") # ②

# 指定第二、四、六、八行
idx = [1, 3, 5, 7]

# 获取指定行的数据
print(users.loc[idx]) # ③

# 先获取对应 3 列的数据，再截取指定行的数据
print(users[cols].loc[idx], "\n") # ④
```

上述代码中，代码①根据列索引列表获取指定列数据；代码②处的 "1:3" 表示获取第二行（含）~第四行（含）的数据；代码③获取指定行索引的数据；代码④先获取指定列的数据，再截取指定行的数据。

> ⚠️ **DataFrame 的 loc()方法的使用**
>
> 上述代码中，代码②处索引的写法是 "1:3"，在 Python 中的大多数情况下，这样的写法只包含数字 1 和 2。但是在 DataFrame 的 loc()方法中，包含数字 1、2 和 3，这是使用 loc()方法时需要特别注意的。

有时候需要关注某个用户的信息，就要获取具体的用户。举例说明，代码如下：

```
# 获取第一个用户的信息
print(users.loc[0], "\n")
# 获取用户信息的数据类型
print("【数据类型】: ", type(users.loc[0]))
```

运行代码，结果如下：

```
用户编号          U0001
用户名称          聂白秋
手机号           13588888888
地区            北京
注册日期          2020-03-06 00:00:00
状态            1.0
Name: 0, dtype: object
```

【数据类型】: <class 'pandas.core.series.Series'>

从结果来看，对某个用户的数据来说，它的数据类型是 Series，下面将介绍 Series 这个数据类型。

4.2.4 pandas Series

pandas Series 主要是某行或者某列数据的数据结构，显然这样的数据是一维数组。为了让读者对它有基本的了解，先给出一个用户信息的 Series 数据结构，如图 4-10 所示。

index	用户编号	用户名称	手机号	地区	注册日期	状态
data	U0001	聂白秋	1358888888	北京	2020/3/6	1

图 4-10　某个用户信息的 Series 数据结构

Series 数据结构比 DataFrame 还简单，它只有一个索引，通过这个索引可以很容易地读取对应的数据，代码如下：

```
# 获取某个用户的数据
user_one = users.loc[0]
# 获取指定的某项数据
print(user_one["地区"])
# 获取多项数据
idx = ["用户编号", "用户名称", "手机号"]
print(user_one[idx])
```

运行上述代码就能获取需要的数据。

4.2.5　读取特殊格式的 Excel 数据

有时 Excel 数据的格式并非我们想要的，这时就需要做一些特殊的处理。下面来看这样的用户信息，如图 4-11 所示。

图 4-11 中的数据放在工作表（Sheet）"用户信息 2"之中，数据不再从顶行和顶列开始，那么应该如何读取这样的数据呢？这个时候需要先掌握 pandas 中 read_excel()函数的以下 3 个重要的参数。

- sheet_name：工作表名称，默认值为 0，即第一个工作表，它可以是以 0 开始的工作表下标，也可以是工作表的名称，比如图 4-11 中的"用户信息 2"。
- header：指定列索引行，默认值为 0，即第一行，图 4-11 中的列索引行是第四行，那么索引就应该为 3。

- usecols：指定读取的列，0 表示第一列，图 4-11 中要读取的列是第二列（含）～第七列（含），那么索引就是 1～6。

图 4-11　用户信息 2 工作表

理解了这 3 个参数，就可以编写代码来读取这些数据了，如代码清单 4-3 所示：

代码清单 4-3　读取特殊格式的 Excel 数据

```
# 导入 pandas
import pandas as pd

# 声明带有待格式化内容的文件路径，前缀 r 表示不进行转义，{0} 表示待格式化，可以根据需要填充
filename = r"D:\蜂蜜销售数据分析\Excel 数据\{0}.xlsx"
# 读取用户信息表数据
users = pd.read_excel(
    # 指定文件路径
    filename.format("用户信息表"),
    # 指定工作表的索引或者名称
    # sheet_name=1,
    sheet_name="用户信息2", # ①
    # 指定对应的行作为列索引
    header=3, # ②
    # 指定读取的列
    usecols=range(1, 7)) # ③

# 获取"用户编号"列
print(users)
```

上述代码中，代码①处可以指定下标为 1 或者工作表名为"用户信息 2"，从而读取需要的工作表；代码②根据 Excel 文件的具体情况读取第四行数据作为列索引；代码③使用 range() 函数读取下标为 1（含）～7（不含）的数据，也就是第二列（含）～第八列（不含）的数据，从而将图 4-11 所示的用户信息读取到 DataFrame 当中。

上面讲解的都是单行作为列索引的情况，而现实也许会更为复杂，比如图 4-12 所示的 Excel 数据。

图 4-12　具有多行标题的 Excel 文件（销售员销售额年度统计表.xlsx）

图 4-12 中，Excel 的标题为两行嵌套的形式，这会使对 Excel 数据的读取变得更复杂。如果按照原有的方式进行读取，则如代码清单 4-4 所示：

代码清单 4-4 读取销售员销售额年度统计表

```python
# 导入 pandas
import pandas as pd

# 声明带有待格式化内容的文件路径，前缀 r 表示不进行转义，{0}表示待格式化，可以根据需要填充
filename = r"D:\蜂蜜销售数据分析\Excel 数据\{0}.xlsx"
# 读取用户信息表数据
users = pd.read_excel(
    # 指定文件路径
    filename.format("销售员销售额年度统计表"),
    # 指定对应的行作为列索引
    header=[1, 2]) # ①
print(users)
```

注意，上述代码中，代码①指定用第二行和第三行作为列索引来读取数据。运行代码，结果如下：

	销售员	2021 年销售额		2022 年销售额	
	Unnamed: 0_level_1	国产	进口	国产	进口
0	张三	350000	8000	400000	6000
1	李四	200000	5000	320000	7000
2	钱五	150000	3000	280000	8000
3	赵六	300000	12000	380000	15000

从结果来看，复杂的列索引会导致后续操作数据不太方便。为了能更好地操作数据，列索引最好是单列。为此，可以在读取 Excel 数据后修改索引，代码如下：

```python
"""
重置索引，它会增加一个 index 列，保存原有索引，同时简化索引
参数 inplace 设置为 True 表示在原有 DataFrame 的基础上修改
"""
users.reset_index(inplace=True) # ①
print(users, "\n\n")
# 设置 DataFrame 为单列索引
users.columns = ["index", "销售员", "2021 年销售额-国产",
                 "2021 年销售额-进口", "2022 年销售额-国产", "2022 年销售额-进口"] # ②
# 删除 index 列，参数 inplace 设置为 True，表示在原有 DataFrame 的基础上修改
users.drop(columns="index", inplace=True) # ③
# 输出用户信息
print(users)
```

上述代码中，代码①处的 reset_index()方法表示重置索引，同时引入列名为 index 的列来保存原有的行索引，使得列索引简化，而参数 inplace 设置为 True 表示在原有 DataFrame 的基础上修改；代码②重置列索引，这样列索引就会被大幅度简化，但是请注意，如果没有调用 reset_index()方法，直接重置索引就会引发异常；代码③删除 index 列，这样就和 Excel 数据保持一致了。运行代码，结果如下：

	index	销售员	2021 年销售额		2022 年销售额	
		Unnamed: 0_level_1	国产	进口	国产	进口
0	0	张三	350000	8000	400000	6000
1	1	李四	200000	5000	320000	7000
2	2	钱五	150000	3000	280000	8000
3	3	赵六	300000	12000	380000	15000

销售员	2021 年销售额-国产	2021 年销售额-进口	2022 年销售额-国产	2022 年销售额-进口
0　张三	350000	8000	400000	6000
1　李四	200000	5000	320000	7000
2　钱五	150000	3000	280000	8000
3　赵六	300000	12000	380000	15000

4.2.6　使用 xlwings 读取 Excel 数据

当前流行的读写 Excel 数据的库还有 xlwings，如果需要同时操作很多 Excel 工作簿或者工作表，xlwings 就十分有用了。不过在使用 xlwings 之前，需要先安装 xlwings，安装方法可以参考 4.2.1 节的内容。

在使用 xlwings 之前，需要先了解 xlwings 的一些基础概念，如图 4-13 所示。

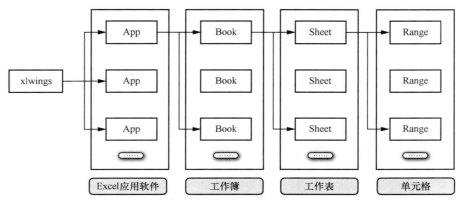

图 4-13　xlwings 基础概念

xlwings 的基础概念包括 App、Book、Sheet 和 Range，下面简单介绍一下它们。

- App：代表 Excel 应用软件，可以是微软的 Office，也可以是金山的 WPS 等。
- Book：代表工作簿，可以理解为一个 Excel 文件。
- Sheet：代表工作表，即 Excel 工作簿中的一个工作表。
- Range：代表单元格，既可以是单个单元格，也可以是多个单元格组成的区域，它是构成工作表的基础。

下面使用 xlwings 读取用户信息表的数据，如代码清单 4-5 所示：

代码清单 4-5　使用 xlwings 读取用户信息表的数据

```
import pandas as pd
import xlwings as xw

# 声明带有待格式化内容的文件路径，前缀 r 表示不进行转义，{0}表示待格式化，可以根据需要填充
filename = r"D:\蜂蜜销售数据分析\Excel 数据\{0}.xlsx"
app = None  # 应用软件
wb = None  # 工作簿
# 使用 try...finally...语句确保应用软件和工作簿能够正常关闭
try:
    """
    这里有两个参数
    visible：默认值为 None，此时会在非后台打开 Excel 应用软件
            如果把它设置为 False，则只在后台打开 Excel 应用软件，不可见
```

```
       add_book: 设置在打开 Excel 应用软件时，是否创建一个新的工作簿
                 默认值为 True，这意味着打开 Excel 应用软件时，会新建一个工作簿
                 如果设置为 False，则打开 Excel 应用软件时，不会新建工作簿
       """
       app = xw.App(visible=False, add_book=False) # ①
       # 打开某个工作簿（Excel 文件）
       wb = app.books.open(filename.format("用户信息表")) # ②
       # 获取第一个工作表
       sheet = wb.sheets[0] # ③
       # 获取 Excel 数据的总行数（请注意包括标题）
       rows = sheet.api.UsedRange.Rows.count
       # 获取 Excel 数据的总列数
       cols = sheet.api.UsedRange.Columns.count
       # 读取第一行的数据作为标题，创建 DataFrame 时可以作为列索引
       title = sheet.range((1, 1), (1, cols)).value # ④
       # 读取所有的数据
       data = sheet.range((2, 1), (rows, cols)).value # ⑤
       """
       创建 DataFrame 时，要注意两个参数：
       columns——列索引
       data——数组数据
       """
       users = pd.DataFrame(columns=title, data=data)  # ⑥
       print(users)
finally: # 确保关闭
       # 关闭工作簿并退出 Excel 应用软件
       wb.close()
       app.quit()
```

上述代码中，代码①打开 Excel 应用软件，这里有两个重要的参数 visible 和 add_book，它们的作用在注释中已经写清楚了；代码②打开工作簿，也就是具体的 Excel 文件；代码③根据下标获取工作表，这样就可以读取工作表中的数据了，第一个工作表的下标为 0，第二个工作表的下标为 1，以此类推；代码④读取表头行，未来可以作为 DataFrame 的列索引；代码⑤读取表格中的用户数据；代码⑥创建 DataFrame 对象，并且设置表头行为列索引。最后的 finally 语句块的主要作用是关闭工作簿并退出 Excel 应用软件，这样就能够确保工作簿和 Excel 应用软件的正常关闭。

从代码来看，用 xlwings 读取 Excel 数据比用 pandas 的 read_excel()函数要复杂很多，但 xlwings 可以同时处理多个工作簿和多个工作表，并且在写入 Excel 数据方面也更为方便，后面会介绍这样的实例。

> 💧 **xlwings 中类 App 构造方法中的参数 visible**
>
> visible 参数如果不设置或者设置为 True，都会显式打开 Excel 应用软件，比如微软的 Office、金山的 WPS 等。但是这样做会消耗资源，导致性能下降，同时 Python 运行速度比较快，一般人眼反应不过来，所以更多的时候建议将其设置为 False，让 xlwings 在后台（即非显式）打开 Excel 应用软件进行操作，这样消耗的资源比较少，同时性能也有大幅度的提升。

这里还是有必要讨论一下代码④和代码⑤处的 range()方法，它是依据什么规则来读取 Excel 数据的呢？观察以下代码：

```
# 读取某个单元格的数据：这里是读取第二行第二列的单元格数据
print(sheet.range((2, 2)).value) # ①
# 读取第二行的数据
```

```
print(sheet.range((2, 1), (2, cols)).value) # ②
# 读取第二行～第四行的数据
print(sheet.range((2, 1), (4, cols)).value) # ③
```

注意，上述代码中，代码①处的元组(2, 2)表示读取第二行第二列的单元格数据；代码②处的两个元组(2, 1)和(2, cols)表示读取第二行第一列～第二行第 cols 列的单元格数据；代码③表示读取第二行第一列～第四行第 cols 列的单元格数据。代码③可能还是有点难以理解，不过不要紧，下面用图进行解释，就容易理解了，如图 4-14 所示。

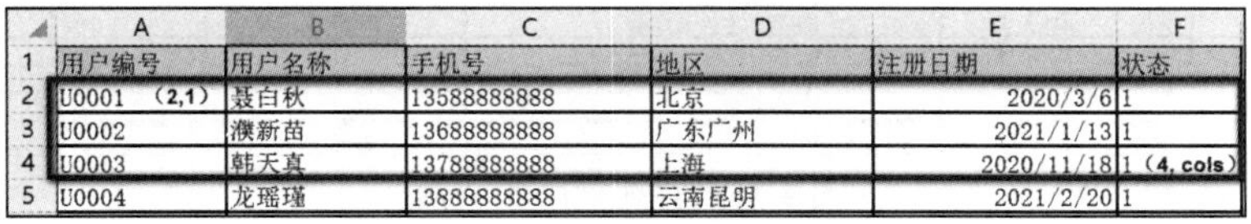

	A	B	C	D	E	F
1	用户编号	用户名称	手机号	地区	注册日期	状态
2	U0001　**(2,1)**	聂白秋	13588888888	北京	2020/3/6	1
3	U0002	濮新苗	13688888888	广东广州	2021/1/13	1
4	U0003	韩天真	13788888888	上海	2020/11/18	1　**(4, cols)**
5	U0004	龙瑶瑾	13888888888	云南昆明	2021/2/20	1

图 4-14　使用 range()方法读取 Excel 数据

注意图 4-14 中的两个元组(2, 1)和(4, cols)所在的单元格，这两个单元格形成了一个矩形的对角，图中已经用框标出该矩形，代码③处的 range()方法会读取这个矩形中的数据。

除了使用元组读取数据，还可以使用 Excel 的单元格名称来读取数据，代码如下：

```
# 读取某个单元格的数据：这里是读取 A2 单元格的数据
print(sheet.range("A2").value) # ①
# 读取第三行的数据
print(sheet.range("A3:F3").value) # ②
# 读取第五行～第七行的数据
print(sheet.range("A5:F7").value) # ③
```

图 4-15 中标出了对应的单元格，结合下面的解释，上述代码就更容易理解了。

	A	B	C	D	E	F
1	用户编号	用户名称	手机号	地区	注册日期	状态
2	U0001　**A2**	聂白秋	13588888888	北京	2020/3/6	1
3	U0002　**A3**	濮新苗	13688888888	广东广州	2021/1/13	1　**F3**
4	U0003	韩天真	13788888888	上海	2020/11/18	1
5	U0004　**A5**	龙瑶瑾	13888888888	云南昆明	2021/2/20	1
6	U0005	吴雅辰	13988888888	浙江宁波	2020/9/11	1
7	U0006	关悠奕	13568888888	新疆乌鲁木齐	2020/12/15	1　**F7**
8	U0007	潘妙蕾	13578888888	湖北武汉	2020/11/17	1
9	U0008	简玮琪	13598888888	四川成都	2021/3/5	1

图 4-15　使用单元格名称读取 Excel 数据

对照图 4-15 和上述代码，代码①读取单元格 A2 的数据；代码②中的 A3:F3 表示读取第三行 A3～F3 单元格的数据；代码③用 A5 和 F7 单元格作为对角来构建矩形，读取该矩形中的数据。

> ⚠ **读取 Excel 数据失败的最常见原因**
>
> 　　在使用 xlwings 读取 Excel 数据时，最常见的失败原因往往是 Excel 文件被占用。比如使用 WPS 打开 Excel 文件后，又用 xlwings 访问该 Excel 文件，就会发生异常。
>
> 　　如果使用 xlwings 读取了 Excel 数据，并且设置为不可见，而最后没有退出工作簿和关闭 Excel 应用软件，那么 Excel 应用软件会在后台中运行，并且会占用这些打开的文件。为了避免出现这种情况，可以将退出工作簿和关闭应用软件的代码放在 finally 语句块中，这样就能确保这些代码一定会运行。

4.3　清洗数据

前面只介绍了数据的读取，但是很多时候，读取的数据是存在缺陷的，一些常见的数据缺陷如图 4-16 所示。

图 4-16　存在缺陷的数据

在图 4-16 中的①处，A17 单元格缺失订单编号，这个数据就是非法的，修复的方法一般是查询实际订单编号手动进行修复，或者直接丢弃这条数据；在图 4-16 中的②处，用矩形框起来的两条数据是重复的，需要去除重复的数据；在图 4-16 中的③处，可以看到"优惠金额"列数据为空，这时可以考虑将其填充为默认值 0，以便后续展示和运算。图 4-16 展示的只是一些常见的数据缺陷，在处理实际的数据时，必须根据自己的业务和数据特性来修复存在的缺陷。

> ⚠ **确保源头数据的质量**
>
> 　　使用 **Python** 进行数据分析前，需要确保源头数据的质量，毕竟本书的主题是数据分析，而不是修复数据。数据修复一般是很困难的，甚至有些数据是无法修复的。有时重要数据缺失且难以修复，将导致无法进行数据分析。

4.3.1　去除空记录

在读取的 Excel 数据中，有时会出现很多空行或者空列，那么应该如何处理它们呢？下面先对用户信息表进行修改，设置一个空行，如图 4-17 所示。

图 4-17　存在空行的 Excel 数据

然后读取 Excel 数据，如代码清单 4-6 所示：

代码清单 4-6　去除空行

```
import pandas as pd

# 声明带有待格式化内容的文件路径，前缀 r 表示不进行转义，{0}表示待格式化，可以根据需要填充
filename = r"D:\蜂蜜销售数据分析\Excel 数据\{0}.xlsx"
```

```
# 读取 Excel 数据
data = pd.read_excel(filename.format("用户信息表"), dtype={"手机号": str, "状态": str})
# 输出数据
print(data)
```

运行代码，结果如下：

	用户编号	用户名称	手机号	地区	注册日期	状态
0	U0001	聂白秋	13588888888	北京	2020-03-06	1
1	U0002	濮新苗	13688888888	广东广州	2021-01-13	1
2	U0003	韩天真	13788888888	上海	2020-11-18	1
3	U0004	龙瑶瑾	13888888888	云南昆明	2021-02-20	1
4	U0005	吴雅辰	13988888888	浙江宁波	2020-09-11	1
5	U0006	关悠奕	13568888888	新疆乌鲁木齐	2020-12-15	1
6	U0007	潘妙菡	13578888888	湖北武汉	2020-11-17	1
7	U0008	简玮琪	13598888888	四川成都	2021-03-05	1
8	**NaN**	**NaN**	**NaN**	**NaN**	**NaT**	**NaN**
9	U0009	束丝娜	13528888888	黑龙江哈尔滨	2021-05-06	1

上述结果中的加粗行数据都为 NaN 或者 NaT，pandas 中使用 NumPy 的 np.nan 来表示其值默认为空。全部为空的记录是没有意义的，所以需要去除它们。DataFrame 中有一个 dropna()方法，使用它就可以删除那些空行或者空列了。删除空行后，还需要对索引进行重置，否则得到的 DataFrame 的行索引是不连续的，代码如下：

```
# 使用 dropna()方法删除空行
data.dropna(inplace=True)  # ①
# 重置索引，这样就会新增 index 列，然后将原有索引保存到 index 列中
data.reset_index(inplace=True)
# 删除新增的 index 列
data.drop(columns="index", inplace=True)
print(data)
```

上述代码中，代码①删除了空行的数据，之后重置了索引，然后删除重置索引引入的 index 列。如果需要按列删除，那么可以设置参数 axis，代码如下：

```
import numpy as np
import pandas as pd

data = pd.DataFrame([
    # 使用 np.nan 表示默认值为空
    ["001", "张三", "金牌用户"],
    ["002", "李四", np.nan],
    ["003", "钱五", np.nan]],
    columns=["用户编号", "姓名", "备注"]
)
# 设定 axis 为 1，表示按列删除
data.dropna(axis=1, inplace=True)  # ①
print(data)
```

上述代码中，代码①将参数 axis 设定为 1，这样 dropna()方法就会按列进行删除。运行代码，结果如下：

	用户编号	姓名
0	001	张三
1	002	李四
2	003	钱五

对于这个结果需要特别注意，在使用 dropna()方法时，只要某行（列）中有一项为空，就会删除该行（列），而需要这样做的场景比较少见，因为一条记录里存在一个空值的情况更为常见。为了适应不同的情况，可以设置 dropna()方法的参数 how，它可以设置为以下两个值。

- any：如果不设置，则参数 how 的默认值为 any，表示只要该行（列）存在一个空值，则删除该行（列）。
- all：当该行（列）全为空值时，才删除该行（列）。

代码如下：

```
# 设定 axis 为 1，表示按列删除
# 设定 how 值为 "all"，表示该列（行）全部为空时，才进行删除
data.dropna(axis=1, inplace=True, how="all") # ①
print(data)
```

上述代码中，代码①设置 how 为的值为 "all"，表示只有当该行（列）全部值都为空值时，才进行删除。运行代码，结果如下：

```
用户编号  姓名  备注
0  001  张三  金牌用户
1  002  李四  NaN
2  003  钱五  NaN
```

> ⚠ **要特别注意 dropna()方法的参数 how**
>
> 在某些情况下，一条记录可能存在默认空值，而如果 how 参数使用默认值 any，会错删数据，从而导致后续数据分析出错，所以在使用 dropna()方法时，必须特别注意这一点。

4.3.2 去除非法数据

有些数据难以修复，这时可能需要去除这些数据，比如图 4-16 中展示的缺失订单编号的记录。在 Excel 中，可以使用公式 "=IF(ISBLANK(A17),TRUE,FALSE)" 来判断此条记录的订单编号是否为空，如图 4-18 所示。

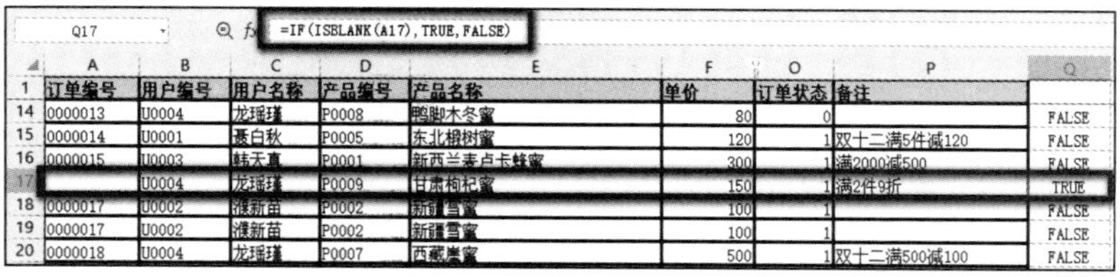

图 4-18 在 Excel 中判断订单编号是否为空

通过 Excel 公式找出那些订单编号为空的记录，然后进行修复。在 Python 中实现这个功能不难，如代码清单 4-7 所示：

代码清单 4-7 去除非法数据（订单编号为空的记录）

```
import pandas as pd

# 声明带有待格式化内容的文件路径，前缀 r 表示不进行转义，{0}表示待格式化，可以根据需要填充
filename = r"D:\蜂蜜销售数据分析\Excel 数据\{0}.xlsx"
data = pd.read_excel(filename.format("销售明细表"), dtype={"订单编号": str})
# 获取订单编号为空的记录
```

```
null_idx = data["订单编号"].isnull() # ①
# 删除订单编号为空的记录，参数 inplace 设置为 True 表示修改原数组
data.drop(data[null_idx].index, inplace=True) # ②
print(data)
```

上述代码中，代码①处的 isnull() 方法用于获取那些订单编号为空的记录，这个时候 null_idx 数组保存的内容如下：

```
0       False
1       False
2       False
...
14      False
15      True
16      False
17      False
...
```

显然这个数组和图 4-18 的结果是相同的。代码②处使用 drop() 方法并以 null_idx 数组为参数对数据进行删除，这样得到的数据表中就没有订单编号为空的记录，而参数 inplace 设置为 True 表示在原有数组上进行操作。运行代码，结果如下：

	订单编号	用户编号	用户名称	产品编号	...	订单状态	备注
0	0000001	U0001	聂白秋	P0001	...	1	满 2 件 9 折
1	0000002	U0003	韩天真	P0003	...	1	满 10 件减 120
...							
13	0000014	U0001	聂白秋	P0005	...	1	双十二满 5 件减 120
14	**0000015**	**U0003**	**韩天真**	**P0001**	...	**1**	**满 2000 减 500**
16	**0000017**	**U0002**	**濮新苗**	**P0002**	...	**1**	**NaN**
17	0000017	U0002	濮新苗	P0002	...	1	NaN
18	0000018	U0004	龙瑶瑾	P0007	...	1	双十二满 500 减 100
19	0000019	U0003	韩天真	P0001	...	1	NaN
...							

可以看到订单编号为空的记录被删除了，请注意加粗的这两条记录，其索引分别是 15 和 17，显然是不连续的，这样会造成使用数据困难。为了解决这个问题，需要在此基础上进行重置索引的操作，代码如下：

```
# 重置索引，这样就会新增 index 列，然后将原有索引保存到 index 列中
data.reset_index(inplace=True)
# 删除新增的 index 列
data.drop(columns="index", inplace=True)
```

再次运行代码，结果如下：

	订单编号	用户编号	用户名称	产品编号	...	订单状态	备注
0	0000001	U0001	聂白秋	P0001	...	1	满 2 件 9 折
1	0000002	U0003	韩天真	P0003	...	1	满 10 件减 120
...							
13	0000014	U0001	聂白秋	P0005	...	1	双十二满 5 件减 120
14	0000015	U0003	韩天真	P0001	...	1	满 2000 减 500
15	**0000017**	**U0002**	**濮新苗**	**P0002**	...	**1**	**NaN**
16	**0000017**	**U0002**	**濮新苗**	**P0002**	...	**1**	**NaN**
17	0000018	U0004	龙瑶瑾	P0007	...	1	双十二满 500 减 100
18	0000019	U0003	韩天真	P0001	...	1	NaN
...							

可以看到索引已经连续了，这样就完成了去除非法数据的工作，但是加粗的两条记录是相同的，也就是存在冗余。在一些实际的场景中，也常常会遇到这样的情况，需要进行处理。下面介绍去除重复数据的方法。

4.3.3　去除重复数据

去除重复数据（下面简称为去重）是很常见的场景，Excel 中也提供了类似的功能，如图 4-19 所示。

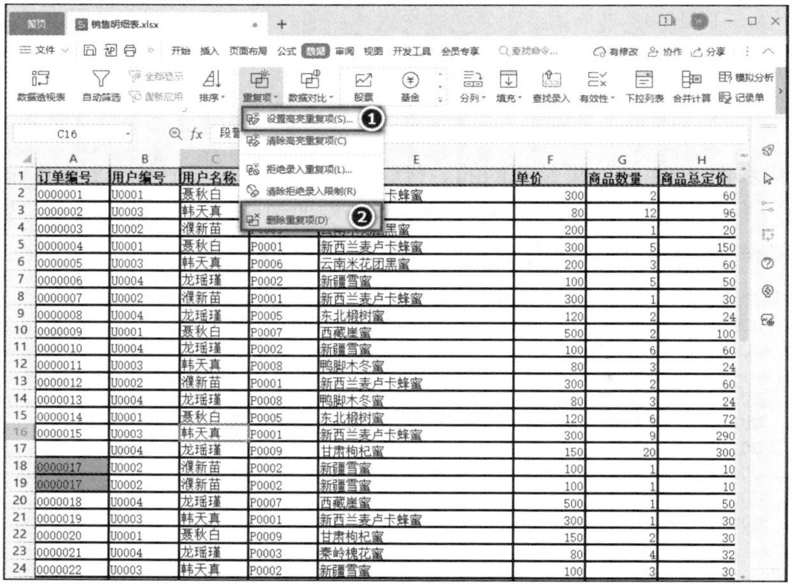

图 4-19　去除重复数据

图 4-19 中选中了"订单编号"列，然后点击①处的菜单项，这样就可以看到带有底色的两个订单编号，它们是重复的；如果需要去重，那么可以点击②处的菜单项进行删除重复项的操作。

Python 使用 DataFrame 的 drop_duplicates()方法可以完成去重的任务，如代码清单 4-8 所示：

代码清单 4-8　去除重复数据

```python
import pandas as pd

# 声明带有待格式化内容的文件路径，前缀 r 表示不进行转义，{0}表示待格式化，可以根据需要填充
filename = r"D:\蜂蜜销售数据分析\Excel 数据\{0}.xlsx"
# 读取 Excel 数据
data = pd.read_excel(filename.format("销售明细表"), dtype={"订单编号": str})
# 获取订单编号为空的数组
null_idx = data["订单编号"].isnull()
# 删除订单编号为空的数据，参数 inplace 设置为 True 代表修改原数组
data.drop(data[null_idx].index, inplace=True)
# 去除重复数据
data.drop_duplicates(inplace=True) # ①
# 重置索引，这样就会新增 index 列，然后将原有索引保存到 index 列中
data.reset_index(inplace=True)
```

```
# 删除新增的 index 列
data.drop(columns="index", inplace=True)
print(data)
```

上述代码中，代码①的作用是去除重复数据，但是这里存在一个问题，即如何确定哪些数据是重复的？drop_duplicates()方法没有设置任何参数时，它会比对所有的数据项，只有数据项完全相同才进行删除。但是在现实中往往并不是这样。例如，一个注册的用户在 2020 年导出过一次数据，他在 2022 年修改了手机号，又导出了一次数据，这样就会出现同一个用户对应不同数据的情况，而不变的只有用户编号，因此有时候需要设定特殊的字段作为去重的依据。从另一个角度来说，比对所有数据也会影响性能，因此设定去重的关键字段就十分有必要。以订单编号作为去重的依据，代码如下：

```
# 设定将订单编号作为依据去重
data.drop_duplicates("订单编号", inplace=True)
```

有时候遇到的情况可能会更为复杂，可以选择多个字段作为去重的依据，代码如下：

```
# 设定将订单编号和用户编号作为依据去重
data.drop_duplicates(["订单编号", "用户编号"], inplace=True)
```

但设定关键字段去重会带来另一个问题，即要保留哪条记录，保留第一条还是最后一条，或者一条都不保留。为了解决这个问题，drop_duplicates()方法还提供了一个参数 keep，它可以设置为以下 3 个值。

- first：默认值，遇到重复数据时，保留最先出现的行的数据。
- False：删除所有重复的数据。
- last：遇到重复数据时，保留最后出现的行的数据。

举例说明这个参数的使用方法，代码如下：

```
import pandas as pd

# 创建存在重复记录的 DataFrame
data = pd.DataFrame([
    ["0001", "张三", 20],
    ["0001", "张三", 21],
    ["0002", "李四", 19],
    ["0001", "张三", 22]],
    columns=["用户编号", "用户名称", "年龄"])

# 参数 keep 的默认值为 first，保留最先出现的数据
print(data.drop_duplicates("用户编号"), "\n") # ①
# 设置参数 keep 值为 False，删除所有重复数据
print(data.drop_duplicates("用户编号", keep=False), "\n") # ②
# 设置参数 keep 值为 last，保留最后出现的数据
print(data.drop_duplicates("用户编号", keep="last")) # ③
```

运行代码，结果如下：

```
   用户编号 用户名称  年龄
0  0001    张三    20
2  0002    李四    19

   用户编号 用户名称  年龄
2  0002    李四    19
```

```
      用户编号  用户名称   年龄
2     0002     李四       19
3     0001     张三       22
```

从结果来看，代码①处参数 keep 设为 first，只保留了第一条重复记录；代码②处参数 keep 设为 False，则删除所有重复的记录；代码③处参数 keep 设为 last，则只保留最后一条重复记录。

4.3.4　设置默认值

4.2.2 节中，读取蜂蜜销售明细表后，输出结果中的备注列存在很多值为 NaN 的情况。有些时候，我们需要将其设置为别的默认值，比如蜂蜜销售明细表中的优惠金额，现实中可能有优惠，也可能没有优惠，有优惠时，金额不为 0，没优惠时，金额空缺。在有些场景中，可能需要展示优惠金额，这时展示 0 也许会比空值更合适，在参与运算时，0 也比空值合理。在 DataFrame 中，用于填充默认值的方法是 fillna()，下面将介绍它的使用方法。假设已经读取了销售明细表的数据，并经过一定的处理将数据保存到了变量 data 中，接下来就可以进行默认值的设置了，如代码清单 4-9 所示：

代码清单 4-9　设置默认值

```
# 使用 fillna()方法填充默认值 0，参数 inplace 设置为 True 表示在原有数组上修改
data.fillna(0, inplace=True)  # ①
# 输出优惠金额和备注这两列的数据
print(data[["优惠金额", "备注"]])  # ②
```

上述代码中，代码①将默认值都填充为 0，代码②输出优惠金额和备注这两列的值，因为备注列也可能出现空值。运行代码，结果如下：

```
      优惠金额        备注
0     60.0         满 2 件 9 折
1     120.0        满 10 件减 120
2     0.0          0
3     225.0        满 3 件 8.5 折
4     100.0        满 500 减 100
5     100.0        满 5 件送 1 件
6     100.0        双十一优惠券满 300 减 100
7     0.0          0
...
```

从结果来看，填充优惠金额为 0 是合理的，但将备注也填充为 0 是不合理的。为了解决这个问题，可以把 fillna()方法的参数设置为字典，代码如下：

```
# 使用字典指定具体的列并填充对应的默认值
data.fillna({"优惠金额": 0, "备注": "--"}, inplace=True)
# 输出优惠金额和备注这两列的数据
print(data[["优惠金额", "备注"]])
```

再次运行代码，结果如下：

```
      优惠金额        备注
0     60.0         满 2 件 9 折
1     120.0        满 10 件减 120
2     0.0          --
3     225.0        满 3 件 8.5 折
4     100.0        满 500 减 100
5     100.0        满 5 件送 1 件
```

```
6      100.0           双十一优惠券满 300 减 100
7        0.0           --
...
```

从结果来看，数据已经按照预期填充为对应的默认值了。

4.4　编写读写文件的代码

为了后续能更方便地使用各种数据，同时巩固之前所学的知识，本节新建一个文件 read_files.py 来读取各种 Excel 数据，如代码清单 4-10 所示。

代码清单 4-10　read_files.py

```python
import pandas as pd

filename = r"D:\蜂蜜销售数据分析\Excel 数据\{0}.xlsx"

def read_sales_details(file):
    """
    读取销售明细表数据
    :param file: 文件名
    :return: 读取销售明细数据，并进行数据清洗
    """
    # 读取 Excel 数据，并指定特殊列的数据类型
    data = pd.read_excel(
        filename.format(file),
        dtype={"订单编号": str, "购买渠道": str,
               "支付渠道": str, "订单状态": str})
    # 删除空行
    data.dropna(inplace=True, how="all")
    # 获取订单编号为空的数据
    null_data = data["订单编号"].isnull()
    # 删除订单编号为空的数据
    data.drop(data[null_data].index, inplace=True)
    # 设定将订单编号作为依据去重
    data.drop_duplicates("订单编号", inplace=True)
    # 填充默认值
    data.fillna({"优惠金额": 0, "备注": "--"}, inplace=True)
    # 重置索引，这样就会新增 index 列，然后将原有索引保存到 index 列中
    data.reset_index(inplace=True)
    # 删除新增的 index 列
    data.drop(columns="index", inplace=True)
    return data


def read_user(file):
    """
    读取用户信息表数据
    :param file: 文件名
    :return: 用户信息
    """
    # 读取 Excel 数据，并指定特殊列的数据类型
    data = pd.read_excel(
        filename.format(file), dtype={"手机号": str, "状态": str})
    # 删除空行
    data.dropna(inplace=True, how="all")
    # 获取用户编号为空的数据
    null_data = data["用户编号"].isnull()
```

```python
    # 删除用户编号为空的数据
    data.drop(data[null_data].index, inplace=True)
    # 设定将用户编号作为依据去重
    data.drop_duplicates("用户编号", inplace=True)
    # 重置索引, 这样就会新增 index 列, 然后将原有索引保存到 index 列中
    data.reset_index(inplace=True)
    # 删除新增的 index 列
    data.drop(columns="index", inplace=True)
    return data


def read_product(file):
    """
    读取产品信息表数据
    :param file: 文件名
    :return: 产品信息
    """
    # 读取 Excel 数据, 并指定特殊列的数据类型
    data = pd.read_excel(
        filename.format(file), dtype={"进口标志": str, "状态": str})
    # 删除空行
    data.dropna(inplace=True, how="all")
    # 获取产品编号为空的数据
    null_data = data["产品编号"].isnull()
    # 删除产品编号为空的数据
    data.drop(data[null_data].index, inplace=True)
    # 设定将产品编号作为依据去重
    data.drop_duplicates("产品编号", inplace=True)
    # 重置索引, 这样就会新增 index 列, 然后将原有索引保存到 index 列中
    data.reset_index(inplace=True)
    # 删除新增的 index 列
    data.drop(columns="index", inplace=True)
    return data


def read_saleman(file):
    """
    读取销售页信息表数据
    :param file: 文件名
    :return: 经销员
    """
    # 读取 Excel 数据, 并指定特殊列的数据类型
    data = pd.read_excel(
        filename.format(file), dtype={"手机号码": str})
    # 删除空行
    data.dropna(inplace=True, how="all")
    # 获取经销员编号为空的数据
    null_data = data["职员编号"].isnull()
    # 删除经销员编号为空的数据
    data.drop(data[null_data].index, inplace=True)
    # 设定将经销员编号作为依据去重
    data.drop_duplicates("职员编号", inplace=True)
    # 重置索引, 这样就会新增 index 列, 然后将原有索引保存到 index 列中
    data.reset_index(inplace=True)
    # 删除新增的 index 列
    data.drop(columns="index", inplace=True)
    return data
```

上述代码不仅读取了 Excel 数据, 而且对数据进行了清洗。

第 5 章

筛选数据

Excel 中提供了数据筛选的功能，这是十分常用的数据操作，比如根据订单编号筛选销售明细表的数据，如图 5-1 所示。

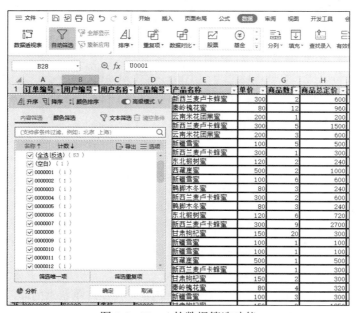

图 5-1　Excel 的数据筛选功能

通过数据筛选可以获取所需数据。在进行数据筛选时，不但可以对单列设置筛选条件，还可以对多列设置筛选条件。这些功能使用 pandas 都很容易实现，而且 pandas 还提供了更为强大的功能，以满足更多业务需求。

在做数据分析前，需要先找到需要统计的数据，因此掌握筛选数据的方法至关重要。以销售明细表的数据为例，订单状态为 "0"（交易失败）或者 "9"（退货）的数据不能作为交易成功的数据进行统计分析。对于数据的筛选，DataFrame 也提供了很强大的功能。

5.1　通过条件筛选数据

在 Excel 中，如果要选择订单状态为"1"（交易成功）的数据，则可以使用其数据筛选功能，如图 5-2 所示。

图 5-2　筛选出订单状态为"1"的数据

这样就能获取交易成功的数据，以便下一步进行统计和分析。

上述方法是对单列数据进行筛选，下面来看看如何用 Python 实现筛选，如代码清单 5-1 所示：

代码清单 5-1　通过条件筛选销售明细数据

```
# 导入读取文件模块
import read_files as rf
# 导入日期类，后续会用到
from datetime import date
from datetime import date, datetime

# 读取销售明细表数据
sale_details = rf.read_sales_details("销售明细表")
# 获取订单状态为"1"的数据
print(sale_details[sale_details["订单状态"] == "1"])
```

注意，加粗的代码是获取数据的方法。

上述代码表示只获取订单状态为"1"的数据，但是请注意订单状态的取值不可以写作整数 1，否则将无法获取数据。运行代码，结果如下：

```
     订单编号   用户编号  用户名称 产品编号  产品名称          ...  购买渠道 支付渠道 经销员编号 订单状态 备注
0   0000001  U0001  聂白秋  P0001  新西兰麦卢卡蜂蜜  ...   1     1    S0001   1    满2件9折
1   0000002  U0003  韩天真  P0003  秦岭槐花蜜     ...   1     2    S0003   1    满10件减120
...
11  0000012  U0002  濮新苗  P0001  新西兰麦卢卡蜂蜜  ...   1     3    S0004   1    --
13  0000014  U0001  聂白秋  P0005  东北椴树蜜     ...   1     2    S0002   1    双十二满5件减120
14  0000015  U0003  韩天真  P0001  新西兰麦卢卡蜂蜜  ...   1     2    S0004   1    满2000减500
...
```

从结果来看，已经筛选出订单状态为"1"的数据了，但是请注意，索引 12 并不在筛选结果中，也就是说索引是不连续的，这会给后续的操作带来麻烦，因此可以重置索引，代码如下：

```
# 导入读取文件模块
import read_files as rf

# 读取销售明细表数据
sale_details = rf.read_sales_details("销售明细表")
# 获取订单状态为"1"的数据
valid_details = sale_details[sale_details["订单状态"] == "1"]
# 重置索引
valid_details.reset_index(inplace=True)
# 删除 index 列
valid_details.drop(columns=["index"], inplace=True)
print(valid_details)
```

这样得到的索引就是连续的了。这是最简单的数据筛选，接下来将介绍一些更复杂的数据筛选示例。

5.1.1　筛选多个用户的销售明细数据

有时候需要对单列设置多个值来进行数据筛选，比如要筛选出用户名称为聂白秋、濮新苗和吴雅辰的销售明细数据，在 Excel 中可以按图 5-3 进行操作。

图 5-3　单列设置多个值作为筛选条件

在 DataFrame 中，如果要这样筛选数据，就会涉及过滤条件的编写。使用 pandas 实现这个功能，代码如下：

```
# 筛选订单状态为"1"的数据
valid_details = sale_details[sale_details["订单状态"] == "1"]
# 筛选用户名称为聂白秋、濮新苗和吴雅辰的销售明细数据
# 筛选条件，这里的"|"表示或者
condition = (valid_details["用户名称"] == "聂白秋") |\
            (valid_details["用户名称"] == "濮新苗") |\
            (valid_details["用户名称"] == "吴雅辰")  # ①
# 输出筛选后的数据
print(valid_details[condition])
```

上述代码中，代码①将用户名称分别和"聂白秋""濮新苗""吴雅辰"进行比较，请注意连接它们的运算符是"|"，这个符号在 DataFrame 中表示"或者"，所以只要用户名称是其中之一就满足筛选条件了。

5.1.2　通过商品数量和实际交易金额筛选数据

在现实中，除了可以通过字符串筛选数据，还可以通过数字和日期筛选数据。由于通过日期筛选数据比较复杂，因此在本章最后进行讨论，这里先介绍数字的筛选。蜂蜜销售明细表中的单价、商品数量、商品总定价、优惠金额和实际交易金额都是数字，对于数字的操作除了可以使用"=="，还可以使用其他比较运算符来筛选数据，比如要找到商品数量大于或等于 5 的销售订单明细，在 Excel 中的操作如图 5-4 所示。

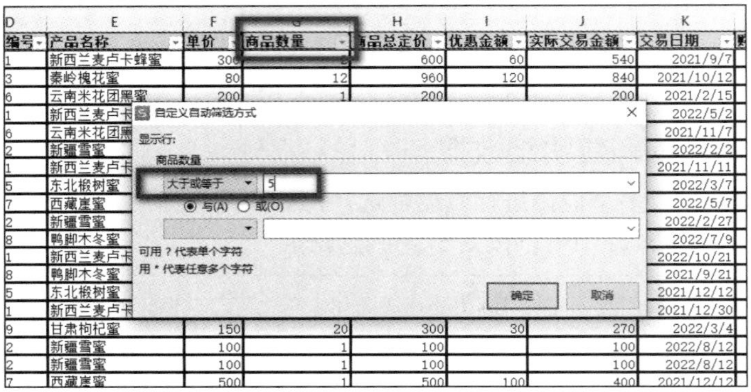

图 5-4　筛选出商品数量大于或等于 5 的销售订单明细

在 DataFrame 中实现图 5-4 所示的功能也比较容易，代码如下：

```
# 通过商品数量来筛选数据
condition = valid_details["商品数量"] >= 5
# 输出筛选后的数据
print(valid_details[condition])
```

使用上述代码进行筛选，就能够得到所需的数据了。有时候需要在一定范围内筛选数据，比如要找到实际交易金额大于 500 且小于或等于 1000 的销售订单明细，在 Excel 中的操作如图 5-5 所示。

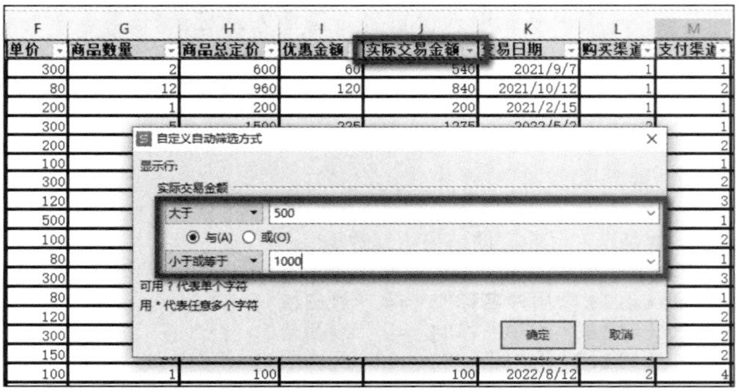

图 5-5　筛选出实际交易金额大于 500 且小于或等于 1000 的销售订单明细

在 DataFrame 中实现图 5-5 所示的功能也很容易，代码如下：

```python
# 筛选条件：实际交易金额大于 500 且小于或等于 1000
condition = (valid_details["实际交易金额"] > 500) \
            & (valid_details["实际交易金额"] <= 1000) # ①
# 输出筛选后的数据
print(valid_details[condition])
```

上述代码中，注意代码①处的两个条件使用运算符"**&**"来连接，它表示"与"，也就是说需要同时满足这两个条件。

综上，"与"使用"**&**"连接，"或"使用"**|**"连接。

5.1.3 对用户名称进行模糊查询

有时候，你可能只记得某个人名字中的一两个字，比如记得某个人姓龙，但不记得他的全名，这时可以缩小查找的范围，使用"龙"字进行模糊查询。下面用"龙"字查找购买蜂蜜的用户，在 Excel 中的操作如图 5-6 所示。

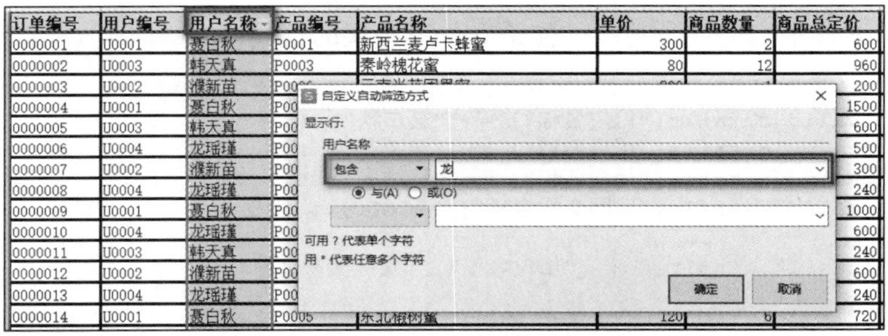

图 5-6 对用户名称进行模糊查询

同样，使用 pandas 也很容易实现图 5-6 的功能，代码如下：

```python
# 筛选条件：用户名称包含"阿"字
condition = valid_details["用户名称"].str.contains("龙") # ①
# 输出筛选后的数据
print(valid_details[condition])
```

上述代码中，代码①将"用户名称"列转换为字符串，然后判断"龙"是否在字符串中，这样就可以通过模糊查询找到所需数据了。

5.1.4 多条件查询销售明细数据

有时候需要进行多条件查询，比如要找到聂白秋购买 5 件或以上商品的订单，这个时候就需要通过用户名称和商品数量来设置筛选条件，代码如下：

```python
# 筛选条件：用户名称为"聂白秋"且商品数量大于或等于 5
condition = (valid_details["用户名称"] == "聂白秋")  & \
            (valid_details["商品数量"] >= 5) # ①
# 输出筛选后的数据
print(valid_details[condition][["用户名称", "商品数量"]])
```

上述代码中，注意代码①设置的筛选条件是，用户名称为"聂白秋"且商品数量大于或等于 5，这样就能够筛选出所需数据了。

有时候条件更为复杂，比如要筛选出用户名称为聂白秋、濮新苗和吴雅辰之一且实际交易金额大于或等于 500 的销售订单明细。在 Excel 中，可以参考图 5-3 所示的操作来筛选用户名称，然后设置实际交易金额大于或等于 500 的条件，如图 5-7 所示。

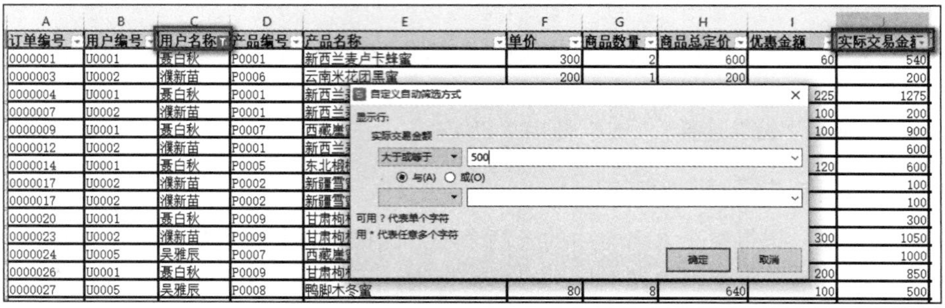

图 5-7 设置多个条件筛选数据

下面在 DataFrame 中实现这个功能，先来看一下错误的代码：

```
# 筛选条件：用户名称为聂白秋、濮新苗和吴雅辰之一且实际交易金额大于或等于 500
condition = (valid_details["用户名称"] == "聂白秋") |\
            (valid_details["用户名称"] == "濮新苗") |\
            (valid_details["用户名称"] == "吴雅辰") &\
            (valid_details["实际交易金额"] >= 500) # ①
# 输出筛选后的数据
print(valid_details[condition][["用户名称", "实际交易金额"]])
```

上述代码中，注意代码①连接用户名称条件时使用的运算符为"|"，而连接实际交易金额条件时使用的运算符是"&"。运行代码，结果如下：

```
   用户名称  实际交易金额
0   聂白秋       540
2   濮新苗       200
3   聂白秋      1275
6   濮新苗       200
8   聂白秋       900
...
```

可以看出，结果并不正确，为什么会这样呢？这里产生错误是因为忽略了一个重要的问题，那就是在筛选条件中，"|"和"&"的优先级是不同的，"&"比"|"优先级高，所以上述代码实际是与下面的代码等价的：

```
# 筛选条件：用户名称为聂白秋、濮新苗和吴雅辰之一且实际交易金额大于或等于 500
condition = (valid_details["用户名称"] == "聂白秋") |\
    (valid_details["用户名称"] == "濮新苗") | \
    ((valid_details["用户名称"] == "吴雅辰") & (valid_details["实际交易金额"] >= 500))
```

为了得到正确的结果，需要对代码进行修改：

```
# 这里需要非常注意，"&"和"|"的优先级是不同的
condition = (valid_details["实际交易金额"] >= 500) & (
    (valid_details["用户名称"] == "聂白秋") |
```

```
        (valid_details["用户名称"] == "濮新苗") |
        (valid_details["用户名称"] == "吴雅辰"))

# 输出筛选后的数据
print(valid_details[condition][["用户名称", "实际交易金额"]])
```

上述代码通过“()”修改筛选条件的优先级，这样就能获得正确的结果了。

> **⚠ 在设置多条件进行数据筛选时，请注意“|”和“&”的优先级**
>
> 在设置多条件进行查询时，可能会用到“|”和“&”运算符连接筛选数据的条件。这个时候需要特别注意“&”的优先级高于“|”，如果要改变优先级，可以使用“()”来处理。

5.2 通过交易日期筛选数据

很多时候需要按年、月、季统计数据，而进行统计首先要找到对应年、月、季的数据，然后才能进行下一步的计算。下面介绍如何在 Excel 中添加年份、月份、季度列，如图 5-8 所示。

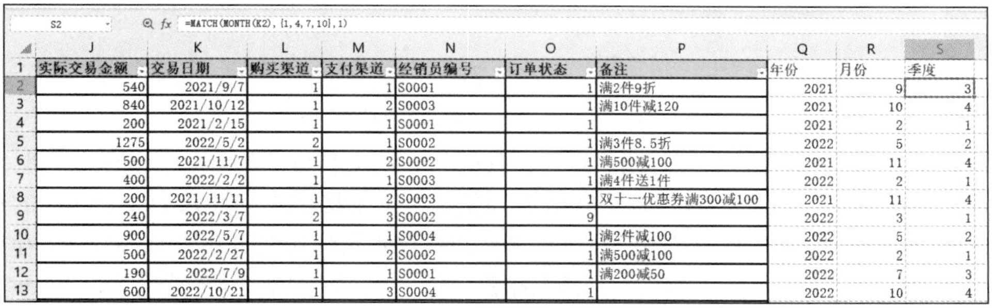
S2 fx =MATCH(MONTH(K2),{1,4,7,10},1)

	J	K	L	M	N	O	P	Q	R	S
1	实际交易金额	交易日期	购买渠道	支付渠道	经销员编号	订单状态	备注	年份	月份	季度
2	540	2021/9/7	1	1	S0001	1	满2件9折	2021	9	3
3	840	2021/10/12	1	2	S0003	1	满10件减120	2021	10	4
4	200	2021/2/15	1	1	S0001	1		2021	2	1
5	1275	2022/5/2	2	1	S0002	1	满3件8.5折	2022	5	2
6	500	2021/11/7	1	2	S0002	1	满500减100	2021	11	4
7	400	2022/2/2	1	1	S0003	1	满4件送1件	2022	2	1
8	200	2021/11/11	1	2	S0003	1	双十一优惠券满300减100	2021	11	4
9	240	2022/3/7	2	3	S0002	9		2022	3	1
10	900	2022/5/7	1	1	S0004	1	满2件减100	2022	5	2
11	500	2022/2/27	1	2	S0002	1	满500减100	2022	2	1
12	190	2022/7/9	1	1	S0001	1	满200减50	2022	7	3
13	600	2022/10/21	1	3	S0004	1		2022	10	4

图 5-8 在 Excel 中插入年份、月份、季度列

在图 5-8 中，Q2 单元格中填写的公式是“=YEAR(K2)”，显然这是根据 K2 单元格求年份，Q3 单元格中填写的公式是“=YEAR(K3)”，这是根据 K3 单元格求年份；以此类推，在该列的其他单元格填写类似的公式即可。同样，在 R2 单元格填写公式“=MONTH(K2)”，是根据 K2 单元格求月份；而在 R3 单元格填写公式“=MONTH(K3)”，是根据 K3 单元格求月份，以此类推，在该列的其他单元格填写类似的公式即可。求季度会复杂一些，可以在 S2 单元格填写公式“=MATCH(MONTH(K2),{1,4,7,10},1)”，这样就能根据 K2 单元格求出季度，在 S3 单元格填写公式“=MATCH(MONTH(K3),{1,4,7,10},1)”就可以求出 K3 单元格的季度，以此类推，在该列的其他单元格填写类似的公式即可。

为了更好地按时间筛选数据，先在 DataFrame 的数据中加入年份、月份、季度这 3 列数据，如代码清单 5-2 所示：

代码清单 5-2 通过交易日期筛选销售明细数据

```
# 导入读取文件模块
import read_files as rf
# 导入日期类，后续会用到
from datetime import date
from datetime import date, datetime

# 读取销售明细表数据
```

```
sale_details = rf.read_sales_details("销售明细表")
# 筛选订单状态为 "1" 的数据
valid_details = sale_details[sale_details["订单状态"] == "1"]

# 获取年份
years = valid_details["交易日期"].dt.year # ①
# 获取月份
months = valid_details["交易日期"].dt.month # ②
# 获取季度
quarters = valid_details["交易日期"].dt.quarter # ③

# 获取存在多少列
col_idx = valid_details.shape[1] # ④
# 插入年份列
valid_details.insert(col_idx, "年份", years) # ⑤
# 获取存在多少列
col_idx = valid_details.shape[1]
# 插入月份列
valid_details.insert(col_idx, "月份", months)
# 获取存在多少列
col_idx = valid_details.shape[1]
# 插入季度列
valid_details.insert(col_idx, "季度", quarters)
# 输出插入后的结果
print(valid_details[["订单编号", "用户名称", "产品名称", "年份", "月份", "季度"]])
```

上述代码中，代码①获取交易日期的年份，代码②获取交易日期的月份，代码③获取交易日期的季度，这样就能够得到年份、月份、季度这 3 列了。接下来将这 3 列插入 DataFrame 的数据中。DataFrame 的 shape 属性会在后面介绍，这里只需要知道代码④的功能是获取 DataFrame 存在多少列就可以了。代码⑤在 DataFrame 的最后一列插入年份，这里插入时的定位是依靠下标 col_idx 实现的，后续的月份和季度列同理。运行代码，结果如下：

```
   订单编号   用户名称      产品名称        年份   月份   季度
0  0000001   聂白秋   新西兰麦卢卡蜂蜜     2021   9    3
1  0000002   韩天真   秦岭槐花蜜         2021   10   4
2  0000003   濮新苗   云南米花团黑蜜      2021   2    1
3  0000004   聂白秋   新西兰麦卢卡蜂蜜     2022   5    2
4  0000005   韩天真   云南米花团黑蜜      2021   11   4
5  0000006   龙瑶瑾   新疆雪蜜          2022   2    1
6  0000007   濮新苗   新西兰麦卢卡蜂蜜     2021   11   4
...
```

从结果来看，年份、月份和季度列都已经插入 DataFrame 中了，下面的内容将基于这个插入年份、月份、季度列的 DataFrame。

> **⚙ DataFrame 的 shape 属性**
>
> DataFrame 中有一个属性 shape，这个属性比较常用，它返回一个元组，该元组由两个数字组成，比如下面的代码：
>
> ```
> print(valid_details.shape())
> ```
>
> 此时如果返回元组(47, 17)，表示该 DataFrame 的数据有 47 行 17 列。

5.2.1 根据年、月、季筛选数据

在统计数据之前，需要确定年份，而在图 5-8 中已经通过公式计算出了具体的年份，接下来就可以在 Excel 中使用数据筛选功能来获取所需的数据了，操作如图 5-9 所示。

图 5-9 通过年份筛选数据

在 DataFrame 中实现图 5-9 所示的功能很简单，代码如下：

```
# 筛选条件：年份为 2022
condition = (valid_details["年份"] == 2022)
# 筛选出对应的数据
print(valid_details[condition]
        [["订单编号", "用户名称", "产品名称", "年份", "月份", "季度"]])
```

有时候还可能需要加入月份或者季度来筛选数据，此时在 Excel 中，可以在图 5-9 的基础上，在月份或者季度上再添加条件进行筛选，如图 5-10 所示。

图 5-10 根据年份和月份筛选某月的销售订单明细

在 DataFrame 中实现图 5-10 所示的功能也很简单，代码如下：

```
# 筛选条件：2022 年 10 月
condition = (valid_details["年份"] == 2022) & (valid_details["月份"] == 10)  # ①
```

```
# 筛选条件：2022 年第 3 季度
```

```
# condition = (valid_details["年份"] == 2022) & (valid_details["季度"] == 3) # ②
```

```
# 筛选出对应的数据
print(valid_details[condition]
        [["订单编号", "用户名称", "产品名称", "年份", "月份", "季度"]])
```

上述代码中，代码①按年份和月份筛选数据，代码②按年份和季度筛选数据，这样就可以找到对应月份（季度）的数据了。

5.2.2 筛选当前日期的数据

如果需求是找到某一天的销售明细数据，就需要自行选择具体的日期，如图 5-11 所示。

图 5-11 展示的是筛选指定的某天的数据，其实从功能上看，也可以筛选出某年或者某月的数据。在实际的数据分析中，经常需要筛选当月或者当季产生的数据。下面使用 pandas 实现这些功能，如代码清单 5-3 所示：

图 5-11 选择某年某月某日（可为今天）
为筛选条件

代码清单 5-3 找到当前日期的数据
```
# 获取当天的日期
today = date.today() # ①
# 当年
curr_year = today.year
# 当月
curr_month = today.month
# 当天
curr_day = today.day
# 当季
curr_quarter = curr_month // 3 + 1

# 判断是否为当年和当月的数据
condition = (valid_details["年份"] == curr_year) & \
        (valid_details["月份"] == curr_month) # ②
# 筛选出对应的数据
print(valid_details[condition]
        [["订单编号", "用户名称", "产品名称", "年份", "月份", "季度"]])

# 判断是否为当年和当季的数据
condition2 = (valid_details["年份"] == curr_year) &\
        (valid_details["季度"] == curr_quarter) # ③
# 筛选出对应的数据
print(valid_details[condition2]
        [["订单编号", "用户名称", "产品名称", "年份", "月份", "季度"]])

# 判断是否为当年、当月和当天的数据
condition3 = (valid_details["年份"] == curr_year) & \
        (valid_details["月份"] == curr_month) & \
        (valid_details["交易日期"].dt.day == curr_day) # ④
# 筛选出对应的数据
print(valid_details[condition3]
        [["订单编号", "用户名称", "产品名称", "年份", "月份", "季度"]])
```

上述代码中，代码①获取当天的日期，然后就可以计算出当前的年份、月份、日期和季度了；代码②以当前年份、月份作为筛选条件筛选数据；代码③以当前年份、季度作为筛选条件筛选数据；代码④以当前日期作为筛选条件筛选数据。这样就能够筛选出当前日期的数据了。

5.2.3 筛选某个时间区间内的数据

有时候需要筛选出某个时间段内的数据，Excel 中也提供了相应的功能，比如对新职员的考查应该从入职开始进行考核，这个考核时间段往往不按月份或者季度来限定。在 Excel 中可以通过设置时间区间来筛选数据，如图 5-12 所示。

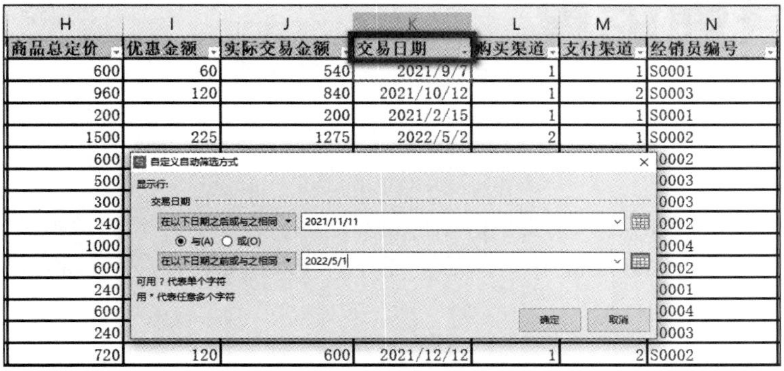

图 5-12　通过设置时间区间筛选数据

图 5-12 的功能也可在 DataFrame 中实现，需要使用 datetime 类，代码如下：

```
# 开始日期
s_date = datetime.fromisoformat("2021-11-11") # ①
# 结束日期
e_date = datetime.fromisoformat("2022-05-01")
# 筛选条件：在两个日期之间
condition = (valid_details["交易日期"] >= s_date) &\
            (valid_details["交易日期"] <= e_date) # ②

# 筛选出对应的数据
print(valid_details[condition][["订单编号", "交易日期"]])
```

上述代码中，代码①创建开始日期，请注意这个创建日期对象的写法；代码②处的筛选条件是大于或等于 2021 年 11 月 11 日且小于或等于 2022 年 5 月 1 日，这样就能筛选出交易日期在此时间区间内的数据了。

第 6 章

数据的基础运算

当读取和筛选出所需数据后，就要考虑如何运算这些数据了。毕竟做数据分析的主要任务就是通过运算来得到结果。在 DataFrame 中，运算主要分为算术运算、比较运算和运算方法/函数等。本章主要讨论这些内容。

6.1　算术运算

蜂蜜的销售明细表中存在 3 列数据，分别是商品总定价、优惠金额和实际交易金额，它们之间存在如下关系：

$$实际交易金额 = 商品总定价 - 优惠金额$$

而单价、商品数量和商品总定价存在如下关系：

$$商品总定价 = 单价 \times 商品数量$$

可见数据之间，尤其是数字之间是存在逻辑关系的，因此算术运算十分常见。下面我们分别讨论加减运算和乘除运算的使用方法。

6.1.1　通过加减运算验证数据的合法性

前面谈到了数据之间存在逻辑关系，所以有时候需要验证数据的合法性。下面通过验证商品总定价、优惠金额和实际交易金额之间的关系来学习加减运算的应用。

先来看看在 Excel 中是如何操作的，如图 6-1 所示。

商品总定价	优惠金额	实际交易金额	交易日期	购买渠道	支付渠道	经销员编号	订单状态	备注	
1000		1000	2022/8/21	1	1	S0001	1		0
900	100	800	2022/5/21	1	1	S0002	1	满3件减100	0
1050	200	850	2021/12/21	1	1	S0001	1	满1000减200	0
640	100	500	2022/5/9	1	1	S0002	1	满500减100	40
160		160	2021/10/6	1	2	S0001	1		0
200		200	2021/12/21	1	2	S0004	1		=I31-J31-131
600	100	500	2021/1/14	1	1	S0004	1	满500减100	0
1000		1000	2022/7/9	2	1	S0001	1		0
200		200	2022/4/9	1	2	S0002	1		0
150		150	2021/11/3	3	1	S0001	1		0
240		120	2021/1/3	1	2	S0003	1		120
2400	400	2000	2021/3/14	1	1	S0001	1	满2000减400	0
200		200	2022/3/12	1	3	S0004	1		0

图 6-1　通过 Excel 公式求价格差

图 6-1 中用 Excel 公式来计算各列的差值，那么在 DataFrame 中，又该如何处理呢？下面以代码清单 6-1 为例进行说明：

代码清单 6-1　通过加减运算验证数据的合法性

```
# 读取文件模块
import read_files as rf

# 读取销售明细表数据
sale_details = rf.read_sales_details("销售明细表")
# 获取订单状态为 "1" 的数据
valid_details = sale_details[sale_details["订单状态"] == "1"]
# 重置索引
valid_details.reset_index(inplace=True)
# 求价格差
diff = valid_details["商品总定价"] - valid_details["优惠金额"]\
       - valid_details["实际交易金额"] # ①
# 获取 DataFrame 的列数
cols_idx = valid_details.shape[1]
# 将价格差插入最后一列之后
valid_details.insert(cols_idx, "价格差", diff)
# 找到不合法的数据
print(valid_details[valid_details["价格差"] != 0]) # ②
```

上述代码中，代码①求列之间的价格差，代码②查找价格差不为 0 的数据，从而找出不合乎逻辑的数据。运行代码，结果如下：

```
index   订单编号   用户编号  用户名称   产品编号 ...  支付渠道  经销员编号  订单状态   备注        价格差
23  25  0000027  U0005   吴雅辰    P0008  ...  1       S0002    1      满500减100   40.0
30  32  0000034  U0007   潘妙菡    P0005  ...  2       S0003    1      --          120.0
```

代码①的功能有时也可以使用加法运算来完成，比如可以将其修改为如下形式：

```
# 求价格差
diff = valid_details["商品总定价"] \
       - (valid_details["优惠金额"] + valid_details["实际交易金额"]) # ①
```

注意加粗部分的代码，这是两列相加的写法。可见在 DataFrame 中实现加减运算是很简单的，主要的格式如下：

```
# 假设这里的 df 是一个 DataFrame 对象
add_col = df["列索引 1"] + df["列索引 2"] # 加法
minus_col = df["列索引 1"] - df["列索引 2"] # 减法
```

6.1.2　通过乘除运算验证数据的合法性

本节介绍一下乘除运算，乘除运算和加减运算是十分相近的。下面验证单价、商品数量和商品总定价之间的关系。在 Excel 中的操作如图 6-2 所示。

F 单价	G 商品数量	H 商品总定价	I 优惠金额	J 实际交易金额	K 交易日期	L 购买渠道	M 支付渠道	N 经销员编号	O 订单状态	P 备注	Q	R
500	2	1000	100	900	2022/5/7	1	2	S0004	1	满2件减100	0	
100	6	600	100	500	2022/2/27	1	2	S0002	1	满500减100	0	
80	3	240	50	190	2022/7/9	1	1	S0001	1	满200减50	0	
300	2	600		600	2022/10/21	1	3	S0004	1		0	
80	3	240		240	2021/9/21	1	3	S0003	1		0	
120	6	720	120	600	2021/12/12	1	2	S0002	1	双十二满5件减120	0	
300	9	2900	500	2200	2021/12/30	1	2	S0004	1	满2000减500	-200	
150	2	3000	300	2700	2022/3/4	1	2	S0003	1	满2件9折	0	
100	1	100		100	2022/8/12	2	4	S0003	1		0	
100	1	100		100	2022/8/12	2	4	S0003			0	
500	1	500	100	400	2021/12/12	1	1	S0004	1	双十二满500减100	0	

图 6-2　通过 Excel 公式计算定价差

图 6-2 中使用 Excel 公式来验证数据，同样，也可以使用代码来验证，如代码清单 6-2 所示：

代码清单 6-2 通过乘除运算验证数据的合法性

```
# 读取文件模块
import read_files as rf

# 读取销售明细表数据
sale_details = rf.read_sales_details("销售明细表")
# 获取订单状态为 "1" 的数据
valid_details = sale_details[sale_details["订单状态"] == "1"]
# 重新设置索引
valid_details.reset_index(inplace=True)
# 求定价差
diff = (valid_details["单价"] * valid_details["商品数量"])\
       - valid_details["商品总定价"] # ①
# 获取 DataFrame 的列数
cols_idx = valid_details.shape[1]
# 将定价差插入最后一列之后
valid_details.insert(cols_idx, "定价差", diff)
# 找到不合法的数据
print(valid_details[valid_details["定价差"] != 0]) # ②
```

上述代码中，代码①先通过 "(valid_details["单价"] * valid_details["商品数量"])" 算出商品总定价，这显然是列的乘法运算，然后减去商品总定价列的数据，这样就能得到定价差了。代码②筛选出定价差不为 0 的错误数据。

同样，采用如下公式也可以验证数据是否合法：

商品数量 = 商品总定价/单价

修改代码①，如下：

```
# 求数量差
diff = valid_details["商品总定价"] /valid_details["单价"] \
       - valid_details["商品数量"] # ①
```

上述代码也能够完成验证工作。从代码中可以看出，在 DataFrame 中实现乘除运算也很简单，主要格式如下：

```
# 假设这里的 df 是一个 DataFrame 对象
mult_col = df["列索引1"] * df["列索引2"] # 乘法
div_col = df["列索引1"] / df["列索引2"] # 除法
```

> ⚠ **谨慎使用除法**
>
> 在 DataFrame 中应该谨慎使用除法，因为除法有可能出现除以 0 的情况，而除以 0 是非法的算术运算，在 DataFrame 中除以 0 将得到一个不可识别的值。因此能够使用乘法进行验证时，尽量不要使用除法，如果要使用除法，则应该尽可能排除出现除以 0 的可能。

6.2 比较运算

比较运算也是一种常见的运算，在 DataFrame 中，比较运算和加减运算比较接近，掌握加减运算的知识后，要理解比较运算也不难。前面都是先计算出价格差，然后将其插入 DataFrame 中作为一列，再判断数据是否合乎逻辑。而事实上这样做比较烦琐，改用比较运算会更加合理和简单。在 Excel 中要定位到数据，可以使用 Excel 提供的公式和函数，如图 6-3 所示。

F	G	H	I	J	K	L	M	N	O	P	Q
单价	商品数量	商品总定价	优惠金额	实际交易金额	交易日期	购买渠道	支付渠道	经销员编号	订单状态	备注	
80	3	240		240	2021/9/21	1	1	S0003	0		=NOT(EXACT(F14*G14, H14))
120	6	720	120	600	2021/12/12	1	2	S0002	1	双十二满5件减120	FALSE
300	9	2900	500	2200	2021/12/30		2	S0004	1	满2000减500	TRUE
150	20	3000	300	2700	2022/3/4	1	2	S0003	1	满2件9折	FALSE
100	1	100		100	2022/8/12	2	4	S0003	1		FALSE
100	1	100		100	2022/8/12	2	4	S0003	1		FALSE
500	1	500	100	400	2021/12/12	1	2	S0004	1	双十二满500减100	FALSE
300	1	300		300	2021/10/3	1	1	S0003	1		FALSE

图 6-3 通过 Excel 公式定位数据

在图 6-3 中，定位数据使用的是与 Excel 相关的函数组成的公式 "=NOT(EXACT(F14*G14, H14))"。EXACT()函数用于比较两个值是否相等，它会返回一个布尔值，而 NOT()函数用于进行逻辑非运算。在 Excel 中，F 列是单价，G 列是商品数量，将它们相乘就可以得到商品总定价，然后与 H 列的商品总定价比，就可以验证数据是否合乎逻辑了。因为这里需要定位不合乎逻辑的数据，所以用 NOT()函数进行逻辑非运算，从而定位到不合乎逻辑的数据。

那么在 DataFrame 中如何实现上述功能呢？其实也很简单，如代码清单 6-3 所示：

代码清单 6-3 通过比较运算验证数据的合法性

```
# 读取文件模块
import read_files as rf

# 读取销售明细表数据
sale_details = rf.read_sales_details("销售明细表")
# 获取订单状态为 "1" 的数据
valid_details = sale_details[sale_details["订单状态"] == "1"]
# 重置索引
valid_details.reset_index(inplace=True)
# 定位存在价格差的数据
diff_idx = (valid_details["单价"] * valid_details["商品数量"]) \
           != valid_details["商品总定价"] # ①
# 获取存在价格差的数据
print(valid_details[diff_idx]) # ②
```

上述代码中，代码①实现比较运算中的不等于（"!="）运算，表示只要比较的两个值不相等，就返回 True，这样就能够定位到不合乎逻辑的数据了，代码②获取不合乎逻辑的数据。显然整个过程比先使用加减运算求出价格差，然后插入一列，再定位数据更简单和方便。除了代码①处的 "!=" 运算符，还有其他比较运算符，参见表 2-2。

6.3 通过函数运算数据

Excel 中提供了很多函数用于求值，比如求平均值、求和等函数，这些是数据分析最基本的功能。下面以计算蜂蜜销售明细表中的实际交易总金额为例，可以使用 Excel 中的 SUM()函数进行运算，如图 6-4 所示。

同样，求笔数、平均值等也可以使用 Excel 中的相关函数。DataFrame 也提供了多种函数，可以对数据进行运算，

H	I	J	K
商品总定价	优惠金额	实际交易金额	交易日期
100		100	2022/2/9
300		300	2022/11/24
500		500	2022/3/4
400		400	2021/5/24
800	200	600	2021/1/6
160		160	2022/9/24
1600	400	1200	2021/11/11
160		160	2022/5/11
480	120	360	2021/4/25
1200	200	1000	2021/8/25
500		500	2022/5/8
		=SUM(J2:J54)	

图 6-4 求实际交易总金额

它们大致可以分为两类：一类是常用的，另一类是不常用的。下面先对常用的函数进行讨论。

6.3.1 常用函数

对于常见的运算，比如求笔数、求和、求平均值、求最大值和求最小值等，在 Excel 中只需要使用对应的函数就可以完成。Excel 中的常用函数如下：

```
=COUNTA(J2:J54) # 计算 J2～J54 的非空单元格数据的个数
=SUM(J2:J54) # 计算 J2～J54 单元格数据的和
=AVERAGE(J2:J54) #  计算 J2～J54 单元格数据的平均值
=MAX(J2:J54) # 获取 J2～J54 单元格数据的最大值
=MIN(J2:J54) # 获取 J2～J54 单元格数据的最小值
```

在 DataFrame 中，要实现以上功能也很简单，如代码清单 6-4 所示：

代码清单 6-4　使用常用函数进行运算
```
# 读取文件模块
import read_files as rf

# 读取销售明细表数据
sale_details = rf.read_sales_details("销售明细表")
# 获取订单状态为 "1" 的数据
valid_details = sale_details[sale_details["订单状态"] == "1"]
# 重新设置索引
valid_details.reset_index(inplace=True)
# 笔数
print("求笔数： ", valid_details["实际交易金额"].count())
# 汇总
print("求和： ", valid_details["实际交易金额"].sum())
# 平均值
print("均值： ", valid_details["实际交易金额"].mean())
# 最值
print("最大值： ", valid_details["实际交易金额"].max())
print("最小值： ", valid_details["实际交易金额"].min())
```

请注意上述代码中加粗的 DataFrame 方法，关于它们的含义已经在注释中说明了。要了解数据概况，还可以使用 DataFrame 的 describe() 方法，代码如下：

```
# 了解数据概况
print("数据概况： \n", valid_details["实际交易金额"].describe())
```

运行代码，结果如下：

```
数据概况：
count      47.000000
mean      558.617021
std       450.486093
min       100.000000
25%       220.000000
50%       500.000000
75%       700.000000
max      2200.000000
Name: 实际交易金额, dtype: float64
```

上述结果中，count 表示笔数，mean 表示平均值，std 表示方差，min 表示最小值，25%表示第一四分位数，50%表示第二四分位数，即中位数，75%表示第三四分位数，max 表示最大值。

🖐 数学期望、方差和标准差的概念

在 DataFrame 中，计算平均值的函数的名称是 mean，而不是 average，这是因为 DataFrame 采用的是统计学中的概念，统计学中的平均值称为**数学期望**（简称**期望**）或者**均值**（mean）。

比如冲泡蜂蜜时，建议不要使用超过 40℃ 的水，但是取出水后，水温肯定是有偏差的，可能冲泡的 3 杯水的温度分别是 40℃、38℃ 和 42℃，那么这 3 杯水的平均水温就是 40℃，适合冲泡蜂蜜。水温也可能出现极端的情况，比如这 3 杯水的温度分别是 5℃、40℃ 和 75℃，虽然它们的平均水温也是 40℃，但是 5℃ 的水饮用起来太冷了，而 75℃ 的水饮用起来太烫了。可见单单谈均值并不能说明整体的水温是否合适。为了体现水温偏离均值的程度，统计学引入了**方差**和**标准差**的概念。

在统计学中，把某个需要统计的值（比如某杯水的温度）称为**样本**，这里假设样本为 $x_1, x_2, x_3, \cdots, x_n$，那么均值的计算公式为：

$$mean = (x_1+x_2+x_3+\cdots+x_n) / n$$

为了衡量各个样本与均值之间的偏离程度，统计学引入了**方差**的概念，其计算公式如下：

$$var = [(x_1-mean)^2 + (x_2-mean)^2 + (x_3-mean)^2 + \cdots + (x_n-mean)^2]/n$$

这里读者需要注意，单个样本值减去均值的差可能为负，因此这里采用了差的平方。而为了体现单个样本与均值之间的平均偏离程度，统计学还引入了**标准差**（也称为**均方差**）的概念，其计算公式如下：

$$std = \sqrt{var} \quad （var 为方差）$$

6.3.2　不常用函数

除了上述常用的统计量，Python 还支持其他的统计量，比如中位数、众数、方差、标准差和分位数等。一般来说这些统计量可以在 Excel 中使用函数计算得出，如下：

```
=MEDIAN(J2:J54)  # 中位数
=MODE(J2:J54)  # 众数
=VARP(J2:J54)  # 方差
=STDEVP(J2:J54)  # 标准差
=PERCENTILE(J2:J54,25%)  # 第一四分位数
```

方差和标准差的概念已经在 6.3.1 节介绍过了，下面解释中位数、众数和分位数的概念。

🖐 中位数

平均值往往不能反映一组数据的集中趋势，比如收入差距用中位数反映更准确。比如，有 5 个人的月收入分别为 200000 元、10000 元、8000 元、5000 元、2000 元，平均值为 45000 元，显然这个平均值不能代表这 5 个人整体的收入水平。所谓中位数，是指在多个从小到大排列的样本（比如这 5 个人的月收入）中排在中间的样本，这 5 个人的月收入的中位数就是 8000 元，这样就能更好地反映整体情况。

中位数是样本的中间值，假设存在从小到大排列的 n 个样本 $x_1, x_2, x_3, \cdots, x_n$，那么中位数就存在以下两种可能：

- 当 n 为奇数时，中位数为 $x_{(n+1)/2}$；
- 当 n 为偶数时，中位数为 $(x_{n/2}+x_{n/2+1})/2$。

> 👆 **众数**
>
> 　　众数是一组数字中出现次数最多的数字。众数可能存在一个或者多个。假设有这样的一组数字：1、2、1、6、7、8，在这组数字里出现次数最多的数字是 1，因此 1 就是这组数字的众数。当然众数也可以存在多个，比如 1、2、1、6、7、2 这组数字，1 和 2 都出现了两次，所以 1 和 2 都是这组数字的众数。

> 👆 **分位数**
>
> 　　分位数（quantile），也称为分位点，是指将一个随机变量的概率分布范围分为几等份的数值点，常用的有中位数（即二分位数）和四分位数。这里介绍一下四分位数：
> - 第一四分位数（Q1），也称为较小四分位数，等于该样本中所有数值由小到大排列后第 25% 的数字；
> - 第二四分位数（Q2），也称为中位数，等于该样本中所有数值由小到大排列后第 50% 的数字；
> - 第三四分位数（Q3），也称为较大四分位数，等于该样本中所有数值由小到大排列后第 75% 的数字。

　　有了上述概念，相信你对这些运算已经有了基本的认知，那么下面就在 DataFrame 中实现这些运算，如代码清单 6-5 所示：

代码清单 6-5　使用不常用函数进行运算

```
# 读取文件模块
import read_files as rf

# 读取销售明细表数据
sale_details = rf.read_sales_details("销售明细表")
# 获取订单状态为 "1" 的数据
valid_details = sale_details[sale_details["订单状态"] == "1"]
# 重新设置索引
valid_details.reset_index(inplace=True)
# 求中位数
print("中位数: ", valid_details["实际交易金额"].median(), "\n")
# 求众数
print("求众数: ", valid_details["实际交易金额"].mode(), "\n")
# 求方差
print("求方差: ", valid_details["实际交易金额"].var(), "\n")
# 求标准差
print("求标准差: ", valid_details["实际交易金额"].std(), "\n")
# 求第一四分位
print("第一四分位数: ", valid_details["实际交易金额"].quantile(1/4))
```

　　注意加粗的代码，它们都是 DataFrame 方法，对应的含义已经在注释中写明，请参考。

6.3.3　按行统计

　　上述的例子都是对单列数字列进行处理。实际上如果是多列数据且不指定为数字列，进行运算方法调用也是允许的，如代码清单 6-6 所示：

代码清单 6-6　对多列数据进行运算

```
# 读取文件模块
import read_files as rf

# 读取销售明细表数据
sale_details = rf.read_sales_details("销售明细表")
# 获取订单状态为"1"的数据
valid_details = sale_details[sale_details["订单状态"] == "1"]
# 重新设置索引
valid_details.reset_index(inplace=True)
# 多个列，注意用户名称不是数字列，其他的是数字列
col_names = ["用户名称", "优惠金额", "实际交易金额"] # ①
# 求和
print(valid_details[col_names].sum()) # ②
```

代码①选择需要汇总的列，注意"用户名称"是字符串列，而不是数字列，"优惠金额"和"实际交易金额"是数字列；代码②对数据进行汇总。运行代码，结果如下：

```
用户名称     聂白秋韩天真濮新苗聂白秋韩天真龙瑶瑾濮新苗聂白秋龙瑶瑾韩天真濮新苗聂白秋韩天真濮新苗龙瑶瑾韩...
优惠金额                 4055.0
实际交易金额              26255
dtype: object
```

上述代码显然对字符串列进行了直接的连接处理，然后对数字列进行了算术求和运算。可见对运算函数来说，如果不指定列，就会对所有的数字列有效。

请注意，上述代码都是对列进行运算的，但有时候，数据也需要按行进行统计，如图 6-5 所示。

▲	A	B	C	D	E	F
1	用户编号	姓名	第1季度	第2季度	第3季度	第4季度
2	U0001	简淑琳	300	200	100	200
3	U0002	林盼山	200	100	300	100
4	U0003	聂夜香	500	300	800	300

图 6-5　个人季度交易金额表

假设现在要计算个人年度交易金额，就会涉及按行统计。应该如何处理呢？因为用户编号和和姓名不是数字，所以这里可以将它们设置为行索引，其余的数据都是数字，指定参数 axis 为 1，就可以让其余的数据按行进行计算了，如代码清单 6-7 所示：

代码清单 6-7　通过设置索引按行进行运算

```
import pandas as pd

file_path = r"D:\蜂蜜销售数据分析\Excel 数据\{0}.xlsx"
data = pd.read_excel(file_path.format("个人季度交易金额表"))
# 将用户编号和姓名设置为行索引
data.set_index(["用户编号", "姓名"], inplace=True) # ①
# 指定参数 axis 为 1，这样会按行合计数据
print(data.sum(axis=1)) # ②
```

代码①的 set_index()方法将用户编号和姓名设置为行索引，使得表格中不再存在非数字列，这样就可以得到一个全部为数字的 DataFrame 了；代码②通过 sum()方法求和，这里指定参数 axis 为 1，

表示按行统计。由于没有指定行和列，因此它会对所有的数字行求和。运行代码，结果如下：

```
用户编号    姓名
U0001    简淑琳         800
U0002    林盼山         700
U0003    聂夜香        1900
dtype:   int64
```

当然，上述代码将行索引复杂化，会导致后续的处理更困难。如果不想这样，可以选择数字列后按行进行运算，如代码清单 6-8 所示：

代码清单 6-8　选择数字列后按行进行运算

```
import pandas as pd

file_path = r"D:\蜂蜜销售数据分析\Excel 数据\{0}.xlsx"
data = pd.read_excel(file_path.format("个人季度交易金额表"))
# 指定参数 axis 为 1，按行合计年度交易额
year_sum = data[["第 1 季度", "第 2 季度", "第 3 季度", "第 4 季度"]].sum(axis=1) # ①
# 给 DataFrame 添加 "年度交易额" 列
col_idx = data.shape[1]
data.insert(col_idx, "年度交易额", year_sum) # ②
print(data)
```

代码①先选择数字列，然后进行按行求和，这样就不必修改索引了；代码②给原来的 DataFrame 添加 "年度交易额" 列，用于保存数据。运行代码，结果如下：

```
   用户编号    姓名   第 1 季度   第 2 季度   第 3 季度   第 4 季度   年度交易额
0  U0001   简淑琳      300       200       100       200       800
1  U0002   林盼山      200       100       300       100       700
2  U0003   聂夜香      500       300       800       300      1900
```

第 7 章

把数据连接起来

现实中，数据之间是相互关联的，比如销售明细表和产品信息表，如图 7-1 所示。

❶ 产品信息表

产品编号	产品名称	单价	蜂蜜类型	库存	进口标志	止卖日期	状态
P0001	新西兰麦卢卡蜂蜜	300	2-单花蜜	300	1	2023/1/1	1
P0002	新疆雪蜜	100	1-百花蜜	500	1	2024/10/1	1
P0003	秦岭槐花蜜	80	2-单花蜜	600	0	2023/5/1	1
P0004	俄罗斯椴树蜜	60	2-单花蜜	50	1	2025/11/1	1
P0005	东北椴树蜜	120	2-单花蜜	200	0	2023/9/1	1
P0006	云南米花团黑蜜	200	2-单花蜜	150	0	2026/5/12	1
P0007	西藏崖蜜	500	1-百花蜜	100	0	2022/10/1	1
P0008	鸭脚木冬蜜	80	2-单花蜜	200	0	2024/12/1	1
P0009	甘肃枸杞蜜	150	2-单花蜜	400	0	2023/8/8	1
P0010	湖北神农架岩蜜	200	1-百花蜜	150	0	2024/12/12	1
P0011	青海油菜花蜜	50	2-单花蜜	0	0	2025/11/11	0

❷ 销售明细表

订单编号	用户编号	用户名称	产品编号	产品名称	单价	商品数量	商品总定价	优惠金额	实际交易金额
0000001	U0001	聂白秋	P0001	新西兰麦卢卡蜂蜜	300	2	600	60	540
0000002	U0003	韩天真	P0003	秦岭槐花蜜	80	12	960	120	840
0000003	U0002	淮新苗	P0006	云南米花团黑蜜	200	1	200		200
0000004	U0001	聂白秋	P0001	新西兰麦卢卡蜂蜜	300	5	1500	225	1275
0000005	U0003	韩天真	P0006	云南米花团黑蜜	200	3	600	100	500
0000006	U0004	龙瑶瑾	P0002	新疆雪蜜	100	5	500	100	400
0000007	U0002	淮新苗	P0001	新西兰麦卢卡蜂蜜	300	1	300	100	200
0000008	U0004	龙瑶瑾	P0005	东北椴树蜜	120	2	240		240
0000009	U0001	聂白秋	P0007	西藏崖蜜	500	2	1000	100	900
0000010	U0004	龙瑶瑾	P0002	新疆雪蜜	100	6	600	100	500

图 7-1　销售明细表和产品信息表之间的关联

从图 7-1 可以看出，产品信息表和销售明细表的数据是通过产品编号来关联的。对产品信息表来说，产品编号就标志着对应记录的存在并且产品编号是唯一的，这样的字段称为**主键**（primary key，PK）。而对销售明细表中的产品编号来说，它的作用就是关联其他表的记录，这样的字段称为**外键**（foreign key，FK）。如果使用产品信息表来关联销售明细表，那么产品信息表称为**左表**，销售明细表称为**右表**。

在 Excel 中，可以使用 VLOOKUP() 函数来关联数据。为了操作更加方便，可以先把产品信息表的数据复制到销售明细表文档中的 Sheet2 工作表中。这样就可以在存放销售明细表的 Sheet1 工作表中进行数据关联，如图 7-2 所示。

在图 7-2 所示的 Q2 单元格中输入公式 "=VLOOKUP(D2,Sheet2!A2:H12,4,FALSE)",在 Q3 单元格输入公式 "=VLOOKUP(D3,Sheet2!A2:H12,4,FALSE)",Q4、Q5 等单元格的公式以此类推。复制产品信息表的数据到 Sheet2 工作表中,这样就可以获取关联的数据了。但是这种方法的功能十分有限,而且跨 Excel 工作簿也很难实现。这些问题在 DataFrame 中都很容易解决,并且 DataFrame 的功能更为强大,也更为灵活。下面讲解如何通过 DataFrame 来完成数据关联的工作。

DataFrame 使用 merge()方法来实现数据关联,比如代码清单 7-1 实现了产品信息表和销售明细表之间的关联:

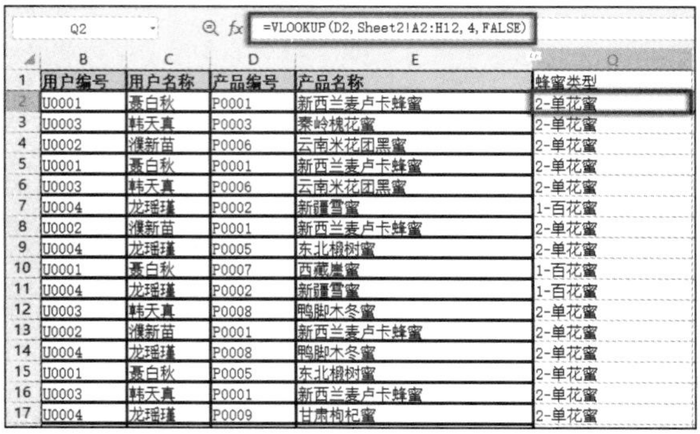

图 7-2　通过 VLOOKUP()函数关联数据

代码清单 7-1　使用 merge()方法关联产品信息表和销售明细表

```python
import read_files as rf

# 读取产品信息表和销售明细表的数据
products = rf.read_product("产品信息表")
sale_details = rf.read_sales_details("销售明细表")
# 使用 merge()方法进行数据关联
join_data = products.merge(sale_details) # ①
# 需要展示的列,其中"蜂蜜类型"是产品信息表中的数据,而"商品数量"是销售明细表中的数据
show_cols = ["产品编号", "产品名称", "蜂蜜类型", "订单编号",
             "商品数量", "商品总定价", "优惠金额", "实际交易金额"] # ②
print(join_data[show_cols])
```

注意代码①,这里使用 merge()方法来关联产品信息表和销售明细表的数据;代码②处设置了需要展示的列,这些列有的来自产品信息表,有的来自销售明细表,因为关联在一起了,所以就放在一起进行输出。运行代码,结果如下:

```
     产品编号   产品名称          蜂蜜类型    订单编号    商品数量  商品总定价  优惠金额   实际交易金额
0    P0001   新西兰麦卢卡蜂蜜   2-单花蜜   0000001   2      600     60.0    540
1    P0001   新西兰麦卢卡蜂蜜   2-单花蜜   0000004   5      1500    225.0   1275
2    P0001   新西兰麦卢卡蜂蜜   2-单花蜜   0000007   1      300     100.0   200
3    P0001   新西兰麦卢卡蜂蜜   2-单花蜜   0000012   2      600     0.0     600
4    P0001   新西兰麦卢卡蜂蜜   2-单花蜜   0000015   9      2700    500.0   2200
5    P0001   新西兰麦卢卡蜂蜜   2-单花蜜   0000019   1      300     0.0     300
6    P0001   新西兰麦卢卡蜂蜜   2-单花蜜   0000025   3      900     100.0   800
7    P0001   新西兰麦卢卡蜂蜜   2-单花蜜   0000037   2      600     0.0     600
...
```

从结果来看,两张表已经关联在一起了。

> ⚠ **数据是通过什么字段关联的**
>
> 上述代码实现了数据的关联,但是有一个重要问题没有讨论,那就是产品信息表和销售明细表是通过什么字段关联起来的。在没有指定字段的情况下,merge()方法会将两张表的所有的同名列作为关联的字段,也就是将产品信息表的"产品编号""产品名称"和销售明细表的"产品编号"

"产品名称"作为关联的字段进行连接。

　　严格来说，这样关联并不科学，比对多个字段效率会比较低，最科学的方法应该是通过"产品编号"进行关联，这个问题后续会进行讨论。

7.1 3 种关联关系

对数据来说，表和表之间的关联关系存在以下 3 种。

- 一对一：两个事物是一一对应的关系。比如一个学生理应只有一个有效学生证，那么学生和学生证就是一对一的关联关系。
- 一对多：一个事物存在多个其他事物与之对应。比如一个组里存在组长和组员，组长是唯一的，而组员可以有多个，那么一个组长就对应多个组员，这就是一对多的关联关系。
- 多对多：多个事物之间可以相互对应。比如存在两个数学老师，6 个班级，两个数学老师可以给 6 个班级交替上课，这两个数学老师与 6 个班级就是多对多的关联关系。

一般不会用到多对多的关联关系，因为这样做会相当复杂。多对多的关联关系一般会拆分为两个一对多的关联关系来管理，比如两个数学老师和 6 个班级，将其看成一个数学老师可以给多个班级上课或者一个班级对应多个数学老师来进行管理就可以了。后文不再讨论多对多的关联关系，只讨论一对一和一对多的关联关系。上述的产品信息表和销售明细表就是一对多的关联关系，下面讨论一对一的关联关系。

7.1.1 销售员信息表和工卡信息表的关联（一对一关联）

这里讨论一对一的关联关系，比如每个员工都只有一张工卡，每一张工卡也只对应一个员工，那么显然销售员作为员工的一种，和工卡信息表的数据是一对一的关系，如图 7-3 所示。

图 7-3　销售员信息表和工卡信息表的一对一关联

下面通过代码清单 7-2 来实现这两张表的关联：

代码清单 7-2　将销售员信息表和工卡信息表一对一进行关联

```
import pandas as pd
import read_files as rf

file_path = r"D:\蜂蜜销售数据分析\Excel 数据\{0}.xlsx"
# 读取销售员信息表数据
saleman = rf.read_saleman("销售员信息表")
```

```
# 读取工卡信息表数据
work_cards = pd.read_excel(file_path.format("工卡信息表"),
                           dtype={"手机号码": str})
```
 # 关联两张表的数据
join_info = saleman.merge(work_cards) # ①
```
show_cols = ["职员编号", "姓名", "职务", "岗位"]
print(join_info[show_cols])
```

这两张表是通过代码①处的 merge()方法进行关联的。运行代码，结果如下：

```
   职员编号   姓名      职务       岗位
0  S0001   张三   中级经销员   销售专员
1  S0002   李四   初级经销员   初级销售员
2  S0003   钱五   高级经销员   销售主管
3  S0004   赵六    实习生     实习生
```

从结果来看，两张表已经以一对一的关系关联在一起了。

7.1.2　指定关联字段

7.1.1 节的代码中没有指定关联的字段，merge()方法会将两张表所有相同列名的字段进行比对，如果值相同，则连接在一起。这样就需要比对很多字段，效率较低，显然不太科学。从另一个方面来说，两张表关联的字段名称可能不同，比如销售明细表和销售员信息表的关联字段名称就不同，如图 7-4 所示。

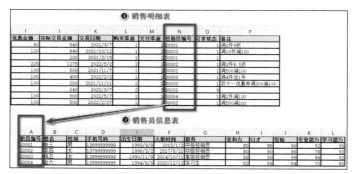

图 7-4　销售明细表和销售员信息表的关联字段

从图 7-4 中可以看出销售明细表的关联字段是"经销员编号"，而销售员信息表的关联字段是"职员编号"，这时就需要在 merge()方法中指定关联字段，才能将两张表关联。下面通过代码清单 7-3 来实现这两张表的关联：

代码清单 7-3　将销售明细表和销售员信息表通过指定字段关联

```
import pandas as pd
import read_files as rf

file_path = r"D:\蜂蜜销售数据分析\Excel 数据\{0}.xlsx"
# 读取销售明细表数据
sale_details = rf.read_sales_details("销售明细表")
# 读取销售员信息表数据
saleman = rf.read_saleman("销售员信息表")
# 指定通过左表（销售明细表）的字段"经销员编号"和右表（销售员信息表）的字段"职员编号"进行关联
join_data = sale_details.merge(
```

```
                saleman, left_on="经销员编号", right_on="职员编号")  # ①
show_cols = ["订单编号", "经销员编号", "姓名", "职务"]
print(join_data[show_cols])
```

注意代码①处，merge()方法通过参数 left_on 指定了左表（销售明细表）的关联字段为“经销员编号”，通过参数 right_on 指定了右表（销售员信息表）的关联字段为“职员编号”，这样就将两张表关联在一起了。

回到图 7-3，用代码来指定销售员信息表和工卡信息表的关联字段，如代码清单 7-4 所示：

代码清单 7-4   将销售员信息表和工卡信息表通过指定字段关联

```
import pandas as pd
import read_files as rf

file_path = r"D:\蜂蜜销售数据分析\Excel 数据\{0}.xlsx"
# 读取销售员信息表数据
saleman = rf.read_saleman("销售员信息表")
# 读取工卡信息表数据
work_cards = pd.read_excel(file_path.format("工卡信息表"),
                           dtype={"手机号码": str})
# 关联两张表的数据
join_info = saleman.merge(work_cards, on="职员编号")  # ①
# 显示关联表的列名
print(join_info.columns.tolist())  # ②
```

代码①通过参数 on 指定关联字段为“职员编号”，要使用这个参数 on，左右表必须有相同列名的字段；代码②输出的是关联表的列名。运行代码，结果如下：

```
['职员编号', '姓名_x', '性别', '手机号码_x', '出生日期', '入职时间', '职务', '亲和力', '口才',
'经验', '专业能力', '学习能力', '工牌卡号', '姓名_y', '手机号码_y', '岗位', 'Email']
```

从结果来看，指定关联字段后，重复列会加上“_x”和“_y”等后缀，这显然有点累赘，因此需要处理这些重复列。

7.1.3   处理重复列

本节沿用 7.1.2 节的代码，在 7.1.2 节的代码中，使用 merge()方法指定关联字段后，出现了很多重复列，接下来处理这些重复列。DataFrame 允许指定重复列的后缀，以如下代码为例：

```
# 关联两张表的数据
join_info = saleman.merge(work_cards, on="职员编号",
                          # 指定左表的后缀名为“_销售员”，指定右表的后缀名为“_工卡”
                          suffixes=("_销售员", "_工卡"))  # ①
# 显示关联表的列名
print(join_info.columns.tolist())
```

注意代码①处的参数 suffixes，它指定了左表重复列名的后缀为“_销售员”，右表重复列名的后缀为“_工卡”。运行代码，结果如下：

```
['职员编号', '姓名_销售员', '性别', '手机号码_销售员', '出生日期', '入职时间', '职务', '亲和力',
'口才', '经验', '专业能力', '学习能力', '工牌卡号', '姓名_工卡', '手机号码_工卡', '岗位', 'Email']
```

从结果来看，已经成功修改了关联表重复列的后缀，但是这些列的数据都是重复的，所以还需要进行处理使数据更简洁。可以通过如下代码进一步简化数据：

```
# 删除指定的列
join_info.drop(columns=["姓名_工卡", "手机号码_工卡"], inplace=True) # ①
# 修改指定的列名
join_info.rename(
    columns={"姓名_销售员": "姓名", "手机号码_销售员": "手机号码"},
    inplace=True)  # ②
# 显示经过处理后的关联表列名
print(join_info.columns.tolist())
```

代码①删除关联表指定的列，这样就解决了重复列的问题；代码②重命名列名，使列名也简化了。运行代码，结果如下：

```
['职员编号', '姓名', '性别', '手机号码', '出生日期', '入职时间', '职务', '亲和力', '口才', '经验',
'专业能力', '学习能力', '工牌卡号', '岗位', 'Email']
```

从结果来看，已经成功处理了重复列的问题。

7.1.4　连接方式

在 DataFrame 中，两张表进行关联时存在以下 4 种连接方式。

- **内连接**（inner join）：最常见的连接方式，也是默认的方式，只有两张表的关联字段相同才会将两张表的数据连接在一起。
- **左连接**（left join）：以左表为基础，如果右表的关联字段中存在相同的值，则与右表关联并连接右表的数据，否则只保留左表的数据，右表的字段全部填充默认值（np.nan）。
- **右连接**（right join）：以右表为基础，如果左表的关联字段中存在相同的值，则与左表关联并连接左表的数据，否则只保留右表的数据，左表的字段全部填充默认值（np.nan）。
- **全外连接**（outer join）：无论左表和右表能否关联上都会保留数据，那么关联就会分为 3 种情况：第一种，如果左表的字段和右表的字段关联上，则连接两张表的所有字段；第二种，如果左表的字段关联不上右表的字段，则只保留左表的数据，右表的字段就填充默认值（np.nan）；第三种，如果右表的字段关联不上左表的字段，则只保留右表的数据，左表的字段就填充默认值（np.nan）。

在上述 4 种连接方式中，除内连接外的其他 3 种连接方式统称为外连接。在 merge()方法中，参数 how 用于控制连接方式，它的值有 4 个："inner" "left" "right" "outer"，默认值为"inner"。这 4 个值表示的连接方式如下："inner"为内连接，"left"为左连接，"right"为右连接，"outer"为全外连接。

下面来看销售员信息表和工卡信息表 2 的数据，如图 7-5 所示。

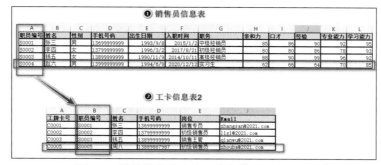

图 7-5　销售员信息表和工卡信息表 2 的关联

从图 7-5 中可以看出，销售员信息表中职员编号为 S0004 的数据在工卡信息表 2 中是找不到对应记录的，同样，工卡信息表 2 中工牌卡号为 C0005 的数据在销售员信息表中也是找不到对应记录的。下面从内连接开始讲解连接方式，如代码清单 7-5 所示：

代码清单 7-5　内连接

```
import pandas as pd
import read_files as rf

filename = r"D:\蜂蜜销售数据分析\Excel 数据\{0}.xlsx"
# 读取销售员信息表数据
saleman = rf.read_saleman("销售员信息表")
# 读取工卡信息表 2 数据
work_cards = pd.read_excel(filename.format("工卡信息表 2"),
                           dtype={"手机号码": str})
# 通过内连接（参数 how 的默认值为“inner”，因此可以不设置 how）关联两张表的数据
join_info = saleman.merge(work_cards, on="职员编号") # ①
# 删除重复列
join_info.drop(columns=["姓名_y", "手机号码_y"], inplace=True)
# 重命名重复列
join_info.rename(columns={"姓名_x": "姓名", "手机号码_x": "手机号码"}, inplace=True)
# 选择展示的列名
show_cols = ["职员编号", "姓名", "职务", "工牌卡号", "岗位", "Email"]
print(join_info[show_cols])
```

代码①没有指定参数 how 的值，就会使用默认值“inner”进行内连接，也就是只有左表和右表的关联字段都存在相同的值，才能关联上。运行代码，结果如下：

```
   职员编号  姓名    职务      工牌卡号  岗位       Email
0  S0001  张三  中级经销员  C0001  销售专员    zhangsan@2021.com
1  S0002  李四  初级经销员  C0002  初级销售员  lisi@2021.com
2  S0003  钱五  高级经销员  C0003  销售主管    qianwu@2021.com
```

下面对代码①进行修改，以测试左连接、右连接和全外连接。先测试左连接，对代码①做如下修改：

```
# 通过左连接（指定参数 how 为“left”）关联两张表的数据
join_info = saleman.merge(work_cards, on="职员编号", how="left")
```

注意代码中的加粗部分指定了参数 how 为“left”，表示对数据进行左连接，这样左表的数据会全部保留下来，而右表的数据关联得上的就保留，关联不上的就丢弃，对于左表中存在的数据，如果右表不存在与之关联的数据，就用 np.nan 填充右表的字段。运行代码，结果如下：

```
   职员编号  姓名    职务      工牌卡号  岗位       Email
0  S0001  张三  中级经销员  C0001  销售专员    zhangsan@2021.com
1  S0002  李四  初级经销员  C0002  初级销售员  lisi@2021.com
2  S0003  钱五  高级经销员  C0003  销售主管    qianwu@2021.com
3  S0004  赵六  实习生    NaN    NaN      NaN
```

从结果来看，虽然销售员信息表中职员编号为 S0004 的数据依旧存在，但因为它无法关联工卡信息表 2，所以工卡信息表 2 的字段全部填充了 np.nan；对于工卡信息表 2 中工牌卡号为 C0005 的数据，因为关联不上销售员信息表，所以被丢弃了。

接下来测试右连接，修改代码①。如下：

```
# 通过右连接（指定参数 how 为 "right"）关联两张表的数据
join_info = saleman.merge(work_cards, on="职员编号", how="right")
```

注意代码中的加粗部分指定了参数 how 为 "right"，表示对数据进行右连接。这样右表的数据会全部保留下来，而左表的数据关联得上的就保留，关联不上的就丢弃。对于右表中存在的数据，若左表不存在与之关联的数据，就用 np.nan 填充左表的字段。运行代码，结果如下：

	职员编号	姓名	职务	工牌卡号	岗位	Email
0	S0001	张三	中级经销员	C0001	销售专员	zhangsan@2021.com
1	S0002	李四	初级经销员	C0002	初级销售员	lisi@2021.com
2	S0003	钱五	高级经销员	C0003	销售主管	qianwu@2021.com
3	**S0005**	**NaN**	**NaN**	**C0005**	**初级销售员**	**zhouba@2021.com**

从结果来看，销售员信息表中职员编号为 S0004 的数据已经被丢弃了，因为它和工卡信息表 2 关联不上，而工牌信息表②中工牌卡号为 C0005 的数据依旧被保留了下来，因为销售员信息表中无数据与之对应，所以就用 np.nan 来填充字段。

最后测试全外连接，修改代码①。如下：

```
# 通过全外连接（指定参数 how 为 "outer"）关联两张表的数据
join_info = saleman.merge(work_cards, on="职员编号", how="outer")
```

注意代码中的加粗部分指定了参数 how 为 "outer"，表示对数据进行全外连接，此时两张表的数据会全部被保留下来。可能会出现以下 3 种情况：

- 当左表的数据能关联上右表的数据时，就连接数据，所有字段都能填充；
- 当左表的数据关联不上右表的数据时，只保留左表的数据，右表的字段则填充 np.nan；
- 当右表的数据关联不上左表的数据时，只保留右表的数据，左表的字段则填充 np.nan。

运行代码，结果如下：

	职员编号	姓名	职务	工牌卡号	岗位	Email
0	S0001	张三	中级经销员	C0001	销售专员	zhangsan@2021.com
1	S0002	李四	初级经销员	C0002	初级销售员	lisi@2021.com
2	S0003	钱五	高级经销员	C0003	销售主管	qianwu@2021.com
3	**S0004**	**赵六**	**实习生**	**NaN**	**NaN**	**NaN**
4	**S0005**	**NaN**	**NaN**	**C0005**	**初级销售员**	**zhouba@2021.com**

注意最后两行的输出，理解了它们就能理解全外连接的特点。

外连接的应用主要是查找一个表有而另一个表没有的数据，比如要查找没有销售出去的产品，也就是没有对应订单的产品，使用外连接最方便，效率也最高。下面通过代码清单 7-6 来展示如何做到这一点：

代码清单 7-6   通过外连接查找没有销售出去的产品

```
import pandas as pd
import read_files as rf

file_path = r"D:\蜂蜜销售数据分析\Excel 数据\{0}.xlsx"

# 读取销售明细表数据
sale_details = rf.read_sales_details("销售明细表")
# 读取产品信息表数据
```

```
products = rf.read_product("产品信息表")
# 状态为 1 表示正常销售产品，和销售明细表进行左连接关联
join_data = products[products["状态"] == "1"].merge(
    sale_details, on="产品编号", how="left")          # ①
#通过左连接找到订单编号为空的索引，这意味着该产品没有对应订单，也就是产品没有销售出去的记录
null_idx = join_data["订单编号"].isnull()              # ②
print(join_data[null_idx])
```

代码①对产品信息表和销售明细表进行左连接，这样产品信息表中的数据将会全部被保留下来，当销售明细表的数据关联不上时，关联表中的订单编号就会填充 np.nan，再通过代码②就可以找到没有对应订单编号的关联的产品信息的索引，通过索引就能找到没有销售出去的产品。运行代码，结果如下：

	产品编号	产品名称_x	单价_x	蜂蜜类型	库存	进口标志	...	交易日期	购买渠道	支付渠道	经销员编号	订单状态	备注
19	P0004	俄罗斯椴树蜜	60	2-单花蜜	50	1	...	NaT	NaN	NaN	NaN	NaN	NaN

从结果来看，只有产品编号为 P0004 的产品没有订单记录，这说明该产品没有销售出去。

7.2 合并多个 Excel 文件的数据

有时同一个表的数据来自多个 Excel 文件，比如一家连锁店可能有多家分店，每一家分店都自己上报自己的数据，如果要统计分析整体的数据，就需要将所有分店的数据合并，然后才能执行下一步操作。

本节以销售员信息表为例进行讲解，如图 7-6 所示。

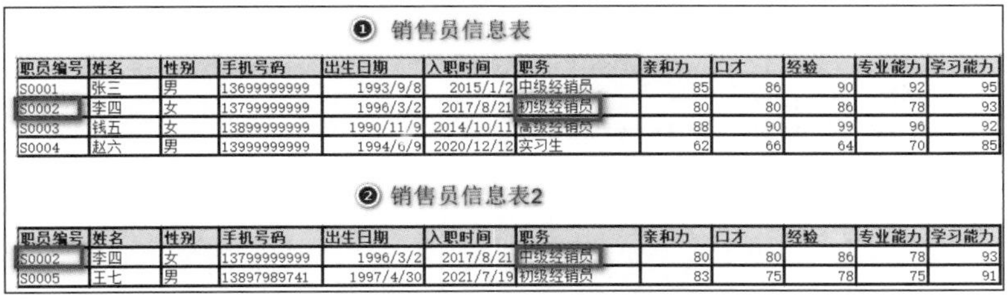

图 7-6 需要合并的销售员信息表

图 7-6 中有两张表，存在职员编号 S0002 重复的问题，并且对应职务不相同，所以需要考虑去重，这是合并数据时常见的问题。如果在 Excel 中操作，就先复制、粘贴数据，再使用 Excel 提供的工具处理去重的问题。但当数据量大的时候在 Excel 中操作就比较麻烦，而在 Python 中这些问题都可以轻松解决。

7.2.1 合并数据

要把销售员信息表和销售员信息表 2 的数据合并在一起，会用到 pandas 的 concat()函数，如代码清单 7-7 所示：

代码清单 7-7 合并多个 Excel 文件的数据

```
import pandas as pd
import read_files as rf

file_path = r"D:\蜂蜜销售数据分析\Excel 数据\{0}.xlsx"
```

```
# 读取两张销售员信息表数据
saleman = rf.read_saleman("销售员信息表")
saleman2 = rf.read_saleman("销售员信息表 2")
# 合并两个 DataFrame
concat_salemen = pd.concat([saleman, saleman2]) # ①
# 输出结果
print(concat_salemen)
```

上述代码中，先读取了两张销售员信息表的数据，然后在代码①处使用了 concat()函数将两张表合并在一起，运行代码，结果如下：

	职员编号	姓名	性别	手机号码	出生日期	...	亲和力	口才	经验	专业能力	学习能力
0	S0001	张三	男	13699999999	1993-09-08	...	85	86	90	92	95
1	**S0002**	**李四**	**女**	**13799999999**	**1996-03-02**	...	**80**	**80**	**86**	**78**	**93**
2	S0003	钱五	女	13899999999	1990-11-09	...	88	90	99	96	92
3	S0004	赵六	男	13999999999	1994-06-09	...	62	66	64	70	85
0	**S0002**	**李四**	**女**	**13799999999**	**1996-03-02**	...	**80**	**80**	**86**	**78**	**93**
1	S0005	王七	男	13897989741	1997-04-30	...	83	75	78	75	91

注意结果中的加粗部分，可以发现两个问题：一是职员编号 S0002 出现重复；二是行索引 0 和 1 出现重复。这是接下来需要处理的问题。

7.2.2 重置索引和去重

本节处理 7.2.1 节发现的两个问题：先去重，然后通过重置索引来解决索引不连续的问题。为此编写如下代码：

```
# 去重
concat_salemen.drop_duplicates(subset="职员编号", inplace=True) # ①
# 重置索引，此时会多出 index 列
concat_salemen.reset_index(inplace=True) # ②
# 删除 index 列
concat_salemen.drop(columns="index", inplace=True)
# 需要展示的列
show_cols = ["职员编号", "姓名", "职务"]
# 输出结果
print(concat_salemen[show_cols])
```

代码①删除重复的记录，并指定按照职员编号列去重；代码②重置索引，然后删除重置索引时多出来的 index 列，就可以得到最后的结果了。运行代码，结果如下：

	职员编号	姓名	职务
0	S0001	张三	中级经销员
1	S0002	李四	**初级经销员**
2	S0003	钱五	高级经销员
3	S0004	赵六	实习生
4	S0005	王七	初级经销员

从结果中的加粗部分来看，去重是针对职员编号为 S0002 的数据。如果需要进行特殊的去重，则可参考 4.3.3 节的内容。

第 8 章

分组统计、数据透视表和排序

本章正式进入对数据的统计和透视的讲解，这是做数据分析的主要内容，因此也是本书的重点内容。在 Excel 中，数据透视表是十分常用且功能强大的工具，能帮助用户完成许多烦琐的工作。而在 DataFrame 中，Excel 中的这些功能都能实现，且 DataFrame 比 Excel 的功能更为强大和灵活。

8.1 分组统计数据

在分组统计中，最常见的功能就是统计笔数和交易总额。在 Excel 中，常用的分组统计函数有 COUNTIF()、COUNTIFS()、SUMIF() 和 SUMIFS()。COUNTIF() 用于求单条件下的分组统计笔数；COUNTIFS() 用于求多条件下的分组统计笔数；SUMIF() 用于求单条件下的分组统计求和；SUMIFS() 用于求多条件下的分组统计求和。下面以销售明细表为例，根据订单状态分组统计发生交易的笔数和实际交易总额，如图 8-1 所示。

	J	K	L	M	N	O	P	Q	R	S	T
1	实际交易金额	交易日期	购买渠道	支付渠道	经销员编号	订单状态	备注		订单状态	笔数	实际交易总额
2	540	2021/9/7	1	1	S0001	1	满2件9折		0	① 3	② 800
3	840	2021/10/12	1	1	S0003	1	满10件减120		1	47	26255
4	200	2021/2/15	1	1	S0001	1			9	1	240
5	1275	2022/5/2	2	1	S0002	1	满3件8.5折				
6	500	2021/11/7	1	2	S0002	1	满500减100				
7	400	2022/2/2	1	2	S0003	1	满4件送1件				
8	200	2021/11/11	1	2	S0003	1	双十一优惠券满300减100				
9	240	2022/3/7	2	3	S0002	9					
10	900	2022/5/7	1	1	S0004	1	满2件减100				
11	500	2022/2/27	1	2	S0002	1	满500减100				
12	190	2022/7/9	1	1	S0001	1	满200减50				
13	600	2022/10/21	1	3	S0004	1					
14	240	2021/9/21	1	2	S0003	0					
15	600	2021/12/12	1	2	S0002	1	双十二满5件减120				

图 8-1 使用 Excel 根据订单状态分组统计发生交易的笔数和实际交易总额

首先需要删除订单编号为空或重复的数据，因为这些数据是无效的数据。接着在①处的 S2 单元格中输入公式 "=COUNTIF(O2:O52,R2)"，它的含义是统计 O2 单元格～O52 单元格中和 R2 单元格值相等的总笔数，同理，在 S3 和 S4 单元格中分别输入公式 "=COUNTIF(O2:O52,R3)" 和 "=COUNTIF(O2:O52,R4)"。在②处的 T2 单元格中输入公式 "=SUMIF(O2:O52, R2, J2:J52)"，它的含义是在 O2 单元格～O52 单元格中找到和 R2 单元格值相等的数据，然后对满足条件的 J2 单元格～J52 单元格的实际交易金额求和，从而得到实际交易总额，同理，在 T3 和 T4 单元格中分别输入公式"=SUMIF(O2:O52, R3, J2:J52)" 和 "=SUMIF(O2:O52, R4, J2:J52)"。

DataFrame 中是通过 groupby()方法来实现分组统计的，下面对这个方法的使用进行讲解。

8.1.1 按订单状态汇总数据

下面使用 groupby()方法，按订单状态进行分组统计，如代码清单 8-1 所示：

代码清单 8-1　使用 groupby()方法按订单状态汇总数据

```
import read_files as rf

# 读取销售明细表数据
sale_details = rf.read_sales_details("销售明细表")
# 求和
sums = sale_details.groupby("订单状态").sum()  # ①
print(sums, "\n")
# 统计笔数
counts = sale_details.groupby("订单状态").count()  # ②
print(counts)
```

代码①使用 groupby()方法指定按订单状态进行分组，接着调用 sum()方法进行求和。代码②使用 groupby()方法指定按订单状态进行分组，接着调用 count()方法统计笔数。运行代码，结果如下：

```
          单价   商品数量   商品总定价      优惠金额    实际交易金额
订单状态
0         360      7       800        0.0       800
1        9870    171     30670     4055.0     26255
9         120      2       240        0.0       240


     订单编号 用户编号 用户名称 产品编号 产品名称 单价...  实际交易金额 交易日期 购买渠道 支付渠道 经销员编号 备注
订单状态                                  ...
0        3     3     3     3     3    3 ...       3     3     3     3     3    3
1       47    47    47    47    47   47 ...      47    47    47    47    47   47
9        1     1     1     1     1    1 ...       1     1     1     1     1    1

[3 rows x 15 columns]
```

从结果来看，使用 sum()方法会对所有的数字列进行求和，使用 count()方法会对所有的列进行笔数统计。显然这不是我们需要的结果，所以直接使用 sum()和 count()方法的场景并不多，更多的时候，使用的是 8.1.2 节介绍的聚合方法——agg()。

8.1.2 使用 agg()方法

DataFrame 中存在一个方法——aggregate()（aggregate 一般可译为聚合），但是这个方法名比较长，所以 DataFrame 将其简化为 agg()。agg()方法允许指定统计哪些字段，并且允许指定对应字段的统计方式，比如求和、求平均值和求笔数。下面介绍如何使用 agg()方法指定具体的统计方式，如代码清单 8-2 所示：

代码清单 8-2　使用 agg()方法按订单状态汇总数据

```
import numpy as np
import read_files as rf
```

```
# 读取销售明细表数据
sale_details = rf.read_sales_details("销售明细表")
# 通过字典指定对应字段的统计方式
methods = {
    # np.count_nonzero：求笔数
    "订单编号": np.count_nonzero,
    # np.mean：求平均值
    "单价": np.mean,
    # np.sum：求和
    "商品数量": np.sum, "商品总定价": np.sum,"优惠金额":np.sum, "实际交易金额": np.sum}# ①
# 使用 agg()方法指定各个字段的统计方式
result = sale_details.groupby("订单状态").agg(methods) # ②
print(result)
```

代码①通过一个字典指定对于具体的列如何进行统计，包括对订单编号求笔数，对单价求平均值，对商品数量、商品总定价、优惠金额和实际交易金额求和。代码②先用 groupby()方法进行分组，然后用 agg()方法进行分组统计，将字典 methods 传递给它作为参数。运行代码，结果如下：

```
        订单编号     单价    商品数量  商品总定价   优惠金额  实际交易金额
订单状态
0          3    120.0      7      800      0.0     800
1         47    210.0    171    30470   4055.0   26255
9          1    120.0      2      240      0.0     240
```

显然这就是我们需要的结果，只是还需要修改一些行索引和列索引，代码如下：

```
# 重置索引
result.reset_index(inplace=True)
# 修改列索引
result.rename(columns={"订单编号": "订单笔数", "单价": "平均定价",
            "商品数量": "总数量", "商品总定价": "商品汇总定价",
            "优惠金额":"总优惠金额", "实际交易金额": "实际交易总额"}, inplace=True)
print(result)
```

运行代码，结果如下：

```
    订单状态   订单笔数   平均定价    总数量   商品汇总定价   总优惠金额   实际交易总额
0      0       3      120.0     7       800       0.0      800
1      1      47      210.0   171     30470    4055.0    26255
2      9       1      120.0     2       240       0.0      240
```

可见，这个结果修改了列索引，已经是一个最普通的 DataFrame 了，有利于进行下一步操作。

上述代码展示的统计方式包括 np.count_nonzero、np.mean 和 np.sum，此外还有其他统计方式，如表 8-1 所示。

表 8-1 可选择的统计方式

方法名	描述
sum	求和
count_nonzero	对非空和非零值进行统计
mean	求平均值
median	求中位数

续表

方法名	描述
std	求标准差
var	求方差
min	求最小值
max	求最大值

8.1.3 实践

下面通过实例来完成图 8-1 所示的分组统计功能，以掌握 agg()方法的使用，如代码清单 8-3 所示：

代码清单 8-3 根据订单状态分组统计销售明细数据

```
import numpy as np
import read_files as rf

# 读取销售明细表数据
sale_details = rf.read_sales_details("销售明细表")
# 通过字典指定对应字段的统计方式
methods = {
    # np.count_nonzero: 求笔数
    "订单编号": np.count_nonzero,
    "实际交易金额": np.sum}
# 分组统计
result = sale_details.groupby("订单状态").agg(methods)
# 修改列索引
result.rename(
    columns={"订单编号": "订单笔数", "实际交易金额": "实际交易总额"},
    inplace=True)
# 重置索引
result.reset_index(inplace=True)
print(result)
```

运行代码，结果如下：

```
   订单状态  订单笔数   实际交易总额
0     0      3      800
1     1     47    26255
2     9      1      240
```

从结果看，这得到的结果和图 8-1 是一致的。

8.1.4 按蜂蜜类型进行统计——统计关联数据

有时，我们需要跨表进行统计分析。比如按蜂蜜类型进行分组统计，但蜂蜜类型这个字段不在销售明细表中，而是在产品信息表中。为了完成统计，需要先关联这两张表的数据。要在 Excel 中实现这个功能比较复杂，而如果使用 Python 来实现，则没有那么复杂。下面通过 Python 来实现这个功能，如代码清单 8-4 所示。

代码清单 8-4 按蜂蜜类型分组统计关联数据

```
import numpy as np
import read_files as rf
```

```
# 读取销售明细表数据
sale_details = rf.read_sales_details("销售明细表")
# 读取产品信息表数据
products = rf.read_product("产品信息表")
# 销售明细表和产品信息表通过产品编号关联，这里只取有效订单（即订单状态为1）的数据
join_data = sale_details[sale_details["订单状态"] == "1"].merge(
    products, on="产品编号") # ①
# 修改关联表的列名
join_data.drop(columns="产品名称_y", inplace=True)
join_data.rename(columns={"产品名称_x": "产品名称"}, inplace=True)
# 通过字典指定对应字段的统计方式
methods = {
    "订单编号": np.count_nonzero,
    "商品数量": np.sum,
    "商品总定价": np.sum,
    "优惠金额":np.sum,
    "实际交易金额": np.sum}
# 按照蜂蜜类型进行分组统计
result = join_data.groupby("蜂蜜类型").agg(methods) # ②
# 修改列名
result.rename(columns={"订单编号": "订单笔数", "商品数量": "销售总件数",
                "商品总定价": "定价总额", "优惠金额": "优惠总额",
                "实际交易金额": "实际交易总额"}, inplace=True)
# 重置索引
result.reset_index(inplace=True)
print(result)
```

代码①使用 merge()方法把销售明细和产品信息表关联起来，这样就能按蜂蜜类型进行分组统计；代码②对蜂蜜类型进行分组统计，这样就能得到我们需要的结果。运行代码，结果如下：

	蜂蜜类型	订单笔数	销售总件数	定价总额	优惠总额	实际交易总额
0	1-百花蜜	18	47	10100	1100.0	9000
1	2-单花蜜	29	124	20370	2955.0	17255

8.1.5 按多列进行分组统计

有时候需要按多列进行分组统计，比如先按进口标志，后按蜂蜜类型进行分组统计。这时可以考虑在 groupby()方法中使用列表，对 8.1.4 节的代码②做如下修改：

```
# 按照进口标志和蜂蜜类型进行分组统计
result = join_data.groupby(["进口标志", "蜂蜜类型"]).agg(methods)
```

注意，代码的加粗部分使用的是列表，它有两个元素，即"进口标志"和"蜂蜜类型"，这样就会先按进口标志后按蜂蜜类型进行分组统计。运行代码，结果如下：

	进口标志	蜂蜜类型	订单笔数	销售总件数	定价总额	优惠总额	实际交易总额
0	0	1-百花蜜	18	47	10100	1100.0	9000
1	0	2-单花蜜	21	99	12870	1970.0	10740
2	1	2-单花蜜	8	25	7500	985.0	6515

从结果来看，先按进口标志进行了分组，再按蜂蜜类型进行了分组统计。

8.2 数据透视表

数据透视表是在 Excel 中进行统计分析最常用的工具之一。数据透视表（Pivot Table）是一种交

互式的表，使用它可以换一种视角来观察数据，比如既可以从用户的角度来查看销售明细表，也可以进行统计分析（如求笔数、汇总求和等）。在 DataFrame 中，可以实现数据透视表功能的是 pivot_table() 方法。

8.2.1　转换视角

　　数据透视表的一个重要功能就是帮助用户转换观察数据的视角。比如以用户和订单的角度查看购买了什么产品和产品的数量，这个时候就可以使用数据透视表来实现。在 Excel 中，可以选中需要进行透视的数据，然后点击数据透视表进行操作，如图 8-2 所示。

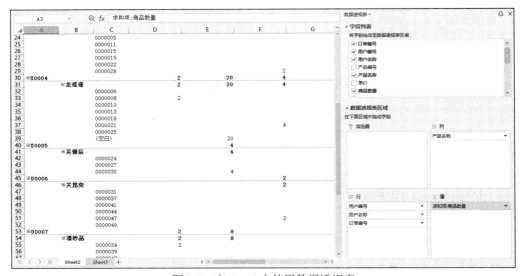

图 8-2　在 Excel 中使用数据透视表

图 8-2 中，在数据透视表中，先选中所有的数据，然后在数据透视表区域中做出对应的设置。

- 行：选中用户编号、用户名称和订单编号。
- 列：选中产品名称。
- 值：选中商品数量，并指定要对其求和。

　　这样就可以查看以用户和订单编号为行、以产品名称为列，并展示购买商品数量的数据了，从而可以从用户和订单的视角更好地观察数据。

　　理解了 Excel 的数据透视表，使用 DataFrame 的数据透视方法 pivot_table() 就不难了。下面用此方法实现图 8-2 所示的数据透视功能，如代码清单 8-5 所示：

代码清单 8-5　按用户和订单编号透视数据

```
import read_files as rf

# 读取销售明细表数据
sale_details = rf.read_sales_details("销售明细表")
# 数据透视表
user_order_view = sale_details.pivot_table(
    # 数据透视行
```

```
        index=["用户编号", "用户名称", "订单编号"],
        # 数据透视列
        columns="产品名称",
        # 数据透视值
        values="商品数量")  # ①
print(user_order_view)
```

代码①处是数据透视表的方法 pivot_table()，这里用到了它的 3 个参数。

- index：数据透视表区域的行。
- columns：数据透视表区域的列。
- values：数据透视表区域的值。

这 3 个参数和 Excel 中数据透视表区域的对应关系如图 8-3 所示。

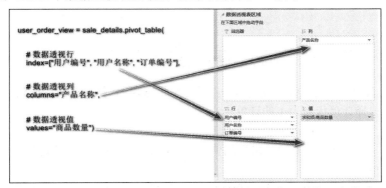

图 8-3 pivot_table() 方法的参数和 Excel 数据透视表区域的对应关系

从图 8-3 中可以看出，pivot_table() 方法的参数 index 对应的是在 Excel 中选中的行，参数 columns 对应的是在 Excel 中选中的列；参数 values 对应的是在 Excel 中选中的值。运行代码，结果如下：

产品名称			东北椴树蜜	云南米花团黑蜜	新疆雪蜜	新西兰麦卢卡蜂蜜	...	神农架岩蜜	秦岭槐花蜜	西藏崖蜜	鸭脚木冬蜜
用户编号	用户名称	订单编号					...				
U0001	聂白秋	0000001	NaN	NaN	NaN	2.0	...	NaN	NaN	NaN	NaN
		0000004	NaN	NaN	NaN	5.0	...	NaN	NaN	NaN	NaN
		0000009	NaN	NaN	NaN	NaN	...	NaN	NaN	2.0	NaN
		0000014	6.0	NaN	NaN	NaN	...	NaN	NaN	NaN	NaN
		0000020	NaN	NaN	NaN	NaN	...	NaN	NaN	NaN	NaN
		0000026	NaN	NaN	NaN	NaN	...	NaN	NaN	NaN	NaN
U0002	濮新苗	0000003	NaN	1.0	NaN	NaN	...	NaN	NaN	NaN	NaN
		0000007	NaN	NaN	NaN	1.0	...	NaN	NaN	NaN	NaN
...											
		0000007	NaN	NaN	NaN	1.0	...	NaN	NaN	NaN	NaN
		0000012	NaN	NaN	NaN	2.0	...	NaN	NaN	NaN	NaN
		0000017	NaN	NaN	1.0	NaN	...	NaN	NaN	NaN	NaN
...											

从结果来看，已经以用户编号、用户名称和订单编号为行，以产品名称为列来展示数据了，完成了图 8-2 中的大部分功能，之所以说大部分，是因为还没有做分组统计。

8.2.2 数据分组统计和分析

数据透视表的另一个重要功能是对数据进行分组统计和分析，比如以产品信息为维度，进行求笔数和汇总操作，如图 8-4 所示。

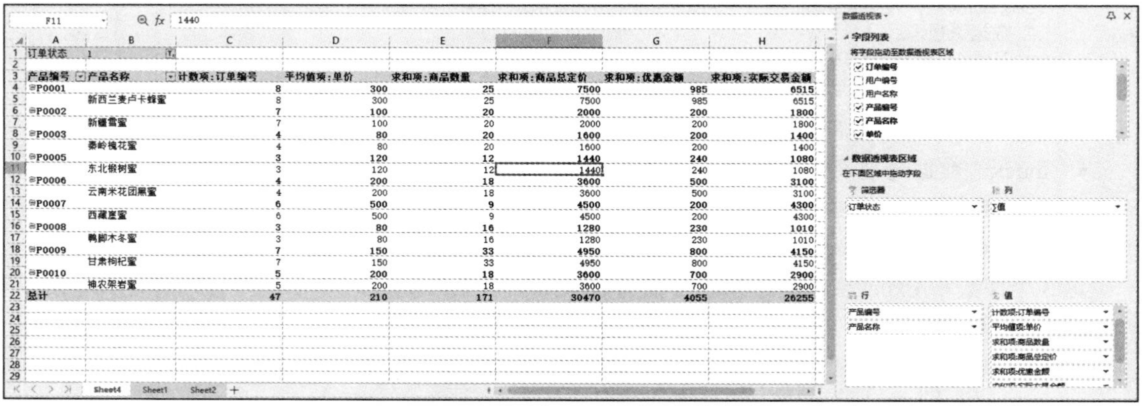

订单状态	1						
产品编号	产品名称	计数项:订单编号	平均值项:单价	求和项:商品数量	求和项:商品总定价	求和项:优惠金额	求和项:实际交易金额
P0001		8	300	25	7500	985	6515
	新西兰麦卢卡蜂蜜	8	300	25	7500	985	6515
P0002		7	100	20	2000	200	1800
	新疆雪蜜	7	100	20	2000	200	1800
P0003		4	80	20	1600	200	1400
	秦岭槐花蜜	4	80	20	1600	200	1400
P0005		3	120	12	1440	240	1080
	东北椴树蜜	3	120	12	1440	240	1080
P0006		4	200	18	3600	500	3100
	云南米花团黑蜜	4	200	18	3600	500	3100
P0007		6	500	9	4500	200	4300
	西藏崖蜜	6	500	9	4500	200	4300
P0008		3	80	16	1280	230	1010
	鸭脚木冬蜜	3	80	16	1280	230	1010
P0009		7	150	33	4950	800	4150
	甘肃枸杞蜜	7	150	33	4950	800	4150
P0010		5	200	18	3600	700	2900
	神农架岩蜜	5	200	18	3600	700	2900
总计		47	210	171	30470	4055	26255

图 8-4　以产品信息为维度统计分析的数据透视表

在图 8-4 中，左上角设置了筛选数据的条件是订单状态为 1，然后在数据透视表区域做如下设置。

- 筛选器：选择订单状态为 1 的订单。
- 行：选中产品编号和产品名称。
- 值：对订单编号计数，对单价求平均值，分别对商品数量、商品总定价、优惠金额和实际交易金额求和。

这样就能够按产品信息的维度来统计和分析数据了。同样，在 DataFrame 中也可以实现图 8-4 所示的功能，如代码清单 8-6 所示：

代码清单 8-6　按产品信息维度透视数据

```
import numpy as np
import read_files as rf

# 读取销售明细表数据
sale_details = rf.read_sales_details("销售明细表")
# 数据透视表，选择订单状态为 1 的数据进行操作
products_view = sale_details[
    sale_details["订单状态"] == "1"].pivot_table(
    # 数据透视行
    index=["产品编号", "产品名称"],
    # 数据透视值
    values=["订单编号", "单价", "商品数量",
            "商品总定价", "优惠金额", "实际交易金额"],
    # 指定各列的统计方式
    aggfunc={"订单编号": np.count_nonzero, # 计数
             "单价": np.mean, # 求平均值
             "商品数量": np.sum,#求和
             "商品总定价": np.sum,
             "优惠金额": np.sum,
             "实际交易金额": np.sum})
print(products_view)
```

注意加粗的代码，先通过订单状态过滤出有效数据，然后使用 pivot_table()方法进行数据透视，这里用到了 3 个参数。

- index：指定数据透视表的行。
- values：指定数据透视表的值。
- aggfunc：通过字典指定数据透视表各列的统计方式。

pivot_table()方法中的参数和图 8-4 中数据透视表区域的对应关系如图 8-5 所示。

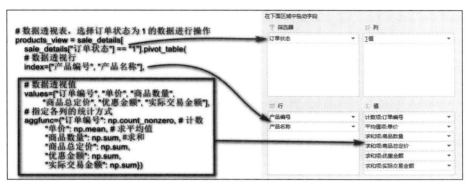

图 8-5 参数和数据透视表区域的对应关系

运行代码，结果如下：

		优惠金额	单价	商品总定价	商品数量	实际交易金额	订单编号
产品编号	产品名称						
P0001	新西兰麦卢卡蜂蜜	985.0	300	7500	25	6515	8
P0002	新疆雪蜜	200.0	100	2000	20	1800	7
P0003	秦岭槐花蜜	200.0	80	1600	20	1400	4
P0005	东北椴树蜜	240.0	120	1440	12	1080	3
P0006	云南米花团黑蜜	500.0	200	3600	18	3100	4
P0007	西藏崖蜜	200.0	500	4500	9	4300	6
P0008	鸭脚木冬蜜	230.0	80	1280	16	1010	3
P0009	甘肃枸杞蜜	800.0	150	4950	33	4150	7
P0010	神农架岩蜜	700.0	200	3600	18	2900	5

从结果来看，产品信息的数据透视表已经展示出来了。

> ⚠️**aggfunc 参数的使用方法**
>
> 在默认情况下，pivot_table()方法中参数 aggfunc 的默认值为 "mean"，即求平均值，可以通过以下两种方式指定 aggfunc 的值。
>
> ```
> # 全部计算都用一种统计方式
> aggfunc = np.sum
> # 通过字典指定不同的字段，按照不同的统计方式进行计算
> aggfunc = {"列名1": np.sum, "列名2": np.mean}
> ```

8.2.3 合计行列

8.2.2 节介绍了 pivot_table()方法的几个重要参数。为了让读者对该方法有更多的了解，下面列出

该方法的定义:

```python
def pivot_table(
    # 需要进行聚合运算的列
    values=None,
    # 指定数据透视表的行标签
    index=None,
    # 指定数据透视表的列标签
    columns=None,
    # 用于聚合的函数,默认值为"mean"(求平均值),支持表 8-1 中的统计方式
    aggfunc="mean",
    # 是否对空值填充默认值,默认不填充
    fill_value=None,
    # 是否在边列上显示合计数
    margins=False,
    # 如果整行都为默认值,则丢弃,默认丢弃
    dropna=True,
    # 在参数 margins 值为 True 时,用来修改 margins 的名称
    margins_name="All",
    """
    这只适用于任何一个分组范畴,
    如果为 True,则仅显示类别分组的观察值
    否则显示分类分组的所有值
    """
    observed=False,
    # 排序
    sort=True
)
```

从 pivot_table()方法的定义中,可以看出该方法有很多参数,加粗的 6 个参数是本书会介绍的,其他参数要么很简单,通过注释就能理解,要么很少用到。6 个参数中的 values、index、columns 和 aggfunc 在前面都已经介绍了,而 margins 和 margins_name 这两个参数就是本节要介绍的,它们是两个合计行的选项,比较简单。下面修改 8.2.2 节代码中的 pivot_table()方法的调用:

```python
# 数据透视表,选择订单状态为 1 的数据进行操作
products_view = sale_details[
    sale_details["订单状态"] == "1"].pivot_table(
    # 数据透视行
    index=["产品编号", "产品名称"],
    # 数据透视值
    values=["订单编号", "单价", "商品数量",
            "商品总定价", "优惠金额", "实际交易金额"],
    # 指定各列的统计方式
    aggfunc={"订单编号": np.count_nonzero, # 计数
             "单价": np.mean, # 求平均值
             "商品数量": np.sum, # 求和
             "商品总定价": np.sum,
             "优惠金额": np.sum,
             "实际交易金额": np.sum},
    # 计算和显示合计行
    margins=True,
    # 合计行标题
    margins_name="合计行"
)
```

注意加粗的这两行代码，参数 margins 指定需要计算和显示合计行，参数 margins_name 自定义合计行的标题。运行代码，结果如下：

产品编号	产品名称	优惠金额	单价	商品总定价	商品数量	实际交易金额	订单编号
P0001	新西兰麦卢卡蜂蜜	985.0	300	7500	25	6515	8
P0002	新疆雪蜜	200.0	100	2000	20	1800	7
P0003	秦岭槐花蜜	200.0	80	1600	20	1400	4
P0005	东北椴树蜜	240.0	120	1440	12	1080	3
P0006	云南米花团黑蜜	500.0	200	3600	18	3100	4
P0007	西藏崖蜜	200.0	500	4500	9	4300	6
P0008	鸭脚木冬蜜	230.0	80	1280	16	1010	3
P0009	甘肃枸杞蜜	800.0	150	4950	33	4150	7
P0010	神农架岩蜜	700.0	200	3600	18	2900	5
合计行		4055.0	210	30470	171	26255	47

8.3 排序

有时，需要对数据进行排序。对公司来说，有的用户所占的业务比重很大，管理好这些用户是十分重要的。那么如何找到业务占比大的用户呢？这就需要对数据进行排序。在 Excel 中对数据进行排序是很容易的，如图 8-6 所示。

图 8-6　使用 Excel 对数据进行排序

图 8-6 中，先选中需要排序的列——实际交易金额，再在"数据"菜单项中点击"排序"按钮，然后就可以选择按照升序、降序或者自定义方法进行排序了。在 DataFrame 中，排序的方法有两个：一个是 sort_index()，它会按索引进行排序；另一个是 sort_values()，可以指定按某个值进行排序。

sort_index() 方法相对来说不怎么常用，这里仅稍作介绍。比如要按订单编号对数据进行降序排列，如代码清单 8-7 所示：

代码清单 8-7　根据行索引进行排序

```
import read_files as rf

# 读取销售明细表数据
sale_details = rf.read_sales_details("销售明细表")
# 设置订单编号为行索引
sale_details.set_index("订单编号", inplace=True) # ①
# 按行索引进行排序，ascending 默认为 True，表示升序，False 表示降序
```

```
sale_details.sort_index(ascending=False, inplace=True) # ②
# 需要展示的列
show_cols = ["用户名称", "产品名称", "实际交易金额"]
print(sale_details[show_cols])
```

代码①设置"订单编号"列为行索引，代码②设置按行索引进行降序排列。运行代码，结果如下：

```
         用户名称        产品名称          实际交易金额
订单编号
0000052  束丝娜        西藏崖蜜             500
0000051  潘妙菡        甘肃枸杞蜜           1000
0000050  束丝娜        东北椴树蜜            360
...
0000003  濮新苗        云南米花团黑蜜         200
0000002  韩天真        秦岭槐花蜜            840
0000001  聂白秋        新西兰麦卢卡蜂蜜        540
```

从订单编号来看，结果已经按降序进行排列了。

8.3.1 按实际交易金额排序（单列排序）

下面实现图 8-6 中的 Excel 操作，这时就要用到 sort_values()方法了，如代码清单 8-8 所示：

代码清单 8-8 按实际交易金额排序

```
import read_files as rf

# 读取销售明细表数据
sale_details = rf.read_sales_details("销售明细表")
# 按实际交易金额进行升序排列
sale_details.sort_values("实际交易金额", inplace=True) # ①
# 需要展示的列
show_cols = ["用户名称", "产品名称", "实际交易金额"]
print(sale_details[show_cols])
```

代码①用 sort_values()方法进行排序，并且指定按实际交易金额进行排序。这里没有指定参数 ascending 的值，那么就为默认值 True，也就是按升序排序。运行代码，结果如下：

```
      用户名称     产品名称          实际交易金额
15    濮新苗     新疆雪蜜            100
40    潘妙菡     新疆雪蜜            100
32    潘妙菡     东北椴树蜜           120
...
3     聂白秋     新西兰麦卢卡蜂蜜       1275
33    简玮琪     云南米花团黑蜜        2000
14    韩天真     新西兰麦卢卡蜂蜜       2200
```

显然，这里已经按照实际交易金额进行升序排列了。如果需要按降序排列，可以对代码①做如下修改：

```
# 按实际交易金额进行降序排列
sale_details.sort_values("实际交易金额", ascending=False, inplace=True)
```

运行代码，结果就会按照实际交易金额进行降序排列了。

8.3.2 按实际交易金额和交易日期排序（多列排序）

有时候需要按多列进行排序，比如先按实际交易金额，后按交易日期排序。在 Excel 中，先点击菜单项"数据",再点击"排序"按钮,选择"自定义排序"就会弹出图 8-7 所示的对话框,然后就可以选择对应的列进行排序了。

用代码实现图 8-7 所示的排序功能也不难,如代码清单 8-9 所示:

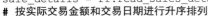

图 8-7　自定义排序条件

代码清单 8-9　按实际交易金额和交易日期排序

```
import read_files as rf

# 读取销售明细表数据
sale_details = rf.read_sales_details("销售明细表")
# 按实际交易金额和交易日期进行升序排列
sale_details.sort_values(by=["实际交易金额", "交易日期"], inplace=True) # ①
# 需要展示的列
show_cols = ["用户名称", "产品名称", "交易日期", "实际交易金额"]
print(sale_details[show_cols])
```

代码①指定按实际交易金额和交易日期进行排序,这样就能实现图 8-7 所示的功能了。

8.3.3　按优惠金额排序(含空值行的排序)

前面进行排序的数据列中的值都不为空,而现实中,可能需要对含空值的数据进行排序,比如按销售明细表中的优惠金额进行排序。在 Excel 中对含空值的数据排序时,都是将空值行排在后面,图 8-8 就是对优惠金额按降序排列后的结果。

单价	商品数量	商品总定价	优惠金额	实际交易金额	交易日期	购买
300	3	900	100	800	2022/5/21	
80	8	640	100	500	2022/5/9	
150	4	600	100	500	2021/1/14	
200	3	600	100	500	2022/12/15	
80	4	320	80	240	2021/3/4	
80	5	400	80	320	2021/8/9	
300	2	600	60	540	2021/9/7	
80	3	240	50	190	2022/7/9	
200	1	200		200	2021/2/15	
120	2	240		240	2022/3/7	
300	2	600		600	2022/10/21	

图 8-8　对优惠金额按降序排列,空值行排在后面

同样,在 DataFrame 中也可以实现这个功能,如代码清单 8-10 所示:

代码清单 8-10　按优惠金额(含空值)排序

```
import numpy as np
import read_files as rf

# 读取销售明细表数据
sale_details = rf.read_sales_details("销售明细表")
# 将优惠金额为 0 的元素替换为 NaN
sale_details["优惠金额"].replace(0, np.nan, inplace=True) # ①
# 按优惠金额进行降序排列
sale_details.sort_values("优惠金额", ascending=False, inplace=True) # ②
# 需要展示的列
show_cols = ["用户名称", "产品名称", "交易日期", "优惠金额", "实际交易金额"]
print(sale_details[show_cols])
```

因为读取 Excel 文件的 read_files.py 文件中将优惠金额的默认值填充为 0，所以在代码①处将其还原为 np.nan；代码②处对优惠金额按降序排列。运行代码，结果如下：

```
    用户名称       产品名称           交易日期     优惠金额  实际交易金额
14  韩天真    新西兰麦卢卡蜂蜜    2021-12-30   500.0    2200
46  简玮琪    神农架岩蜜          2021-11-11   400.0    1200
33  简玮琪    云南米花团黑蜜      2021-03-14   400.0    2000
21  濮新苗    甘肃枸杞蜜          2022-04-21   300.0    1050
...
45  关悠奕    秦岭槐花蜜          2022-09-24   NaN       160
47  关悠奕    鸭脚木冬蜜          2022-05-11   NaN       160
50  束丝娜    西藏崖蜜            2022-05-08   NaN       500
```

从结果来看，默认情况下的排序结果与 Excel 是一致的，都是将含空值的数据行排在后面。如果要将含空值的数据行排在前面，则将 sort_values()方法的参数 na_position 修改为“first”。比如对代码②做如下修改：

```
# 对优惠金额按降序排列，并将空值排在前面
sale_details.sort_values("优惠金额",
                         ascending=False, na_position="first", inplace=True)
```

注意，加粗的代码已经将参数 na_position 设置为“first”，这样含空值的数据行就可以排在前面了。

8.3.4　对交易日期降序排名

排名是指用一个数字来标识某条记录按某个维度排序的位置，比如第一名的排名就是 1，第五名的排名就是 5。在 Excel 中，排名使用的是 RANK()函数；而在 DataFrame 中，排名使用 rank()方法。下面在 Excel 中对交易日期进行降序排名，如图 8-9 所示。

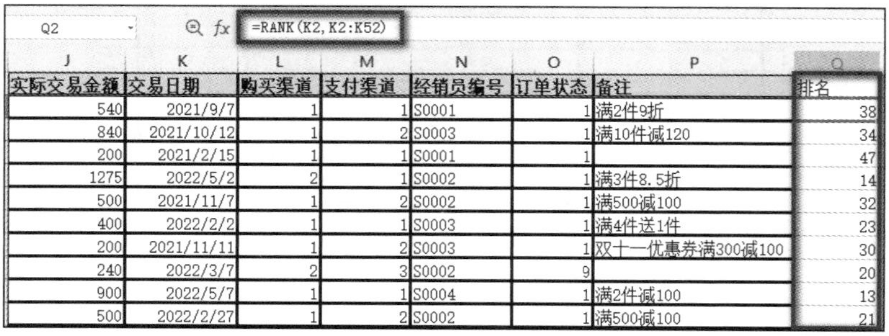

实际交易金额	交易日期	购买渠道	支付渠道	经销员编号	订单状态	备注	排名
540	2021/9/7	1	1	S0001	1	满2件9折	38
840	2021/10/12	1	2	S0003	1	满10件减120	34
200	2021/2/15	1	1	S0001	1		47
1275	2022/5/2	2	1	S0002	1	满3件8.5折	14
500	2021/11/7	1	2	S0002	1	满500减100	32
400	2022/2/2	1	1	S0003	1	满4件送1件	23
200	2021/11/11	1	2	S0003	1	双十一优惠券满300减100	30
240	2022/3/7	2	3	S0002	9		20
900	2022/5/7	1	1	S0004	1	满2件减100	13
500	2022/2/27	1	2	S0002	1	满500减100	21

图 8-9　对交易日期进行降序排名

图 8-9 中，在 Q2 单元格中输入的公式为“=RANK(K2,K2:K52)”，在 Q3 单元格中输入的公式是“=RANK(K3,K2:K52)”，以此类推。这样就能得到对交易日期的降序排名了。在 DataFrame 中也可以实现这个功能，如代码清单 8-11 所示：

代码清单 8-11　对交易日期降序排名

```
import read_files as rf

# 读取销售明细表数据
sale_details = rf.read_sales_details("销售明细表")
# 计算存在多少列
```

```
col_idx = sale_details.shape[1]
"""
使用 rank() 方法进行排名，并且将排名列插入 sale_details 中
参数 ascending 设置为 False，表示降序排列
"""
ranks = sale_details["交易日期"].rank(ascending=False) # ①
# 插入排名列
sale_details.insert(col_idx, "排名", ranks)
# 需要展示的列
show_cols = ["用户名称", "产品名称", "交易日期", "优惠金额", "实际交易金额", "排名"]
print(sale_details[show_cols])
```

代码①使用了 rank() 方法，并且指定了参数 ascending 为 False，这样就可以得到交易日期的降序排名了；同时在 DataFrame 中插入一个"排名"列，以便于后续进行访问。运行代码，结果如下：

	用户名称	产品名称	交易日期	优惠金额	实际交易金额	排名
0	聂白秋	新西兰麦卢卡蜂蜜	2021-09-07	60.0	540	38.0
1	韩天真	秦岭槐花蜜	2021-10-12	120.0	840	34.0
2	濮新苗	云南米花团黑蜜	2021-02-15	0.0	200	47.0
3	聂白秋	新西兰麦卢卡蜂蜜	2022-05-02	225.0	1275	14.0
4	韩天真	云南米花团黑蜜	2021-11-07	100.0	500	32.0
5	龙瑶瑾	新疆雪蜜	2022-02-02	100.0	400	23.0
6	**濮新苗**	**新西兰麦卢卡蜂蜜**	**2021-11-11**	**100.0**	**200**	**30.5**
7	龙瑶瑾	东北椴树蜜	2022-03-07		240	20.0
...						
45	关悠奕	秦岭槐花蜜	2022-09-24	0.0	160	4.0
46	**简玮琪**	**神农架岩蜜**	**2021-11-11**	**400.0**	**1200**	**30.5**
47	关悠奕	鸭脚木冬蜜	2022-05-11	0.0	160	10.0
48	束丝娜	东北椴树蜜	2021-04-25	120.0	360	44.0
49	潘妙菡	甘肃枸杞蜜	2021-08-25	200.0	1000	40.0
50	束丝娜	西藏崖蜜	2022-05-08	0.0	500	12.0

请注意结果中加粗的两行，它们的排名都是 30.5，这是因为在排名中有时候会出现排序值相同的情况，可以看到这两行的日期也是相同的。在排序值相同时，DataFrame 提供了表 8-2 所示的排名算法。

表 8-2 排序值相同时 DataFrame 的排名算法

算法	描述
average	rank() 方法的默认算法，各自均取它们排序值的平均值
first	先出现的排名靠前
min	取最小排序值，这是 Excel 默认的算法
max	取最大排序值
dense	和 min 一样，但组间排名总是递增 1

如果只是看文字，不太好理解表 8-2 中的算法，所以下面通过实践来学习。在默认情况下，DataFrame 使用的是 average 算法，比如上面的运行结果中出现了两个 30.5，这是因为这两行的排序分别是 30 和 31，它们的平均值就是 30.5。

如果是 first 算法，对于相同的排序值，出现在前面的行，其排名就在前面，因此这两行的排名分别是 30 和 31，比如对上述代码①做如下修改：

```
"""
使用 rank()方法进行排名，并且将排名列插入 sale_details 中
参数 ascending 设置为 "False"，表示降序排列
参数 method 设置为 "first"
"""
ranks = sale_details["交易日期"].rank(ascending=False, method="first")
```

运行代码，结果如下：

	用户名称	产品名称	交易日期	优惠金额	实际交易金额	排名
0	聂白秋	新西兰麦卢卡蜂蜜	2021-09-07	60.0	540	38.0
1	韩天真	秦岭槐花蜜	2021-10-12	120.0	840	34.0
2	濮新苗	云南米花团黑蜜	2021-02-15	0.0	200	47.0
3	聂白秋	新西兰麦卢卡蜂蜜	2022-05-02	225.0	1275	14.0
4	韩天真	云南米花团黑蜜	2021-11-07	100.0	500	32.0
5	龙瑶瑾	新疆雪蜜	2022-02-02	100.0	400	23.0
6	**濮新苗**	**新西兰麦卢卡蜂蜜**	**2021-11-11**	**100.0**	**200**	**30.0**
7	龙瑶瑾	东北椴树蜜	2022-03-07	0.0	240	20.0
...						
45	关悠奕	秦岭槐花蜜	2022-09-24	0.0	160	4.0
46	**简玮琪**	**神农架岩蜜**	**2021-11-11**	**400.0**	**1200**	**31.0**
47	关悠奕	鸭脚木冬蜜	2022-05-11	0.0	160	10.0
48	束丝娜	东北椴树蜜	2021-04-25	120.0	360	44.0
49	潘妙菡	甘肃枸杞蜜	2021-08-25	200.0	1000	40.0
50	束丝娜	西藏崖蜜	2022-05-08	0.0	500	12.0

从结果可以看出，在排相同的情况下，先出现的行的排名为 30，后出现的行的排名为 31。
min 算法是 Excel 默认的算法，下面将算法修改为 min：

```
ranks = sale_details["交易日期"].rank(ascending=False, method="min")
```

运行代码，结果如下：

	用户名称	产品名称	交易日期	优惠金额	实际交易金额	排名
0	聂白秋	新西兰麦卢卡蜂蜜	2021-09-07	60.0	540	38.0
1	韩天真	秦岭槐花蜜	2021-10-12	120.0	840	34.0
2	濮新苗	云南米花团黑蜜	2021-02-15	0.0	200	47.0
3	聂白秋	新西兰麦卢卡蜂蜜	2022-05-02	225.0	1275	14.0
4	韩天真	云南米花团黑蜜	2021-11-07	100.0	500	32.0
5	龙瑶瑾	新疆雪蜜	2022-02-02	100.0	400	23.0
6	**濮新苗**	**新西兰麦卢卡蜂蜜**	**2021-11-11**	**100.0**	**200**	**30.0**
7	龙瑶瑾	东北椴树蜜	2022-03-07	0.0	240	20.0
...						
45	关悠奕	秦岭槐花蜜	2022-09-24	0.0	160	4.0
46	**简玮琪**	**神农架岩蜜**	**2021-11-11**	**400.0**	**1200**	**30.0**
47	关悠奕	鸭脚木冬蜜	2022-05-11	0.0	160	10.0
48	束丝娜	东北椴树蜜	2021-04-25	120.0	360	44.0
49	潘妙菡	甘肃枸杞蜜	2021-08-25	200.0	1000	40.0
50	束丝娜	西藏崖蜜	2022-05-08	0.0	500	12.0

从结果可以看出，加粗的两行的排名都是 30，也就是说这两行的排序值本来分别是 30 和 31，但使用 min 算法后就都取最小值 30，这样排名 31 的就不存在了。同理，如果切换为 max 算法，那么结果就都是 31，而排名 30 的就不存在了，这比较容易理解，这里就不再演示了。如果把算法切换为 dense 会发生什么呢？下面修改代码：

```
ranks = sale_details["交易日期"].rank(ascending=False, method="dense")
```

运行代码，结果如下：

	用户名称	产品名称	交易日期	优惠金额	实际交易金额	排名
0	聂白秋	新西兰麦卢卡蜂蜜	2021-09-07	60.0	540	34.0
...						
6	濮新苗	新西兰麦卢卡蜂蜜	2021-11-11	100.0	200	27.0
...						
13	聂白秋	东北椴树蜜	2021-12-12	120.0	600	26.0
...						
16	龙瑶瑾	西藏崖蜜	2021-12-12	100.0	400	26.0
...						
24	聂白秋	甘肃枸杞蜜	2021-12-21	200.0	850	25.0
...						
27	濮新苗	新疆雪蜜	2021-12-21	0.0	200	25.0
...						
46	简玮琪	神农架岩蜜	2021-11-11	400.0	1200	27.0
...						

上述结果只展示了有观察价值的记录，可以看到有相同排序值的行，其排名是相同的，而后续排名每次都递增 1，这样就不会出现上述使用 min 或 max 算法时丢失排名 31 或排名 30 的情况。

第 9 章

数据可视化

数据可视化是指通过绘制图表展示数据，让人们能更直观和容易地观察数据。通过图表展示数据往往更加直观和形象，有利于人们快速理解数据的意义。图表可以分为多种，其中最基本的有 4 种：柱形图、折线图、条形图和饼图。这些是本章将重点介绍的内容，Excel 也提供了良好的支持。Excel 除了支持这 4 种基本的图表，还支持散点图、面积图、圆环图、雷达图、气泡图和股价图等。有时候可以将多种图表叠加形成复合图表来分析数据。

在用数据透视表透视数据后，就可以选中数据，然后点击"插入图表"来展示数据，如图 9-1 所示。

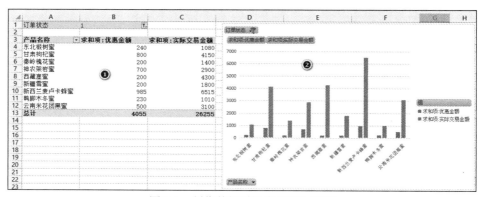

图 9-1　制作数据透视表后插入图表

在图 9-1 中，①处的区域是数据透视表；②处的区域是插入的图表，这里插入的是柱形图，实际上还可以选择插入条形图、折线图和饼图等，操作起来都比较简单，这里不再赘述。

⚠ **图表有很多种，但是应该根据场景来选择图表**

分析数据时，一定要根据数据的特点和用途来选择合适的图表进行数据可视化。比如柱形图可用来比较两个或两个以上的价值（不同时间或者不同条件），适用于分析较小的数据集，而饼图则适用于分析部分在整体中的占比。

在 Python 中，通过 Matplotlib 库来绘制图表，在 Matplotlib 库的基础上，还开发了 Seaborn 库来优化图表的外观。绘制图表前，需要先把 Matplotlib 和 Seaborn 这两个库导入项目中。关于如何导入这两个库，可参考 4.2.1 节的内容。

9.1 柱形图和图表基础

数据可视化往往分为两个步骤：第一步是进行数据分析，比如分组统计；第二步是绘制图表。下面先从最常用的柱形图开始，介绍在 Matplotlib 中如何绘制图表，并且讲解一些通用的图表功能。

9.1.1 柱形图的绘制和坐标轴的概念

有时候需要对比产品的销量或实际交易额，可以用柱形图来实现，柱形图适合按照某个维度对比数据，而该维度下一般不会有太多值，比如对比两年每个季度的数据，每年只有 4 个值。

下面绘制按照产品进行分组统计的柱形图，如代码清单 9-1 所示：

代码清单 9-1　通过柱形图理解图表坐标的概念
```python
# 导入 Matplotlib 库的 pyplot 模块
import matplotlib.pyplot as plt  # ①
import numpy as np
import read_files as rf


""" 第一步：分组统计 """
# 读取销售明细表数据
sale_details = rf.read_sales_details("销售明细表")
# 设置统计方式
methods = {
    # np.count_nonzero：求笔数
    "订单编号": np.count_nonzero,
    # np.mean：求平均值
    "商品数量": np.sum,
    # np.sum：求和
    "商品总定价": np.sum,"优惠金额":np.sum, "实际交易金额": np.sum}
# 分组统计有效订单
prd_view = sale_details[sale_details["订单状态"] == "1"].groupby(
    ["产品编号", "产品名称"]).agg(methods)
# 重新设置索引
prd_view.reset_index(inplace=True)
# 重命名列名
prd_view.rename(
    columns={"订单编号": "订单笔数", "商品数量": "商品总件数",
            "商品总定价": "商品定价总额", "优惠金额": "优惠总额",
            "实际交易金额": "实付总额"}, inplace=True)

""" 第二步：绘制图表 """
# 指定默认字体为 SimHei（黑体），以避免中文乱码现象
plt.rcParams["font.sans-serif"] = ['SimHei']
# 正常显示负号
plt.rcParams["axes.unicode_minus"] = False
# 创建画布并设置画布大小，单位为英寸
plt.figure(figsize=(12, 8))
# 绘制柱形图
```

```
plt.bar("产品名称", "实付总额", data=prd_view) # ②
# 显示图表
plt.show()
```

上述代码的逻辑分为两步：第一步的主要任务是对数据进行分组统计，它的作用就如同在 Excel 中制作数据透视表；第二步是绘制图表，就如同在 Excel 中插入图表。代码①导入 Matplotlib 库的 pyplot 模块，绘制图表时需要用到；代码②绘制柱形图，它的参数会在后面解释。运行代码，可以得到图 9-2 所示的图表。

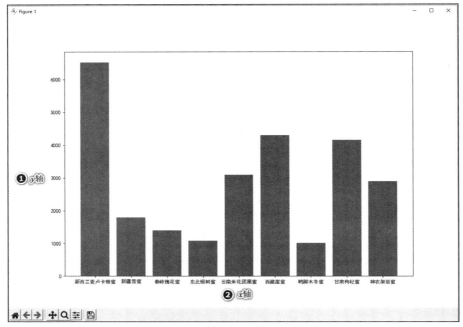

图 9-2　产品实付总额柱形图

在图 9-2 中，①处和②处的文字是后来加进去的，可以看出，图表是基于 *x* 轴和 *y* 轴进行绘制的。观察这个柱形图，产品名称在 *x* 轴展示，而实付总额在 *y* 轴通过柱形的高度展示。回到上面的代码②，bar()函数表示绘制柱形图，它的参数"产品名称"指向 *x* 轴，"实付总额"指向 *y* 轴，这些数据都会从参数 data 中获取。

图 9-2 中的图表还缺少很多重要的内容，比如图表的标题、*x* 轴和 *y* 轴的标题。下面修改上述代码第二步的内容：

```
""" 第二步：绘制图表 """
# 指定默认字体为 SimHei，以避免中文乱码现象
plt.rcParams["font.sans-serif"] = ['SimHei']
# 正常显示负号
plt.rcParams["axes.unicode_minus"] = False
# 创建画布并设置画布大小
plt.figure(figsize=(12, 8))
# 设置标题
plt.title("按产品统计实付总额")
```

```
# 设置 x 轴标签，参数 labelpad 表示标签和坐标轴的距离，单位为磅
plt.xlabel("产品名称", labelpad=12)
# 设置 y 轴标签，参数 labelpad 表示标签和坐标轴的距离，单位为磅
plt.ylabel("实付总额（单位：元）", labelpad=12)
# 绘制柱形图
plt.bar("产品名称", "实付总额", data=prd_view)
# 显示图表
plt.show()
```

注意加粗的 3 个函数：title()用于设置图表标题；xlabel()用于设置 x 轴标签，参数 labelpad 设置标签与坐标轴的距离，单位为磅；ylabel()用于设置 y 轴标签。运行代码，可以得到图 9-3 所示的结果。

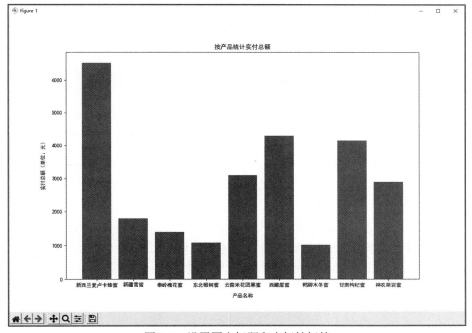

图 9-3　设置图表标题和坐标轴标签

从图 9-3 中可以看出，图表的标题、x 轴和 y 轴的标签都已经绘制出来了。上述代码中有这样一段代码：

```
# 指定默认字体为 SimHei，以避免中文乱码现象
plt.rcParams["font.sans-serif"] = ['SimHei']
# 正常显示负号
plt.rcParams["axes.unicode_minus"] = False
```

这段代码用于避免中文乱码现象并解决负号显示的问题，如果把它删去，再运行代码，则会得到图 9-4 所示的结果。

从图 9-4 中可以看出，当没有设置字体时，图表中就会出现中文乱码的问题，所以设置默认字体是十分必要的。

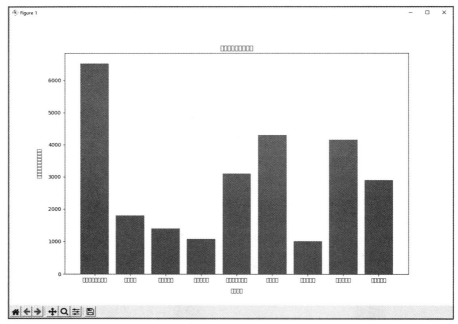

图 9-4   中文乱码问题

9.1.2   设置坐标轴

9.1.1 节讨论了一个问题，那就是图表是基于坐标轴绘制的，所以设置坐标轴就成了必要的任务。有时候需要按季度展示数据，比如要展示 2021 年每季度订单的实付总额，那么 x 轴就要设置为季度，y 轴设置为实付总额。这时就要考虑如何为坐标轴设置刻度，Matplotlib 提供了 xticks() 和 yticks() 两个函数来实现这个功能。

下面演示如何按季度统计 2021 年的销售数据，并用柱形图进行展示，如代码清单 9-2 所示：

代码清单 9-2   按季度统计 2021 年的销售数据（设置坐标轴的刻度）

```
# 导入 Matplotlib 库的 pyplot 模块
import matplotlib.pyplot as plt
import numpy as np
import read_files as rf


""" 第一步：分组统计 """
# 读取销售明细表数据
sale_details = rf.read_sales_details("销售明细表")
# 获取年份为 2021 年的数据，订单状态为 1 的才是有效数据
sale_details_2021 = sale_details[(sale_details["订单状态"] == "1") &
    (sale_details["交易日期"].dt.year == 2021)]
# 给每行数据添加季度
sale_details_2021.insert(0, "季度", sale_details_2021["交易日期"].dt.quarter)
# 设置统计方式
methods = {
    # np.count_nonzero: 求笔数
    "订单编号": np.count_nonzero,
```

```
       # np.sum: 求和
       "商品数量": np.sum,
       # np.sum: 求和
       "商品总定价": np.sum,"优惠金额":np.sum, "实际交易金额": np.sum}
# 分组统计
quarter_view = sale_details_2021.groupby("季度").agg(methods)
# 重新设置索引
quarter_view.reset_index(inplace=True)
# 重命名列名
quarter_view.rename(
       columns={"订单编号": "订单笔数", "商品数量": "商品总件数",
                "商品总定价": "商品定价总额", "优惠金额": "优惠总额",
                "实际交易金额": "实付总额"}, inplace=True)

""" 第二步：绘制图表 """
# 指定默认字体为 SimHei，以避免中文乱码现象
plt.rcParams["font.sans-serif"] = ['SimHei']
# 正常显示负号
plt.rcParams["axes.unicode_minus"] = False
# 创建画布并设置画布大小
plt.figure(figsize=(12, 8))
# 设置标题
plt.title("2021 年按季度计算实付总额")
# 设置 x 轴标签，参数 labelpad 表示标签和坐标轴的距离，单位为磅
plt.xlabel("季度", labelpad=12)
# 设置 y 轴标签，参数 labelpad 表示标签和坐标轴的距离，单位为磅
plt.ylabel("实付总额", labelpad=12)
# 设置坐标轴的刻度
plt.xticks(np.arange(1, 5), ["第 1 季度", "第 2 季度", "第 3 季度", "第 4 季度"])
plt.yticks(np.arange(1000, 9000, 1000),
           ["1000 元", "2000 元", "3000 元", "4000 元",
            "5000 元", "6000 元", "7000 元", "8000 元"]) # ①
# 绘制柱形图
plt.bar("季度", "实付总额", data=quarter_view)
# 显示图表
plt.show()
```

注意代码①，这里使用了 NumPy 的 arange()函数，该函数与常用的 range()函数是相近的，不难理解。xticks()函数设置 x 轴的刻度和标签，yticks()函数设置 y 轴的刻度和标签。运行代码，可以得到图 9-5 所示的结果。

从图 9-5 中可以看出，坐标轴的刻度和标签已经设置好了（由于 Python 的特性，y 轴不显示"8000元"刻度）。

> ⚠️ **NumPy 的 arange()函数**
> 　　NumPy 的 arange()函数是一个与 range()函数相近的函数，而它的功能更为强大。range()函数只支持整数，不支持浮点数；arange()函数不但支持整数，还支持浮点数。在绘制图表时，arange()函数是一个十分常用的函数，它有以下 3 个参数。
> - start：初始值，指定的数据范围包含初始值，可以是整数或者浮点数。
> - stop：结束值，指定的数据范围不包含结束值，可以是整数或者浮点数。
> - step：步长，可以是整数或者浮点数。

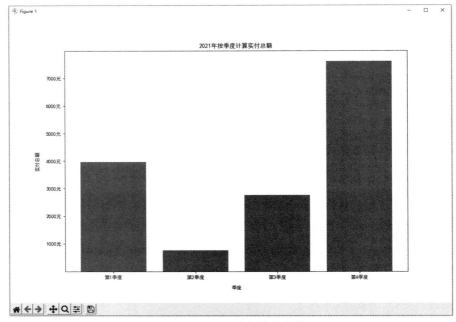

图 9-5　坐标轴的刻度和标签

9.1.3　给图表添加文本标签和注释

回到图 9-3，从图中读出实付总额的具体数值显然很困难，因此需要在图表中加入文本标签和注释，让图表更直观。加入文本标签使用的是 text() 函数，比如可以在图 9-5 中加入数字标签，以便观察到更为精确的数据，此时只需要在 9.1.2 节的代码①后添加如下代码：

```
# 遍历分组的数据
for quarter, amount in zip(quarter_view["季度"], quarter_view["实付总额"]):
    # 第一个参数是 x 轴坐标，第二个参数是 y 轴坐标，第三个参数是标签文本（字符串）
        plt.text(quarter, amount, str(amount))
```

注意加粗的代码，这里使用的是 text() 函数，它有 3 个参数：前两个参数用于定位标签，也就是确定放置标签的坐标轴位置；最后一个参数是字符串类型的标签文本。运行代码，可以得到图 9-6 所示的结果。

从图 9-6 中可以看出，柱形图中的文本标签标出了精确的数值。上述的代码中还使用了一个常用的函数 zip()，它的参数都是可迭代对象，它会将这些可迭代对象打包成元组数组，示例如下：

```
x = ["a", "b", "c"]
y = ["A", "B", "C"]
z = ["1", "2", "3"]
# 获取 zip 对象
zip1 = zip(x, y)
zip2 = zip(x, y , z)
```

```
# 将 zip 对象转换为列表和集合
print(list(zip1))
print(set(zip2))
```

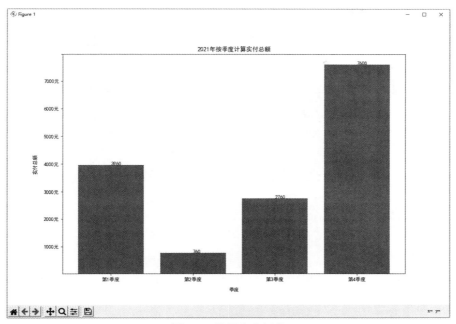

图 9-6　设置文本标签

这里的 zip()函数可以将多个可迭代对象对应下标的元素组成一个个元组，然后返回 zip 对象。使用 list()函数或者 set()等函数就可以将 zip 对象转换为列表或者集合对象。运行代码，可以得到以下结果：

```
[('a', 'A'), ('b', 'B'), ('c', 'C')]
{('a', 'A', '1'), ('c', 'C', '3'), ('b', 'B', '2')}
```

由此可见，使用 zip()函数可以将两个或两个以上的可迭代对象对应下标的元素绑定为一个元组。

如果要计算季度平均实付总额，那么需要用到文本注释，可以用 annotate()函数实现。下面先计算季度平均实付总额，然后在图表中标出。

```
# 计算平均值
avg = quarter_view["实付总额"].mean()
# 这里的两个参数中，第一个是注释文本，第二个是元组，用于设置 x 轴和 y 轴的坐标
plt.annotate("平均值为"+str(avg), (2.5, avg))
```

加粗的代码使用了 annotate()函数设置文本注释，第一个参数是文本内容，第二个参数是一个元组，通过它可以定位到坐标轴中的位置，以确定在哪里添加文本注释。运行代码，可以得到图 9-7 所示的结果。

从图 9-7 中可以看出，已经用文本注释标注出了平均值。

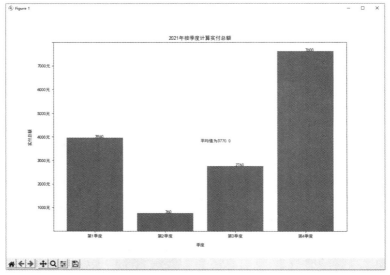

图 9-7　用文本注释标注平均值

9.1.4　设置网格

在观察柱形图数值的时候，使用网格会更方便，所以设置网格是有必要的，在绘制图表时使用 grid()函数就可以了。在图 9-7 的基础上添加如下代码，就可以显示网格了：

```
# 添加网格，这里需要设置参数 visible 为 True
plt.grid(visible=True)
```

只需要在 grid()函数中设置参数 visible 为 True，就可以显示网格了。运行代码，可以得到图 9-8 所示的结果。

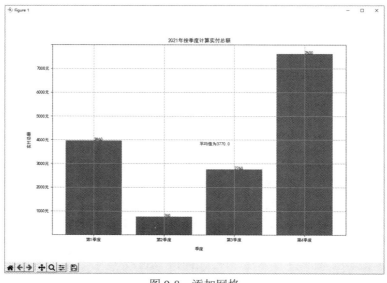

图 9-8　添加网格

在图 9-8 中，可以看到网格已经展示出来了。由于图中只对柱形进行对比，因此在 x 轴刻度方向的网格线是不需要的，只显示 y 轴刻度方向的网格线即可。此时可以使用参数 axis，它允许设置 3 个值。

（1）x：只显示 x 轴刻度方向的网格线。

（2）y：只显示 y 轴刻度方向的网格线。

（3）both：默认值，同时显示 x 轴和 y 轴刻度方向的网格线。

只要对代码做如下修改，就能只显示 y 轴刻度方向的网格线了：

```
# 添加网格，设置参数 visible 为 True，参数 axis 设置为 "y"，则只显示 y 轴刻度方向的网格线
plt.grid(visible=True, axis="y")
```

运行代码，可以得到图 9-9 所示的结果。

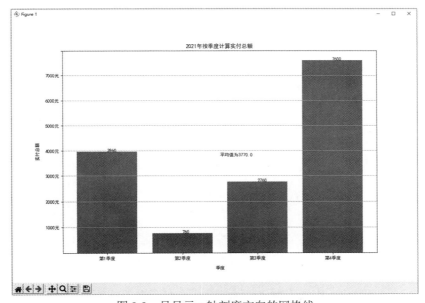

图 9-9　只显示 y 轴刻度方向的网格线

在图 9-9 中，只显示了 y 轴刻度方向的网格线，这样的网格看起来相对清爽，也方便我们对照刻度来观察数据。

9.1.5　同比柱形图和图例的使用

在进行统计分析时，对比数据是十分常见的操作，其中又以同比和环比最为常见，因此在实践中经常用柱形图进行同比和环比分析。下面对 2021 年和 2022 年各个季度的实付总额进行同比分析，并绘制柱形图进行对比。为了更好地组织代码，这里先创建一个文件 sale_details_analysis.py，然后在其中编写如下代码：

```
import numpy as np


def get_sale_details_by_year(sale_details, year):
    """
```

```
    获取对应年份有效的（即订单状态为 1 的）销售明细数据
    :param sale_details: 销售明细数据
    :param year 年份
    :return: 对应年份的有效销售数据
    """
    sale_details_year = sale_details[
        (sale_details["订单状态"] == "1") & (sale_details["交易日期"].dt.year == year)]
    # 给每行数据添加季度
    sale_details_year.insert(0, "季度", sale_details_year["交易日期"].dt.quarter)
    return sale_details_year


def analysis_by_quarter(sale_details):
    """
    根据销售明细，按季度进行统计分析
    :param sale_details: 某年带"季度"列的订单数据
    :return: 按季度统计分析的结果
    """
    # 设置统计方式
    methods = {
        # np.count_nonzero: 求笔数
        "订单编号": np.count_nonzero,
        # np.sum: 求和
        "商品数量": np.sum,
        # np.sum: 求和
        "商品总定价": np.sum, "优惠金额": np.sum, "实际交易金额": np.sum}
    # 按季度分组统计
    quarter_view = sale_details.groupby("季度").agg(methods)
    # 重置索引
    quarter_view.reset_index(inplace=True)
    # 重命名列名
    quarter_view.rename(
        columns={"订单编号": "订单笔数", "商品数量": "商品总件数",
                 "商品总定价": "商品定价总额", "优惠金额": "优惠总额",
                 "实际交易金额": "实付总额"}, inplace=True)
    return quarter_view
```

上述代码中，get_sale_details_by_year()函数获取某年的销售明细数据；analysis_by_quarter()函数根据某年的销售明细数据进行分组统计。下面绘制同比柱形图来对比数据，如代码清单 9-3 所示：

代码清单 9-3　使用柱形图对比 2021 年和 2022 年的商品季度实付总额

```
# 导入 Matplotlib 库的 pyplot 模块
import matplotlib.pyplot as plt
import numpy as np
import read_files as rf
import sale_details_analysis as sda

""" 第一步：分组统计 """
# 读取销售明细表数据
sale_details = rf.read_sales_details("销售明细表")
# 获取有效的年份数据
sale_details_2021 = sda.get_sale_details_by_year(sale_details, 2021)
sale_details_2022 = sda.get_sale_details_by_year(sale_details, 2022)
# 按季度对年份数据进行统计分析
quarter_view_2021 = sda.analysis_by_quarter(sale_details_2021)
quarter_view_2022 = sda.analysis_by_quarter(sale_details_2022)
```

```
""" 第二步：绘制图表 """
# 指定默认字体为 SimHei，以避免中文乱码现象
plt.rcParams["font.sans-serif"] = ['SimHei']
# 正常显示负号
plt.rcParams["axes.unicode_minus"] = False
# 设置画布大小
plt.figure(figsize=(12, 8))
# 设置标题
plt.title("2021 年和 2022 年季度实付总额同比柱形图")
plt.xlabel("季度", labelpad=14)
plt.ylabel("实付总额", labelpad=14)
# 设置坐标轴的刻度
plt.xticks(np.arange(1, 5), ["第 1 季度", "第 2 季度", "第 3 季度", "第 4 季度"])
plt.yticks(np.arange(1000, 9000, 1000),
           ["1000 元", "2000 元", "3000 元", "4000 元",
            "5000 元", "6000 元", "7000 元", "8000 元"])
# 绘制柱形图      ①
plt.bar(quarter_view_2021["季度"] - 0.2,
        quarter_view_2021["实付总额"], width=0.4)
plt.bar(quarter_view_2022["季度"] + 0.2,
        quarter_view_2022["实付总额"], width=0.4)
# 添加文本标签，在图中标明精确数据
for quarter, data_2021, data_2022 in zip(quarter_view_2021["季度"],
        quarter_view_2021["实付总额"], quarter_view_2022["实付总额"]):
    plt.text(quarter - 0.2, data_2021, str(data_2021))
    plt.text(quarter + 0.2, data_2022, str(data_2022))
# 使用 show() 函数显示图表
plt.show()
```

运行代码，可以得到图 9-10 所示的结果。

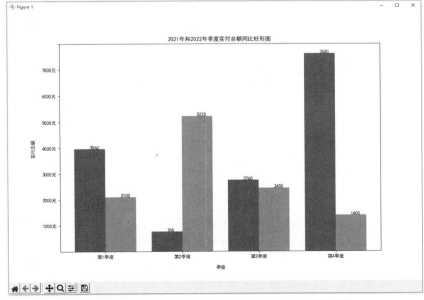

图 9-10　2021 年和 2022 年季度实付总额同比柱形图

从图 9-10 可以看出，2021 年和 2022 年各个季度的数据已经显示在柱形图中，通过柱形图可以很轻松地对比两年中各个季度的实付总额。上述代码各行的功能已经在注释中写清楚了，这里只讨论代码①处的内容。请注意这两个柱形图的 *x* 轴定位分别为 "quarter_view_2021["季度"] − 0.2" 和 "quarter_view_2022["季度"] + 0.2"，下面以第 2 季度为例进行讨论，如图 9-11 所示。

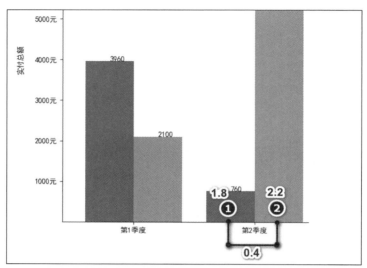

图 9-11　分析柱形图的 *x* 轴坐标和宽度

在图 9-11 中，如果以第 2 季度计算，那么 *x* 轴的坐标就是 2，这样 2021 年数据的 *x* 轴坐标就是 1.8，也就是①处，同理，2022 年数据的 *x* 轴坐标就是 2.2，也就是②处。2021 年和 2022 年柱形图的间距为 0.4，所以 bar()函数通过参数 width 指定宽度为 0.4，这样两个柱形就会紧挨在一起了。第 1 季度、第 3 季度和第 4 季度同理。

回到图 9-10，如果不标明柱形的颜色，可能就无法分辨哪个颜色的柱形表示 2021 年的数据，哪个颜色的柱形表示 2022 年的数据。为了解决这个问题，可以使用图例，对代码①做如下修改：

```
# 绘制柱形图
plt.bar(quarter_view_2021["季度"] - 0.2,  quarter_view_2021["实付总额"],
        # 参数 label 表示在图例显示的标签
        label="2021 年实付总额", width=0.4)
plt.bar(quarter_view_2022["季度"] + 0.2, quarter_view_2022["实付总额"],
        label="2022 年实付总额", width=0.4)
# 显示图例
plt.legend()
```

注意加粗的代码，在使用 bar()函数绘制柱形图时，先用参数 label 指定图例的标签，然后调用 legend()函数显示图例。再次运行代码，可以得到图 9-12 所示的结果。

注意图 9-12 左上角的图例，通过图例就可以知道哪种颜色的柱形表示什么数据了。这里图例的位置是 Matplotlib 自动分配的，如果需要自定义图例位置，则可以通过 legend()函数的参数 loc 来指定。loc 可以是整数，也可以是字符串，它的取值范围如表 9-1 所示。

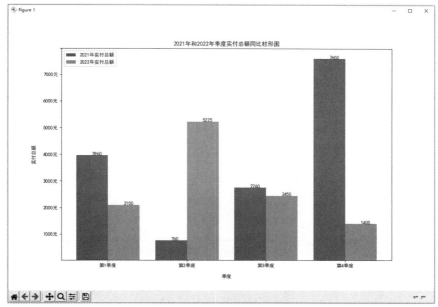

图 9-12　绘制图例

表 9-1　legend()函数的参数 loc 的取值范围

整数编码	参数字符串	描述
0	best	默认值，程序自动选取最佳位置显示图例
1	upper right	在右上方显示图例
2	upper left	在左上方显示图例
3	lower left	在左下方显示图例
4	lower right	在右下方显示图例
5	right	在右侧显示图例
6	center left	在中间左侧显示图例
7	center right	在中间右侧显示图例
8	lower center	在底部中间位置显示图例
9	upper center	在顶部中间位置显示图例
10	center	在中间位置显示图例

在默认情况下，参数 loc 的默认值是 best，表示程序会自动选取最佳的位置来展示图例，当然也可以设置为其他值：

```
# 显示图例，并通过参数 loc 指定图例的位置，这个参数可以是字符串也可以是数字
plt.legend(loc="center")
# plt.legend(loc=10)
```

从上述代码中可以看出，既可以使用字符串，也可以使用数字来指定图例的位置，但是更建议使用字符串，因为这样可读性更强。

9.1.6 温度计图

温度计图可以用来展现工作或项目的进度，也可以用来对比定价和实付价，这种图不仅美观而且便于快速对比数据。比如图 9-13 就是典型的温度计图，它展示了计划销售金额和当前完成进度。

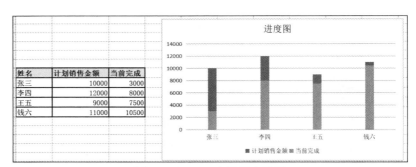

图 9-13 Excel 中的温度计图

下面绘制基于季度汇总的商品总定价和实付总额温度计图，如代码清单 9-4 所示：

代码清单 9-4 使用温度计图对比商品总定价和实付总额

```python
# 导入 Matplotlib 库的 pyplot 模块
import matplotlib.pyplot as plt
import numpy as np
import read_files as rf
import sale_details_analysis as sda


""" 第一步：分组统计 """
# 读取销售明细表数据
sale_details = rf.read_sales_details("销售明细表")
# 获取有效的年份数据
sale_details_2021 = sda.get_sale_details_by_year(sale_details, 2021)
# 按季度对年份数据进行统计分析
quarter_view_2021 = sda.analysis_by_quarter(sale_details_2021)

""" 第二步：绘制图表 """
# 指定默认字体为 SimHei，以避免中文乱码现象
plt.rcParams["font.sans-serif"] = ['SimHei']
# 正常显示负号
plt.rcParams["axes.unicode_minus"] = False
# 设置画布大小
plt.figure(figsize=(12, 8))
# 设置图表和坐标轴的标题
plt.title("2021 年商品总定价和实付总额温度计图")
plt.xlabel("季度", labelpad=12)
plt.ylabel("金额", labelpad=12)
# 设置坐标轴的刻度
plt.xticks(np.arange(1, 5), ["第 1 季度", "第 2 季度", "第 3 季度", "第 4 季度"])
plt.yticks(np.arange(1000, 10000, 1000),
           ["1000 元", "2000 元", "3000 元", "4000 元",
            "5000 元", "6000 元", "7000 元", "8000 元", "9000 元"])
# 绘制商品定价总额和实付总额柱形图      ①
plt.bar(quarter_view_2021["季度"],
```

```
                quarter_view_2021["商品定价总额"], label="商品总定价")
plt.bar(quarter_view_2021["季度"],
                quarter_view_2021["实付总额"], label="实付总额")
# 标出文本标签
for quarter, price, amt in zip(quarter_view_2021["季度"],
        quarter_view_2021["商品定价总额"], quarter_view_2021["实付总额"]):
    plt.text(quarter, price, str(price))
    plt.text(quarter, amt, str(amt))
# 显示图例
plt.legend()
# 使用 show()函数显示图表
plt.show()
```

注意加粗的代码，先绘制商品总定价的柱形图，再绘制实付总额的柱形图，这个顺序不能改变，因为后面绘制的图表会覆盖前面绘制的图表。运行代码，可以得到图 9-14 所示的结果。

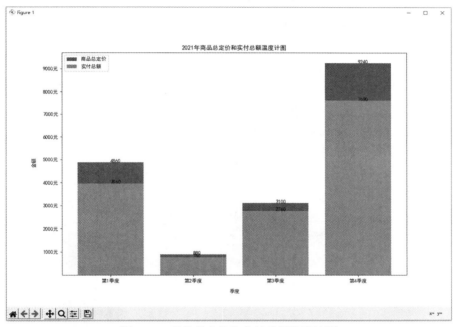

图 9-14　商品总定价和实付总额温度计图

> ⚠ **绘制图表的代码基本都是类似的**
>
> 　　到了数据可视化部分，代码明显比之前要长多了，很多初学者可能开始觉得有些难度了。不过如果认真地厘清了代码逻辑，你就会发现其中真正复杂的逻辑只有一两个。大部分绘制图表的代码是可以复用的，只要根据需要调整参数即可。比如设置图表标题、设置坐标轴标题和刻度、绘制文本标签、显示图例等，只需要根据业务需求来修改参数。

9.1.7　数据表

回看图 9-14，你会发现有些标签重合在一起影响图表外观，因此有时候使用数据表会更加合理。

在图表中加入数据表可以使用 table()函数,下面基于 9.1.6 节的代码,先删除添加文本标签的代码(即 plt.text()函数的代码),然后加入添加数据表的代码:

```
# 以季度作为列标签
quarters = ["第1季度", "第2季度", "第3季度", "第4季度"]
# 需要显示的数据
table_data = [
    quarter_view_2021["商品定价总额"],
    quarter_view_2021["实付总额"]
]
# 表格行标签
row_labels = ["商品总定价", "实付总额"]
plt.table(cellText=table_data, # 需要显示的数据
          rowLabels=row_labels, # 行标签
          loc="upper center", # 表格位置
          colWidths=[0.1 for x in quarters], # 每列的大小为 0.1,表示占据图表总长度的 1/10
          colLabels=quarters # 列标签
          )
# 显示图例,并通过参数 loc 指定图例的位置,这个参数可以是字符串也可以是数字
plt.legend(loc="center")
# 使用 show()函数显示图表
plt.show()
```

加粗的代码就是绘制数据表的代码,数据表的主要内容是行和列,所以需要指定行标签(rowLabels)、列标签(colLabels),以及需要显示的数据(cellText)和其他参数,具体内容已经在代码注释中写清楚了。运行代码,可以得到图 9-15 所示的结果。

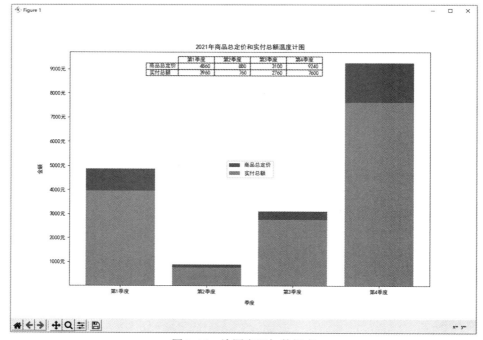

图 9-15　给图表添加数据表

9.2 绘制常见的图表

本章的开头讲过柱形图、折线图、条形图和饼图是最常用的图表，到这里，柱形图已经介绍完了。除了这 4 种最常用的图表，图表类型还包括拉箱图、雷达图、散点图和面积图等。不过基于实用的原则，本节将只介绍折线图、条形图、饼图和雷达图，因为它们的使用率比较高。

9.2.1 折线图

折线图可以显示随时间（根据常用比例设置）变化的连续数据，因此非常适用于显示在相等时间间隔的情况下数据的变化趋势。绘制折线图所用的是 Matplotlib 中的 plot() 函数，下面绘制 2021 年和 2022 年按季度统计的实付总额折线图，如代码清单 9-5 所示：

代码清单 9-5 绘制 2021 年和 2022 年按季度统计的实付总额折线图

```
# 导入 Matplotlib 库的 pyplot 模块
import matplotlib.pyplot as plt
import numpy as np
import pandas as pd

import read_files as rf
import sale_details_analysis as sda

""" 第一步：分组统计 """
# 读取销售明细表数据
sale_details = rf.read_sales_details("销售明细表")
# 获取有效的年份数据
sale_details_2021 = sda.get_sale_details_by_year(sale_details, 2021)
# 按季度对年份数据进行统计分析
quarter_view_2021 = sda.analysis_by_quarter(sale_details_2021)
# 获取有效的年份数据
sale_details_2022 = sda.get_sale_details_by_year(sale_details, 2022)
# 按季度对年份数据进行统计分析
quarter_view_2022 = sda.analysis_by_quarter(sale_details_2022)

""" 第二步： 绘制图表 """
# 指定默认字体为 SimHei，以避免中文乱码现象
plt.rcParams["font.sans-serif"] = ['SimHei']
# 正常显示负号
plt.rcParams["axes.unicode_minus"] = False
# 设置画布大小
plt.figure(figsize=(12, 8))
# 设置图表和坐标轴的标题
plt.title("2021 年和 2022 年实付总额折线图")
plt.xlabel("季度", labelpad=12)
plt.ylabel("金额", labelpad=12)
# 设置坐标轴的刻度
plt.xticks(np.arange(1, 5), ["第 1 季度", "第 2 季度", "第 3 季度", "第 4 季度"])
plt.yticks(np.arange(1000, 9000, 1000),
           ["1000 元", "2000 元", "3000 元", "4000 元",
            "5000 元", "6000 元", "7000 元", "8000 元"])
# 绘制 2021 年和 2022 年实付总额折线图
plt.plot("季度", "实付总额", data=quarter_view_2021, label="2021 年实付总额")
plt.plot("季度", "实付总额", data=quarter_view_2022, label="2022 年实付总额")
```

```
# 标出文本标签
for quarter, data1, data2 in zip(quarter_view_2021["季度"],
        quarter_view_2021["实付总额"], quarter_view_2022["实付总额"]):
    plt.text(quarter, data1, str(data1))
    plt.text(quarter, data2, str(data2))
# 显示图例
plt.legend()
# 使用 show() 函数显示图表
plt.show()
```

注意上述代码中加粗的 plot()函数，它就是用来绘制折线图的。运行代码，可以得到图 9-16 所示的结果。

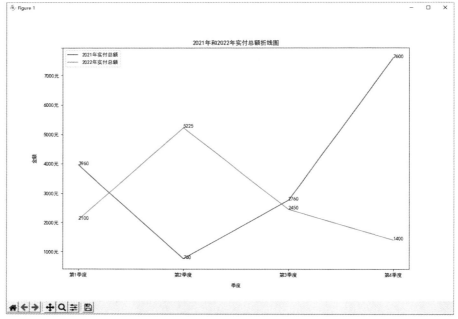

图 9-16　绘制折线图

图 9-16 中，折线图的线型为实线，折点标记并不明显，也不美观。可以选择折线的线型，比如虚线或者点线等；此外还可以选择折点标记，比如选择某种图形可使折线图更美观。下面基于绘制图 9-16 的代码来选择折点标记和线型，修改 plot()函数的代码：

```
# 绘制 2021 年和 2022 年实付总额折线图
plt.plot("季度", "实付总额", data=quarter_view_2021, label="2021 年实付总额",
        # linestyle 指定线型为点线，marker 指定折点标记为五角星，color 指定颜色为蓝色
        linestyle="-.", marker="*", color="b")
plt.plot("季度", "实付总额", data=quarter_view_2022, label="2022 年实付总额",
        # linestyle 指定线型为虚线，marker 指定折点标记为上三角，color 指定颜色为红色
        linestyle="--", marker="^", color="r")
```

上述代码中，参数 linestyle 指定线型，参数 marker 指定折点标记，参数 color 指定折线的颜色。运行代码，可以得到图 9-17 所示的结果。

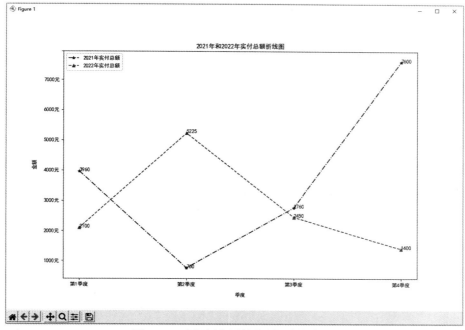

图 9-17　选择折线图的线型和折点标记

从图 9-17 中可以看出，折线图的线型和折点标记都已经修改了。折线图的线型可选择"-""--"
"-."":""None"" """"solid""dashed""dashdot""dotted"。可选择的折点标记如表 9-2 所示。

表 9-2　可选择的折点标记（marker）

标记	描述	标记	描述
.	点标记	*	五角星标记
o	实心圆 Juana 标记	h	六边形标记
v	倒三角标记	+	+号标记
^	上三角标记	x	×号标记
<	左三角标记	D	大菱形标记
>	右三角标记	d	小菱形标记
s	正方形标记	_	下画线标记
p	五边形标记	|	竖线标记

9.2.2　条形图

条形图是用宽度相同的条形的高度或长短来表示数值大小的图形。条形图还可以纵置，也就是
将条形图的 x 轴和 y 轴互换位置，条形图纵置后就变成了柱形图了。绘制条形图所用的是 Matplotlib 中
的 barh() 函数，下面将图 9-10 的柱形图进行纵置，就变成了条形图，如代码清单 9-6 所示：

代码清单 9-6　使用条形图对比 2021 年和 2022 年季度实付总额

```
# 导入 Matplotlib 库的 pyplot 模块
import matplotlib.pyplot as plt
import numpy as np
import read_files as rf
import sale_details_analysis as sda

""" 第一步：分组统计 """
# 读取销售明细表数据
sale_details = rf.read_sales_details("销售明细表")
# 获取有效的年份数据
sale_details_2021 = sda.get_sale_details_by_year(sale_details, 2021)
sale_details_2022 = sda.get_sale_details_by_year(sale_details, 2022)
# 按季度对年份数据进行统计分析
quarter_view_2021 = sda.analysis_by_quarter(sale_details_2021)
quarter_view_2022 = sda.analysis_by_quarter(sale_details_2022)

""" 第二步：绘制图表 """
# 指定默认字体为 SimHei，以避免中文乱码现象
plt.rcParams["font.sans-serif"] = ['SimHei']
# 正常显示负号
plt.rcParams["axes.unicode_minus"] = False
# 设置画布大小
plt.figure(figsize=(9, 6))
# 设置标题
plt.title("2021 年和 2022 年季度实付总额同比条形图")
plt.xlabel("金额", labelpad=12)
plt.ylabel("季度", labelpad=12)
# 设置坐标轴的刻度
plt.yticks(np.arange(1, 5), ["第 1 季度", "第 2 季度", "第 3 季度", "第 4 季度"])
plt.xticks(np.arange(1000, 9000, 1000),
           ["1000 元", "2000 元", "3000 元", "4000 元",
            "5000 元", "6000 元", "7000 元", "8000 元"])
# 绘制条形图        ①
plt.barh(quarter_view_2021["季度"] - 0.2, quarter_view_2021["实付总额"],
         height=0.4, label="2021 年实付总额")
plt.barh(quarter_view_2022["季度"] + 0.2, quarter_view_2022["实付总额"],
         height=0.4, label="2022 年实付总额")
# 添加文本标签，在图中标明精确数据
for quarter, data_2021, data_2022 in zip(quarter_view_2021["季度"],
             quarter_view_2021["实付总额"], quarter_view_2022["实付总额"]):
    plt.text(data_2021, quarter - 0.2, str(data_2021))
    plt.text(data_2022, quarter + 0.2, str(data_2022))
# 显示图例
plt.legend()
# 使用 show() 函数显示图表
plt.show()
```

代码①处的 barh() 函数用于绘制条形图。在 barh() 中，第一个参数是 y 轴坐标，用于指定季度；第二个参数是 x 轴坐标，用于指定长度（width），实际上就是金额；第三个参数 height 是条形图的条高。运行代码，可以得到图 9-18 所示的结果。

从图 9-18 中可以看出，条形图已经绘制完成，而条形图与柱形图类似，只是将 x 轴和 y 轴互换了位置而已。

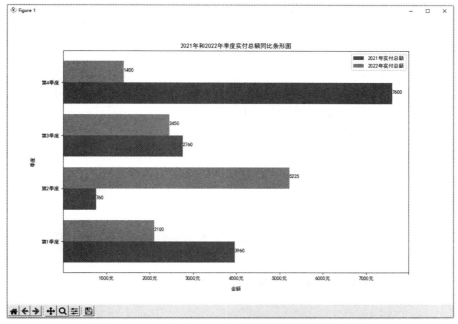

图 9-18　2021 年和 2022 年季度实付总额同比条形图

9.2.3　饼图

饼图又称为圆饼图、圆形图等，利用圆形及圆内扇形面积来表示数值大小，是用于表达整体和部分的关系的图表。饼图既能表示部分的大小，也能表示各个部分占整体的比例。下面统计销售明细表中订单的各个支付渠道的交易占比，请注意这里的占比主要是笔数而不是金额。为此在文件 sale_details_analysis.py 中新增以下代码：

```
def by_channels(sale_details):
    """
    按支付渠道进行汇总
    :param sale_details: 销售明细数据
    :return: 按支付渠道进行汇总的数据
    """
    # 设置统计方式
    methods = {
        # np.count_nonzero: 求笔数
        "订单编号": np.count_nonzero,
        # np.mean: 求平均值
        "商品数量": np.sum,
        # np.sum: 求和
        "商品总定价": np.sum, "优惠金额": np.sum, "实际交易金额": np.sum}
    # 根据支付渠道汇总数据
    result = sale_details[
        sale_details["订单状态"] == "1"].groupby("支付渠道").agg(methods)
    # 重置索引
    result.reset_index(inplace=True)
    # 修改列名
    result.rename(columns={"支付渠道": "渠道编号", "订单编号": "订单笔数",
```

```
                                "商品数量": "商品总件数", "商品总定价": "商品定价总额",
                                "优惠金额": "优惠总额", "实际交易金额": "实付总额"}, inplace=True)
     # 渠道名称
     channel_names = pd.Series([])
     # 设置渠道名称
     for idx in range(result.shape[0]):
         if result.loc[idx]["渠道编号"] == "1":
             channel_names[idx] = "微信"
         elif result.loc[idx]["渠道编号"] == "2":
             channel_names[idx] = "支付宝"
         elif result.loc[idx]["渠道编号"] == "3":
             channel_names[idx] = "储蓄卡"
         else:
             channel_names[idx]= "信用卡"
     # 插入渠道名称列
     result.insert(1, "渠道名称", channel_names)
     return result
```

这样按支付渠道进行汇总的代码就编写好了。下面来绘制饼图，绘制饼图的函数是 pie()，如代码清单 9-7 所示：

代码清单 9-7 使用饼图统计按支付渠道分组的订单笔数

```
import matplotlib.pyplot as plt
import read_files as rf
import sale_details_analysis as sda

""" 第一步：统计分析 """
# 读取销售明细表数据
sale_details = rf.read_sales_details("销售明细表")
channel_data = sda.by_channels(sale_details)

""" 第二步：绘制图表"""
# 正常显示中文
plt.rcParams['font.sans-serif'] = 'Microsoft YaHei'
# 设置画布大小
plt.figure(figsize=(8, 6))
# 设置图表标题
plt.title("支付渠道占比饼图")
# 绘制饼图 ①
plt.pie("订单笔数",                    # 构成饼图的数据
        labels="渠道名称",             # 饼图各部分的标签
        data=channel_data,            # 数据源
        autopct='%.2f%%')             # 各部分的百分比显示格式，该写法表示保留两位小数
# 显示图表
plt.show()
```

注意代码①，这里的 pie()函数用于绘制饼图，第一个参数表示各部分的数据为订单笔数；参数 labels 表示各部分的标签；参数 data 表示数据源；参数 autopct 设置为 "%.2f%%"，表示占比是保留两位小数的百分比数。运行代码，可以得到图 9-19 所示的结果。

有时候需要修改占比数字和饼图各部分标签的位置。比如，可以对代码①做如下修改，从而改变占比数字和各部分标签显示的位置：

```
# 绘制饼图
plt.pie("订单笔数",                    # 构成饼图的数据
```

```
labels="渠道名称",        # 饼图各部分的标签
data=channel_data, # 数据源
pctdistance=0.4,   # 百分比与圆心的距离为0.4，默认为0.5
labeldistance=0.8,   # 标签与圆心的距离为0.8，默认为1.1
autopct='%.2f%%')              #各部分的百分比显示格式，该写法表示保留两位小数
```

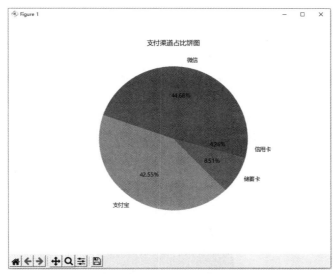

图 9-19 支付渠道占比饼图

　　注意加粗的代码，参数 pctdistance 表示百分比与圆心的距离，这里以圆的半径为单位"1"，0.4 表示在距离圆心 2/5 半径处显示百分比；参数 labeldistance 指定各部分标签与圆心的距离，这里为 0.8，表示在距离圆心 4/5 半径处显示各部分的标签。运行代码，可以得到图 9-20 所示的结果。

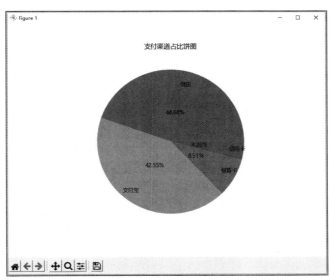

图 9-20 指定百分比和各部分标签的位置

从图 9-20 中可以看出，百分比和各部分标签的位置已经指定成功了。如果需要强调某一部分，比如在图 9-20 中，要强调信用卡部分的占比过低，就可以使信用卡部分脱离圆心。使用参数 explode 可以指定饼图各部分与圆心的距离。下面修改 pie() 函数来调整信用卡部分与圆心的距离：

```
# 绘制饼图  ①
plt.pie("订单笔数",                    # 构成饼图的数据
        labels="渠道名称",             # 饼图各部分的标签
        data = channel_data,  # 数据源
        pctdistance=0.4,    # 百分比与圆心的距离为 0.4
        labeldistance=0.8,  # 标签与圆心的距离为 0.8
        explode=[0, 0, 0, 0.2],  # 指定各部分与圆心的距离
        autopct='%.2f%%')            # 各部分的百分比显示格式，该写法表示保留两位小数
```

注意加粗的代码，参数 explode 是一个列表，它指定了 4 个部分与圆心的距离，这里的 0.2 表示在距圆心 1/5 半径的位置绘制信用卡部分。运行代码，可以得到图 9-21 所示的结果。

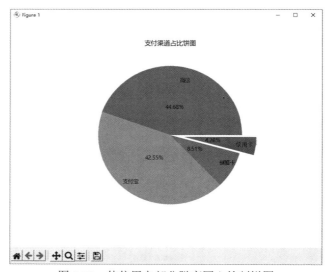

图 9-21　使信用卡部分脱离圆心绘制饼图

从图 9-21 中可以看出，信用卡部分已经脱离了圆心，被突出显示，从而达到了强调的效果。

9.2.4　雷达图

雷达图的用途是从不同维度评价某个人或某个事物。在销售员信息表中，有 5 列是销售员的技能值，如图 9-22 所示。

A	B	C	D	E	F	G	H	I	J	K	L
职员编号	姓名	性别	手机号码	出生日期	入职时间	职务	亲和力	口才	经验	专业能力	学习能力
S0001	张三	男	13699999999	1993/9/8	2015/1/2	中级经销员	85	86	90	92	95
S0002	李四	女	13799999999	1996/3/2	2017/8/21	初级经销员	80	80	86	78	93
S0003	钱五	女	13899999999	1990/11/9	2014/10/11	高级经销员	88	90	99	96	92
S0004	赵六	男	13999999999	1994/6/9	2020/12/12	实习生	62	66	64	70	85

图 9-22　销售员能力值

图 9-22 中的技能值是对销售员不同维度的能力的评价，此时使用雷达图进行展示比较合适。不

过在绘制雷达图前，需要先了解极坐标的概念，如图 9-23 所示。

极坐标系是一个以原点为圆心（图 9-23 中 O 点为圆心）的坐标系，它的刻度为以 O 点为圆心的一个个同心圆，数据点通过角度和同心圆半径来定位，这样数据点就可以分布在同心圆半径上。下面以图 9-23 中的 A 点和 B 点为例。

- A 点的定位：角度为 $45°$（用弧度表示为 $\pi/4$），同心圆半径为 0.6。
- B 点的定位：角度为 $270°$（用弧度表示为 $3\pi/2$），同心圆半径为 0.8。

这样就能够定位到具体的数据点了。

下面绘制销售员的技能雷达图，如代码清单 9-8 所示：

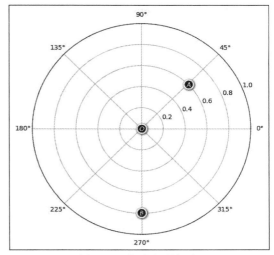

图 9-23　极坐标的概念

代码清单 9-8　绘制销售员的技能雷达图

```python
import matplotlib.pyplot as plt
import numpy as np
import read_files as rf

""" 第一步：读取和分析数据 """
# 读取销售员信息表数据
salemans = rf.read_saleman("销售员信息表")
skill_titles = ["亲和力", "口才", "经验", "专业能力", "学习能力"]
# 获取销售员张三和赵六的技能值        ①
skills_zs = salemans.loc[0][skill_titles]
skills_zl = salemans.loc[3][skill_titles]

""" 第二步：绘制雷达图 """
# 指定默认字体为 SimHei，以避免中文乱码现象
plt.rcParams["font.sans-serif"] = ['SimHei']
# 正常显示负号
plt.rcParams["axes.unicode_minus"] = False
# 创建极坐标
fig, ax = plt.subplots(subplot_kw={'projection': 'polar'})   # ②
plt.title("张三和赵六技能雷达图")

"""
切分角度，函数 linspace() 将区间[0，2π]按各个技能数进行等分切分
参数 endpoint 的默认值为 True，这里设置为 False，则数列包含 stop 值（这里为 2π），反之不包含
技能有 5 个，第 1 个的角度为 0，第 2 个的角度为 2π/5，第 3 个的角度为 4π/5，第 4 个的角度为 6π/5，
第 5 个的角度为 8π/5

如果 endpoint 设置为 True，那么第 1 个的角度为 0，第 2 个的角度为 π/2，第 3 个的角度为 π，
第 4 个的角度为 3π/2，第 5 个的角度为 2π，而 0 和 2π 实际是重合的，这样技能数就不对了
"""
theta = np.linspace(0, 2 * np.pi, len(skill_titles), endpoint=False)   # ③
# 设置图表大小，单位为英寸
fig.set_size_inches(8, 6)
```

```
# 设置极坐标半径的最大值为 100
ax.set_rmax(100)
# 设置 x 轴刻度上的标签
plt.xticks(theta, skill_titles)  # ④

# 绘制销售员张三和赵六的技能雷达图 # ⑤
ax.plot(theta, skills_zs, marker="*", label="张三技能")
ax.plot(theta, skills_zl, marker="^", label="赵六技能")
# 设置文本标签
for ang, skill_val, skill_val2 in zip(theta, skills_zs, skills_zl):
    plt.text(ang, skill_val, str(skill_val))
    plt.text(ang, skill_val2, str(skill_val2))
# 显示图例
plt.legend()
# 显示图表
plt.show()
```

这里的代码比较长，有一定的难度，下面分开来讲解。代码①获取需要绘制雷达图的数据；代码②创建极坐标，返回图表对象 fig 和极坐标对象 ax；代码③使用 linspace()函数将区间[0, 2π]按技能数平均切分，具体可参考代码注释；代码④设置半径的最大刻度为 100，xticks()函数设置 x 轴刻度上的标签；代码⑤绘制数据点，第一个参数是角度，第二个参数是同心圆的半径，从而确定数据点的位置，而参数 marker 表示数据点的标记，可选择的标记可参考表 9-2，在极坐标下，会自动将数据点用直线连接起来。运行代码，可以得到图 9-24 所示的结果。

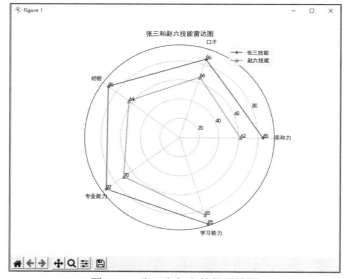

图 9-24　张三和赵六技能雷达图

从图 9-24 中可以看出，雷达图上的连线并没有形成闭环，为了实现闭环，在绘制数据点时，应该让第一个数据点的坐标和最后一个数据点的坐标相同。为了做到这一点，修改代码①和⑤处：

```
...
# 获取销售员张三和赵六的技能值      ①
skills_zs = salemans.loc[0][skill_titles]
skills_zl = salemans.loc[3][skill_titles]
```

```
# 使最后一个技能值和第一个技能值保持一致
skills_zs = np.concatenate((skills_zs, [skills_zs[0]]))
skills_zl = np.concatenate((skills_zl, [skills_zl[0]]))
...

# 绘制销售员张三和赵六的技能雷达图        ⑤
# 使最后一个角度和第一个角度保持一致
theta = np.concatenate((theta, [theta[0]]))
ax.plot(theta, skills_zs, marker="*", label="张三技能")
ax.plot(theta, skills_zl, marker="^", label="赵六技能")
...
# 显示图例
plt.show()
```

注意加粗的代码，第一处加粗的代码使最后一个技能值和第一个技能值保持一致；第二处加粗的代码使最后一个角度和第一个角度保持一致。这样在绘制数据点时，就会重复绘制同一个点两次，再通过自动连线，就能形成闭环了。修改代码后，再运行代码，可以得到图 9-25 所示的结果。

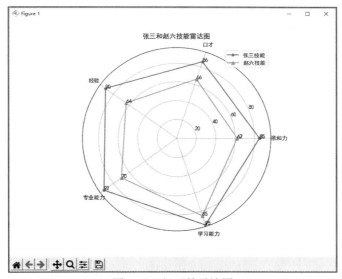

图 9-25　闭环的雷达图

从图 9-25 可以看出，雷达图已经形成了闭环。有时候需要对雷达图填充颜色，可以使用 fill() 函数实现，以如下代码为例：

```
# 填充张三技能值区域为红色，其中参数 facecolor 指定颜色，alpha 指定色浓度
plt.fill(theta, skills_zs, facecolor='r', alpha=0.3)
# 填充赵六技能值区域为蓝色，其中参数 facecolor 指定颜色，alpha 指定色浓度
plt.fill(theta, skills_zl, facecolor='b', alpha=0.3)
```

这样就完成对雷达图填充颜色的功能了。

9.3　其他常用的图表技术

9.2 节介绍了主要的图表技术，也介绍了这些图表的应用。下面介绍一些其他常用的图表技术。

- 双轴图：一般来说，对比两年的销售数据时还会考虑增长率的问题，以得到变化趋势，这时就需要同时在图表中展示实付总额和其同比增长率，可以使用双轴图来实现。
- 在同一画布中绘制多个图表：有时候需要在同一画布中绘制两张甚至两张以上的图表，就要了解画布关于布局的技术。
- 设置图表样式：有时候为了让图表更美观，可以设置图表样式。
- 初探 Seaborn：在 Matplotlib 的基础上，一些开发者开发出了 Seaborn 库，使用它可以让图表更美观，下面会进行初步讲解。
- 保存图表：保存绘制出来的图表。

9.3.1　多种图表组合——双轴图

9.1.5 节中介绍了同比柱形图，对比了 2021 年和 2022 年的实付总额，而有时候需要继续讨论增长率的问题，以观察发展趋势。一般来说，对比两年数据可以使用柱形图，而要观察增长率，就要用到折线图，因此需要在一个图表里集成柱形图和折线图。下面通过代码清单 9-9 进行演示：

代码清单 9-9　绘制双轴图

```
# 导入 Matplotlib 库的 pyplot 模块
import matplotlib.pyplot as plt
import numpy as np
import read_files as rf
import sale_details_analysis as sda

""" 第一步：分组统计 """
# 读取销售明细表数据
sale_details = rf.read_sales_details("销售明细表")
# 获取有效的年份数据
sale_details_2021 = sda.get_sale_details_by_year(sale_details, 2021)
sale_details_2022 = sda.get_sale_details_by_year(sale_details, 2022)
# 按季度对年份数据进行统计分析
quarter_view_2021 = sda.analysis_by_quarter(sale_details_2021)
quarter_view_2022 = sda.analysis_by_quarter(sale_details_2022)
# 求同比增量
delta = quarter_view_2022["实付总额"]-quarter_view_2021["实付总额"]
# 求增长率（百分比），保留两位小数
percentage = np.round(delta/quarter_view_2021["实付总额"]*100, 2)

""" 第二步：绘制同比柱形图 """
# 指定默认字体为 SimHei，以避免中文乱码现象
plt.rcParams["font.sans-serif"] = ['SimHei']
# 正常显示负号
plt.rcParams["axes.unicode_minus"] = False
# 设置画布大小
plt.figure(figsize=(12, 8))
# 设置标题
plt.title("2021 年和 2022 年季度实际交易总额同比柱形图")
# 设置坐标轴的刻度
plt.xticks(np.arange(1, 5), ["第 1 季度", "第 2 季度", "第 3 季度", "第 4 季度"])
plt.yticks(np.arange(1000, 9000, 1000),
           ["1000 元", "2000 元", "3000 元", "4000 元",
            "5000 元", "6000 元", "7000 元", "8000 元"])
# 绘制柱形图 ①
plt.bar(quarter_view_2021["季度"] - 0.2, quarter_view_2021["实付总额"],
```

```
              label="2021年实际交易总额", width=0.4)
plt.bar(quarter_view_2022["季度"] + 0.2, quarter_view_2022["实付总额"],
              label="2022年实际交易总额", width=0.4)
# 添加文本标签，在图中标明精确数据
for quarter, data_2021, data_2022 in zip(quarter_view_2021["季度"],
              quarter_view_2021["实付总额"], quarter_view_2022["实付总额"]):
     plt.text(quarter - 0.2, data_2021, str(data_2021))
     plt.text(quarter + 0.2, data_2022, str(data_2022))
# 显示图例
plt.legend()


""" 第三步：开启第二条坐标轴，绘制折线图 """
# 第二条坐标轴图表        ②
plt.twinx()
# 设置坐标轴的刻度
plt.ylabel("同比增长率（单位：%）")
# 绘制增长率的折线图        ③
plt.plot(quarter_view_2021["季度"],
              percentage, marker="o", color="m", label="增长率")
# 标明增长率
for quarter, data in zip(quarter_view_2021["季度"], percentage):
     plt.text(quarter, data, str(data))
# 显示图例
plt.legend()
# 使用show()函数显示图表
plt.show()
```

上述代码中，先计算出 2021 年和 2022 年的数据，然后计算同比增长率，接着在代码①处绘制同比的柱形图进行数据对比；代码②用 twinx()函数开启第二条坐标轴的绘制；代码③在第二个坐标轴绘制增长率的折线图。运行代码，可以得到图 9-26 所示的结果。

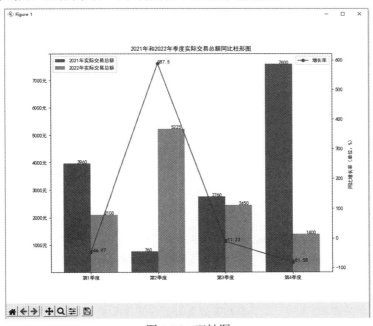

图 9-26　双轴图

从图 9-26 中可以看出，柱形图展示了两年的数据，对应的是左边 *y* 轴的刻度；而折线图展示了增长率，对应的是右边 *y* 轴的刻度，这样双轴图表就绘制完成了。

在上述的代码中，指定了折线图的颜色为洋红色（magenta），使用了一个参数 color：

```
# 绘制增长率的折线图      ③
plt.plot(quarter_view_2021["季度"], percentage,
        marker="o", color="m", label="增长率")
```

实际上，对于图 9-26 中的图表，都可以使用参数 color 来指定颜色，比如指定柱形图的颜色：

```
plt.bar(quarter_view_2022["季度"] + 0.2, quarter_view_2022["实付总额"],
        color="yellow", label="2022 年实付总额", width=0.4)
```

代码中的参数 color 指定为黄色（yellow），这样柱形图就为黄色。对于饼图，也可以使用参数 colors 设置颜色数组来指定各部分的颜色：

```
# 绘制饼图
plt.pie("订单笔数",                    # 构成饼图的数据
        labels="渠道名称",             # 饼图各部分的标签
        data=channel_data,            # 数据源
        colors=["r", "y", "b", "g"],  # 指定饼图各部分颜色为红色、黄色、蓝色和绿色
        autopct='%.2f%%')             # 各部分的百分比显示格式，该写法表示保留两位小数
```

指定图表颜色有两种写法：一种是直接写单词或者字母，以得到需要的颜色，就像上述代码那样；另一种是使用 RGB[1]十六进制数[2]。指定颜色的单词和字母可以参考表 9-3。

表 9-3　颜色说明

英文简写	英文颜色	中文颜色
B	blue	蓝色
G	green	绿色
R	red	红色
C	cyan	蓝绿色
M	magenta	洋红色
Y	yellow	黄色
K	black	黑色
W	white	白色

表 9-3 中列出的是常见的可选颜色，但是有时候需要自定义颜色，这时就可以使用 RGB 十六进制数进行自定义：

```
# 绘制增长率的折线图      ③
plt.plot(quarter_view_2021["季度"], percentage,
        marker="o", color="#550000", label="增长率")
```

注意，颜色填写的是"#550000"，表示一种暗红色。这里的数字固定表示为 6 位十六进制数，

---

① RGB 就是常说的光学三原色，R 代表 Red（红色），G 代表 Green（绿色），B 代表 Blue（蓝色）。自然界中人眼可见的任何色彩都可以由这 3 种颜色混合叠加而成，因此 RGB 模式也称为加色模式。
② 十六进制是一种基数为 16 的计数系统，其进位制为逢 16 进 1。通常用阿拉伯数字 0～9 和英文字母 A～F（a～f）表示，其中 A～F 表示 10～15。

不同的位数代表不同颜色的强度，如图 9-27 所示。

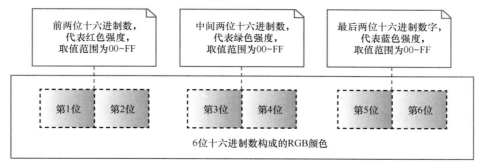

图 9-27　图解 RGB 颜色的 6 位数字

　　从图 9-27 中可以看出，6 位数字被拆分为 3 组，前两位数字代表红色强度，其十六进制数的取值范围为[00, FF]；中间两位数字代表绿色强度，其十六进制数的取值范围也为[00, FF]；最后两位数字代表蓝色强度，其十六进制数的取值范围还是[00, FF]。这 3 种颜色可以组合成不同的颜色，比如橙色可以表示为"#FF8800"，此外还有特定的颜色，比如黄色为"#FFFF00"，白色为"#FFFFFF"，黑色为"#000000"。

> **⚙ 为什么 RGB 颜色不用颜料三原色**
>
> 　　传统的颜料三原色是红色、黄色、蓝色，而 RGB 颜色是红色、绿色、蓝色。这是因为在电子设备中，红色、黄色、蓝色无法合成白色，而红色、绿色、蓝色可以合成白色，所以 RGB 颜色规范中规定了电子设备的三原色为红色、绿色、蓝色，而非颜料三原色的红色、黄色、蓝色。

9.3.2　在同一画布中绘制多个图表

　　有时候需要在同一画布中绘制多个图表，就需要将画布分为多个区域，可以用 subplot()函数实现。下面通过绘制一个柱形图和一个折线图来介绍 subplot()函数的用法，如代码清单 9-10 所示：

代码清单 9-10　在同一画布中绘制多个图表

```python
import numpy as np
import matplotlib.pyplot as plt
import read_files as rf
import sale_details_analysis as sda

""" 第一步：分组统计 """
# 读取销售明细表数据
sale_details = rf.read_sales_details("销售明细表")
# 获取有效的年份数据
sale_details_2021 = sda.get_sale_details_by_year(sale_details, 2021)
sale_details_2022 = sda.get_sale_details_by_year(sale_details, 2022)
# 按季度对年份数据进行统计分析
quarter_view_2021 = sda.analysis_by_quarter(sale_details_2021)
quarter_view_2022 = sda.analysis_by_quarter(sale_details_2022)

""" 第二步：绘制图表 """
# 指定默认字体为 SimHei，以避免中文乱码现象
plt.rcParams['font.sans-serif']=['SimHei']
```

```
# 正常显示负号
plt.rcParams['axes.unicode_minus']=False
# 设置画布大小
plt.figure(figsize=(10, 8))
# 划分为 2×2 的区域，并在第二个区域绘制坐标系和图表
plt.subplot(2, 2, 2) # ①
plt.title("2021 年实付总额柱形图")
# 设置坐标轴标题
plt.xlabel("季度", labelpad=12)
plt.ylabel("金额（元）", labelpad=12)
# 使用 bar() 函数绘制柱形图
plt.bar("季度", "实付总额", data=quarter_view_2021)
# 设置数据标签
for quarter, amt in zip(
        quarter_view_2021["季度"], quarter_view_2021["实付总额"]):
    plt.text(quarter, amt, str(amt))

# 划分为 2×2 的区域，在第三个和第四个区域绘制坐标系和图表
plt.subplot(2, 2, (3, 4)) # ②
plt.title("2022 年实付总额折线图")
# 设置坐标轴标题
plt.xlabel("季度", labelpad=12)
plt.ylabel("金额（元）", labelpad=12)
# 使用 plot() 函数绘制折线图
plt.plot("季度", "实付总额", data=quarter_view_2022)
# 设置数据标签
for quarter, amt in zip(
        quarter_view_2022["季度"], quarter_view_2022["实付总额"]):
    plt.text(quarter, amt, str(amt))
# 显示图表
plt.show()
```

代码①处的 subplot()函数使用了 3 个参数，前面的两个参数表示将画布划分为 2×2 的区域，如图 9-28 所示。

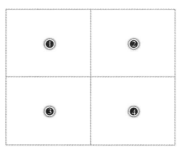

图 9-28　将画布划分为 2×2 的区域

图 9-28 中的数字代表区域的编号，再回到代码①处，subplot()函数的第三个参数是 2，它是一个区域的编号，代表选中编号为 2 的区域准备绘制图表；代码②处，第三个参数为元组，它的意思是选中第三个和第四个区域绘制图表。运行代码，可以得到图 9-29 所示的结果。

从图 9-29 中可以看出，在同一画布中已经绘制了多个图表。事实上，可以对画布进行分区域的函数还有 add_subplot()、subplot2grid()和 subplots()，它们和 subplot()函数是类似的，有兴趣的读者可以自己学习，这里不再讨论了。

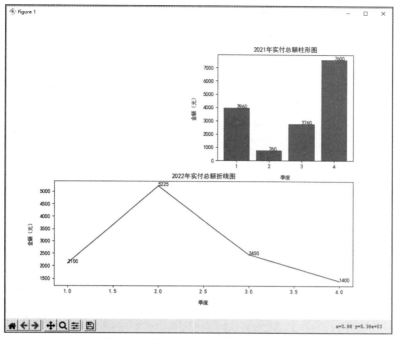

图 9-29 在同一画布中绘制多个图表

9.3.3 设置图表样式

在 Windows 操作系统和手机系统中，都可以设置自己喜欢的样式（style）。同样，在 Matplotlib 中，也可以设置自己喜欢的样式。不过在选择主题前，应该先查看有哪些样式可供选择，可以通过如下代码查看：

```
import matplotlib.pyplot as plt
# 展示可选的样式
print(plt.style.available)
```

运行代码，结果如下：

```
['Solarize_Light2', '_classic_test_patch', 'bmh', 'classic', 'dark_background', 'fast
', 'fivethirtyeight', 'ggplot', 'grayscale', 'seaborn', 'seaborn-bright', 'seaborn-colorbl
ind', 'seaborn-dark', 'seaborn-dark-palette', 'seaborn-darkgrid', 'seaborn-deep', 'seaborn
-muted', 'seaborn-notebook', 'seaborn-paper', 'seaborn-pastel', 'seaborn-poster', 'seaborn
-talk', 'seaborn-ticks', 'seaborn-white', 'seaborn-whitegrid', 'tableau-colorblind10']
```

结果展示的就是可以选择的样式。下面以代码清单 9-11 为例，介绍如何设置样式：

代码清单 9-11 设置图表样式

```
import matplotlib.pyplot as plt
import numpy as np
import read_files as rf
import sale_details_analysis as sda

""" 第一步：分组统计 """
```

```
# 读取销售明细表数据
sale_details = rf.read_sales_details("销售明细表")
# 获取有效的年份数据
sale_details_2021 = sda.get_sale_details_by_year(sale_details, 2021)
quarter_view_2021 = sda.analysis_by_quarter(sale_details_2021)

""" 第二步：绘制图表 """
# 指定默认字体为 SimHei，以避免中文乱码现象
plt.rcParams["font.sans-serif"] = ['SimHei']
# 正常显示负号
plt.rcParams["axes.unicode_minus"] = False
# 设置画布大小
plt.figure(figsize=(8, 6))
# 设置图表和坐标轴的标题
plt.title("2021 年实付总额柱形图")
plt.xlabel("季度", labelpad=12)
plt.ylabel("金额（元）", labelpad=12)
# 设置坐标轴的刻度
plt.yticks(np.arange(0, 10000, 2000), ["0", "2000", "4000", "6000", "8000"])
plt.xticks(np.arange(1, 5), ["第 1 季度", "第 2 季度", "第 3 季度", "第 4 季度"])
# 设置样式为 "fivethirtyeight"
plt.style.use("fivethirtyeight") # ①
# 绘制柱形图
plt.bar("季度", "实付总额", data=quarter_view_2021, label="2021 年实付总额")
# 设置文本标签
for quarter, data in zip(quarter_view_2021["季度"], quarter_view_2021["实付总额"]):
    plt.text(quarter, data, str(data))
# 显示图例
plt.legend()
#显示图表
plt.show()
```

上述代码绘制了 2021 年实付总额柱形图，代码①处的 use()函数将样式设置为 fivethirtyeight。运行代码，可以得到图 9-30 所示的结果。

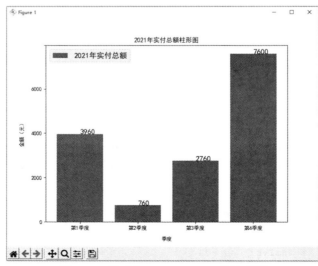

图 9-30　样式为 fivethirtyeight 的柱形图

从图 9-30 中可以看出，柱形图的样式和之前的图表有所不同，这说明样式设置成功了。

9.3.4 初探 Seaborn

Seaborn 是一个在 Matplotlib 的基础上进一步开发的库，使用它能绘制出更美观的图表。Seaborn 是基于 Matplotlib 的，且不能脱离 Matplotlib，因此 Seaborn 是 Matplotlib 的补充，但不能替代 Matplotlib。从 Seaborn 的功能来看，它和 Matplotlib 也是类似的。下面使用 Seaborn 绘制柱形图和折线图，如代码清单 9-12 所示：

代码清单 9-12　使用 Seaborn 绘制图表

```python
import matplotlib.pyplot as plt
import numpy as np
import read_files as rf
import sale_details_analysis as sda
import seaborn as sns # ①

""" 第一步：分组统计 """
# 读取销售明细表数据
sale_details = rf.read_sales_details("销售明细表")
# 获取有效的年份数据
sale_details_2021 = sda.get_sale_details_by_year(sale_details, 2021)
quarter_view_2021 = sda.analysis_by_quarter(sale_details_2021)
quarter_view_2021["季度"] = quarter_view_2021["季度"] - 1

""" 第二步：绘制图表 """
# 设置样式为白色网格
sns.set_style(style="whitegrid",
              # 设置字体为 Simhei，以避免中文乱码
              rc={"font.sans-serif": "SimHei"}) # ②
# 设置画布大小
plt.figure(figsize=(14, 7))
# 将画布划分为 1×2 的区域，并选择第一个区域
plt.subplot(1, 2, 1) # ③
# 设置图表和坐标轴的标题
plt.title("2021 年实付总额柱形图")
# 设置坐标轴的刻度
plt.yticks(np.arange(0, 10000, 2000), ["0", "2000", "4000", "6000", "8000"])
plt.xticks(np.arange(0, 4), ["第 1 季度", "第 2 季度", "第 3 季度", "第 4 季度"])
# 绘制柱形图
sns.barplot("季度", "实付总额", data=quarter_view_2021, label="2021 年实付总额") # ④
# 设置文本标签
for quarter, data in zip(quarter_view_2021["季度"], quarter_view_2021["实付总额"]):
    plt.text(quarter, data, str(data))
# 显示图例
plt.legend()

# 将画布划分为 1×2 的区域，并选择第二个区域
plt.subplot(1, 2, 2) # ⑤
# 设置图表和坐标轴的标题
plt.title("2021 年订单笔数折线图")
# 设置坐标轴的刻度
plt.yticks(np.arange(0, 16, 2), ["0", "2", "4", "6", "8", "10", "12", "14"])
plt.xticks(np.arange(0, 4), ["第 1 季度", "第 2 季度", "第 3 季度", "第 4 季度"])
```

```
# 绘制折线图
sns.lineplot("季度", "订单笔数", data=quarter_view_2021,
            color="b", marker="o", label="2021 年订单笔数") # ⑥
# 设置文本标签
for quarter, data2 in zip(quarter_view_2021["季度"], quarter_view_2021["订单笔数"]):
    plt.text(quarter, data2 + 0.2, str(data2))
# 显示图例
plt.legend()
# 显示图表
plt.show()
```

从上述代码可以看出，Seaborn 和 Matplotlib 是结合在一起的，Seaborn 是基于 Matplotlib 开发出来的。代码①导入 Seaborn 库；代码②设置样式为白色网格，并且指定字体以避免中文乱码；代码③将画布划分为 1×2 的区域，并选择第一个区域绘制图表；代码④使用 Seaborn 绘制柱形图；代码⑤将画布划分为 1×2 的区域，并选择第二个区域绘制图表；代码⑥使用 Seaborn 绘制折线图。运行代码，可以得到图 9-31 所示的结果。

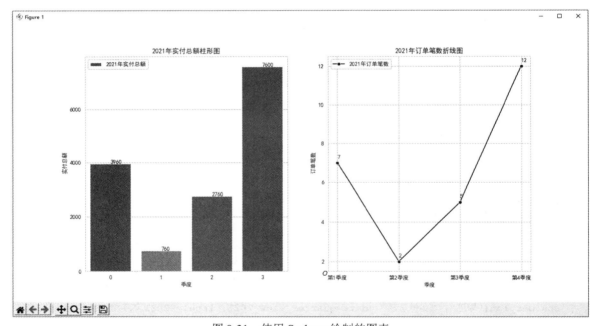

图 9-31　使用 Seaborn 绘制的图表

从图 9-31 中就可以看到 Seaborn 的图表了，相对来说 Seaborn 的图表会比 Matplotlib 更加美观。

> ⚠️ **Seaborn 的样式选择**
>
> 　　上述代码②处选用了白色网格（whitegrid）作为样式。Seaborn 提供了以下 5 种样式。
> - white：白色。
> - dark：灰色。
> - darkgrid：灰色底加网格。

- whitegrid：白色底加网格。
- ticks：十字叉。

读者可以根据自己的需求从中选择合适的样式，默认主题是 white（白色）。

> ⚠ **使用 Seaborn 时，请确保数据从 0 开始**
>
> 　上述代码中有一个细节，季度的数值被特意修改为从 0 开始。这是因为在实践中，使用非 0 开始的数值时，往往会出现一些不可预料的错误，且难以修复。所以在使用 Seaborn 的时候，要特别注意这个问题。

9.3.5　图表的保存

上述的内容都是直接得到图表，有时候你可能希望保存图表。在 Matplotlib 中保存图表使用的是函数 savefig()，它常用的参数有以下两个。

- fname：取值为字符串，指定保存图片的文件路径和名称。
- dpi：指定分辨率，可以通过它获取更清晰的图片。默认值为 100，代表图片尺寸为 600 像素 ×400 像素；若指定 dpi=200，则图片尺寸为 1200 像素×800 像素；若指定 dpi=300，则图片尺寸为 1800 像素×1200 像素；若需要更高的清晰度，则可以指定 dpi=1200，此时图片的尺寸为 9600 像素×7200 像素。

下面介绍如何使用 savefig()函数，如代码清单 9-13 所示：

代码清单 9-13　使用 savefig()函数保存图表

```python
import matplotlib.pyplot as plt
import numpy as np
import read_files as rf
import sale_details_analysis as sda


""" 第一步：分组统计 """
# 读取销售明细表数据
sale_details = rf.read_sales_details("销售明细表")
# 获取有效的年份数据
sale_details_2021 = sda.get_sale_details_by_year(sale_details, 2021)
quarter_view_2021 = sda.analysis_by_quarter(sale_details_2021)


""" 第二步：绘制图表 """
# 指定默认字体为 SimHei，以避免中文乱码现象
plt.rcParams["font.sans-serif"] = ['SimHei']
# 正常显示负号
plt.rcParams["axes.unicode_minus"] = False
# 设置画布大小
plt.figure(figsize=(8, 6))
# 设置图表和坐标轴的标题
plt.title("2021 年实付总额柱形图")
plt.xlabel("季度", labelpad=12)
plt.ylabel("金额（元）", labelpad=12)
# 设置坐标轴的刻度
```

```
plt.yticks(np.arange(0, 10000, 2000), ["0", "2000", "4000", "6000", "8000"])
plt.xticks(np.arange(0, 4), ["第 1 季度", "第 2 季度", "第 3 季度", "第 4 季度"])
# 绘制柱形图
plt.bar(quarter_view_2021["季度"]-1,
         quarter_view_2021["实付总额"], label="2021 年实付总额")
# 设置文本标签
for quarter, data in zip(quarter_view_2021["季度"], quarter_view_2021["实付总额"]):
    plt.text(quarter-1, data, str(data))
# 显示图例
plt.legend()
# 保存图表
plt.savefig(fname="d:/imgs/2021 年实付总额柱形图.jpg", dpi=1200)  # ①
# 显示图表
plt.show()
```

代码①保存图表，通过参数 fname 来指定保存的路径和文件名，通过参数 dpi 来设置分辨率，这里设置为 1200，图片的清晰度比较高。

## 第 10 章

保存数据和图表到 Excel 文件中

前面已经介绍了 Python 数据分析的主要内容，本章将讲解如何将数据分析的结果保存到文件中。一般来说，如果要简单地保存，直接使用 DataFrame 的 to_excel()方法就可以了；如果需要更为高级的定制保存，特别是需要对 Excel 文件进行批量处理时，使用 xlwings 会更加方便。

10.1 简单保存数据到 Excel 文件中

一般来说，可以直接使用 DataFrame 的 to_excel()方法来保存数据，如代码清单 10-1 所示：

代码清单 10-1　使用 to_excel()方法保存数据

```
import read_files as rf
import sale_details_analysis as sda

# 定义文件路径
filename = r"D:\蜂蜜销售数据分析\保存结果\{0}.xlsx"
# 读取销售明细表数据
sale_details = rf.read_sales_details("销售明细表")
# 获取有效的年份数据
sale_details_2021 = sda.get_sale_details_by_year(sale_details, 2021)
# 分组统计
quarter_view_2021 = sda.analysis_by_quarter(sale_details_2021)
# 保存到 Excel 文件中
quarter_view_2021.to_excel(filename.format("2021 年季表统计分析表"))  # ①
```

代码①处的 to_excel()方法会将 DataFrame 的数据保存到指定路径的 Excel 文件中。运行代码，打开文件“D:\蜂蜜销售数据分析\保存结果\2021 年季表统计分析表.xlsx”，就可以看到图 10-1 所示的结果了。

从图 10-1 中可以看出，A 列是行索引列，但也被保存到文件中，且代码对列索引进行了加粗处理，数据保存在工作表 Sheet1 中。有时候并不需要保存行索引，同时需要指定具体的工作表的名称，所以下面进一步地讨论如何使用 to_excel()方法。

图 10-1 简单保存 DataFrame 的数据

10.1.1 不保存行索引并保存数据到指定工作表中

图 10-1 所示的结果中保存了行索引，并且数据被保存在默认的 Sheet1 工作表中。如果不想保存行索引，则可以设置参数 index 为 False；如果需要将数据保存到指定工作表中，那么可以通过参数 sheet_name 去指定。下面通过代码来实现：

```
# 保存到 Excel 文件中
quarter_view_2021.to_excel(filename.format("2021 年季表"),
                        # 不保存行索引
                        index=False,
                        # 指定保存在哪个工作表（Sheet）
                        sheet_name="2021 年蜂蜜销售数据季报")
```

运行代码，打开文件，可以看到图 10-2 所示的结果。

图 10-2 不保存行索引且指定工作表

从结果来看，行索引没有被保存，且数据保存到了指定的名称为"2021 年蜂蜜销售数据季报"的工作表中。

10.1.2 选择要保存的列

有时候需要指定保存 DataFrame 的哪些列，并且指定 Excel 文件开始写入数据的行和列。要指定保存 DataFrame 的哪些列可以用参数 columns；从第几行第几列开始写入数据则可以用参数 startrow 和 startcol 指定。下面我们再用代码来举例说明：

```
# 指定需要保存的列
cols = ["季度", "订单笔数", "商品定价总额", "实付总额"]
# 保存到 Excel 文件中
quarter_view_2021.to_excel(filename.format("2021 年销售数据"),
                        # 不保存行索引
                        index=False,
                        # 指定保存在哪个工作表
```

```
            sheet_name="2021 年蜂蜜销售数据季报",
            # 指定需要保存的 DataFrame 的列
            columns= cols,
            # 从第二列开始保存
            startcol=1,
            # 从第三行开始保存
            startrow=2)
```

注意加粗的代码，这就是本节需要介绍的参数，它们的作用已经在注释中写清楚了，所以这里就不赘述了。运行代码，然后打开文件，就可以看到图 10-3 所示的结果。

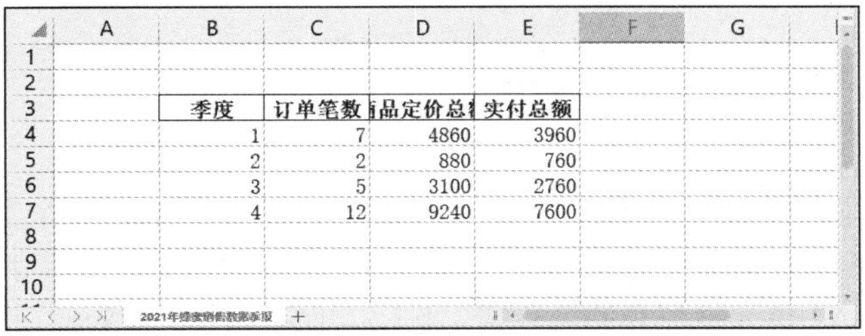

	A	B	C	D	E	F	G
1							
2							
3		季度	订单笔数	商品定价总额	实付总额		
4		1	7	4860	3960		
5		2	2	880	760		
6		3	5	3100	2760		
7		4	12	9240	7600		
8							
9							
10							

图 10-3　选择保存的列并指定从第几行第几列开始写入数据

从结果来看，只保存了我们选定的列，并且指定了从第三行第二列开始写入数据。

10.2　使用 xlwings 保存数据到 Excel 文件中

很多时候需要同时操作多个 Excel 文件，或者操作同一个 Excel 文件中的多个工作表，此时使用 xlwings 就会方便许多。关于 xlwings 的一些重要概念，比如 App、Book、Sheet 和 Range，可以回看 4.2.6 节的内容，这样才能理解本节的代码。下面讲解如何通过 xlwings 来保存 Excel 文件。

10.2.1　将不同的数据保存到同一个 Excel 文件的不同工作表中

下面通过代码将 2021 年和 2022 年季报的数据保存到同一 Excel 文件的不同工作表（Sheet）中，如代码清单 10-2 所示：

代码清单 10-2　在同一个 Excel 文件中保存多个工作表

```
import read_files as rf
import sale_details_analysis as sda
import xlwings as xw

# 定义文件路径
filename = r"D:\蜂蜜销售数据分析\保存结果\{0}.xlsx"
# 读取销售明细表数据
sale_details = rf.read_sales_details("销售明细表")
# 统计分析数据
sale_details_2021 = sda.get_sale_details_by_year(sale_details, 2021)
quarter_view_2021 = sda.analysis_by_quarter(sale_details_2021)
sale_details_2022 = sda.get_sale_details_by_year(sale_details, 2022)
quarter_view_2022 = sda.analysis_by_quarter(sale_details_2022)
# 使用 xlwings 保存文件
try:
    # 打开 Excel 应用软件      ①
```

```
        app = xw.App(visible=False, add_book=False)
        # 新增一个工作簿      ②
        wb = app.books.add()
        # 新增两个工作表      ③
        sht1 = wb.sheets.add("2021年季报")
        sht2 = wb.sheets.add("2022年季报", after=sht1.name)
        # 保存数据到不同工作表中      ④
        sht1.range("A1").value = quarter_view_2021.columns.tolist() # 列名
        sht1.range("A2").value = quarter_view_2021.values.tolist() # 数据
        sht2.range("A1").value = quarter_view_2022.columns.tolist() # 列名
        sht2.range("A2").value = quarter_view_2022.values.tolist() # 数据
        # 保存文件      ⑤
        wb.save(filename.format("2021年和2022年季报"))
    finally: # 关闭工作簿并退出Excel应用软件
        wb.close()
        app.quit()
```

代码①打开 Excel 应用软件；代码②新增一个工作簿；代码③新增两个工作表，参数 after 代表在“2021 年季报”这个工作表后新增工作表；代码④在不同的工作表中保存列名和数据，其中 A1 单元格保存的是列名，A2 单元格保存的是数据；代码⑤保存结果到 Excel 文件中。这里需要注意的是，要保存到 Excel 文件中的代码都放在 try...finally...语句中，而 finally 语句可以确保能关闭工作簿并且退出 Excel 应用软件。运行代码，打开生成的文件，可以看到图 10-4 所示的结果。

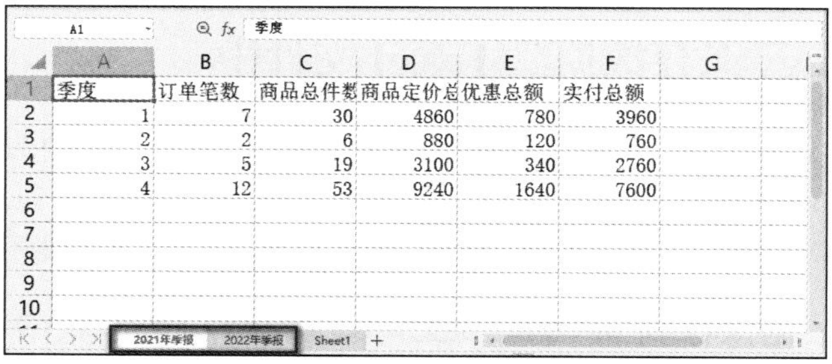

季度	订单笔数	商品总件数	商品定价总	优惠总额	实付总额
1	7	30	4860	780	3960
2	2	6	880	120	760
3	5	19	3100	340	2760
4	12	53	9240	1640	7600

图 10-4　将结果保存为一个 Excel 文件的两个工作表

从图 10-4 中可以看出，数据已经保存到两个不同的工作表中了。

10.2.2　将结果写入多个 Excel 文件

有时候需要将不同的结果写入不同的 Excel 文件，比如将 2021 年和 2022 年的数据分别写入不同的 Excel 工作簿（文件），这也是允许的。下面将 2021 年和 2022 年的季报分别写入不同的 Excel 工作簿中，如代码清单 10-3 所示：

代码清单 10-3　将结果保存到不同的工作簿中

```
import read_files as rf
import sale_details_analysis as sda
import xlwings as xw

# 定义文件路径
filename = r"D:\蜂蜜销售数据分析\保存结果\{0}.xlsx"
# 读取销售明细表数据
sale_details = rf.read_sales_details("销售明细表")
```

```
# 统计分析数据
sale_details_2021 = sda.get_sale_details_by_year(sale_details, 2021)
quarter_view_2021 = sda.analysis_by_quarter(sale_details_2021)
sale_details_2022 = sda.get_sale_details_by_year(sale_details, 2022)
quarter_view_2022 = sda.analysis_by_quarter(sale_details_2022)
# 使用 xlwings 保存文件
try:
    # 打开 Excel 应用软件
    app = xw.App(visible=False, add_book=False)
    # 新增两个工作簿
    wb1 = app.books.add()
    wb2 = app.books.add()
    # 在不同的工作簿中分别新增工作表
    sht1 = wb1.sheets.add("2021 年季报")
    sht2 = wb2.sheets.add("2022 年季报")
    # 保存数据到工作表中
    sht1.range("A1").value = quarter_view_2021.columns.tolist()
    sht1.range("A2").value = quarter_view_2021.values.tolist()
    sht2.range("A1").value = quarter_view_2022.columns.tolist()
    sht2.range("A2").value = quarter_view_2022.values.tolist()
    # 保存两个工作簿
    wb1.save(filename.format("2021 季报"))
    wb2.save(filename.format("2022 季报"))
finally:
    wb1.close()
    wb2.close()
    app.quit()
```

代码清单 10-3 的逻辑与代码清单 10-2 类似，但是这里是新增了两个工作簿（wb1 和 wb2），然后分别给这两个工作簿添加工作表（sht1 和 sht2），接下来写入数据，最后分别使用 wb1 和 wb2 的 save()方法保存两个工作簿。

10.2.3　格式化

有时候需要设置单元格的格式，比如在图 10-4 中，列名是没有字体格式（比如粗体、字体大小与颜色）的，同时表格也没有边框设置。下面介绍如何设置格式，先设置列名的字体，为此编写一个函数 set_title()，如代码清单 10-4 所示：

代码清单 10-4　使用 xlwings 格式化 Excel 文件

```
from datetime import datetime
import read_files as rf
import sale_details_analysis as sda
import xlwings as xw


def set_title(title_area):
    """
    表头格式化
    :param title_area: 表头区域
    """
    # 设置字体大小为 13，默认为 11
    title_area.api.Font.Size = 13
    # 设置为粗体
    title_area.api.Font.Bold = True
```

```
# 设置字体为偏暗蓝色，共 6 位十六进制数，前两位代表红色强度，中间两位代表绿色强度，最后两位代表蓝色强度
title_area.api.Font.Color = 0x880000
```

代码的作用已经在注释中写清楚了，这样我们就可以设置列索引的格式了。

接下来设置表格的边框，为了设置表格的边框，可以编写函数 set_table_border()：

```
def set_table_border(table_area):
    """
    设置表格区域的边框
    :param table_area: 数据表格区域
    """
    """设置边框"""  # ①
    # Borders(9) 底部边框，LineStyle = 1 为直线
    table_area.api.Borders(9).LineStyle = 1
    table_area.api.Borders(9).Weight = 3    # 设置边框粗细

    # Borders(7) 左边框，LineStyle = 2 为虚线
    table_area.api.Borders(7).LineStyle = 2
    table_area.api.Borders(7).Weight = 3

    # Borders(8) 顶部边框，LineStyle = 5 为双点画线
    table_area.api.Borders(8).LineStyle = 5
    table_area.api.Borders(8).Weight = 3

    # Borders(10) 右边框，LineStyle = 4 为点画线
    table_area.api.Borders(10).LineStyle = 4
    table_area.api.Borders(10).Weight = 3

    # Borders(11) 内部垂直边线      ②
    table_area.api.Borders(11).LineStyle = 1
    table_area.api.Borders(11).Weight = 3

    # Borders(12) 内部水平边线
    table_area.api.Borders(12).LineStyle = 1
    table_area.api.Borders(12).Weight = 3
```

请注意这里的参数 table_area，它是一个由多个 Excel 单元格构成的区域，从代码①开始设置边框的线，从代码②开始设置边框内部的线。代码中设置了不同的线型，实际是没有必要的，只是为了让读者学习更多的知识。

有时候需要格式化一些数据，最常见的是将金额和日期格式化。比如人民币 3000 元可能需要写作"¥3,000"，这就需要将数据格式化。为了实现这个功能，先编写金额格式化函数 set_amt_fmt()：

```
def set_amt_fmt(num_area):
    """
    金额格式化
    :param num_area:  需要格式化的金额
    """
    # 金额格式化
    num_area.api.NumberFormat = "¥#,###.00"
```

其中，参数 num_area 是由多个 Excel 单元格组成的区域；而格式化字符串"¥#,###.00"表示以人民币符号"¥"开头，每 3 位数加入","作为间隔，并且保留两位小数。

在做数据分析时，可能还需要记录做数据分析的时间点，因此就存在写入记录时间的需求，而

记录时间也需要格式化，为此编写 record_time()函数来实现这个功能：

```
def record_time(sht, rows, cols):
    """
    记录生成时间
    :param sht: 工作表
    :param rows: DataFrame 行数
    :param cols:  DataFrame 列数
    """
    # 设置标签
    sht.range((rows+3, 2)).value = "生成时间："
    # 记录生成数据的时间，设置为粗体
    sht.range((rows+3, 2)).api.Font.Bold = True
    # 记录为当天的时间
    sht.range((rows+3, 3)).value = datetime.today()
    # 时间格式化
    sht.range((rows+3, 3)).api.NumberFormat = "yyyy-mm-dd hh:MM:ss" # ①
    # 合并单元格，如果需要拆分单元格，则用 UnMerge()方法
    sht.range((rows+3, 3), (rows+3, cols+1)).api.Merge() # ②
```

上述代码主要的作用是记录时间，先在对应的地方记录做数据分析的时间，然后代码①对时间进行格式化，代码②将多个单元格合并。这里使用 Merge()方法合并单元格，如果是拆分单元格，就需要用到 UnMerge()方法。

下面来完成从数据分析到格式化保存文件的过程：

```
# 定义文件路径
filename = r"D:\蜂蜜销售数据分析\保存结果\{0}.xlsx"
# 读取销售明细表数据
sale_details = rf.read_sales_details("销售明细表")
# 统计分析数据
sale_details_2021 = sda.get_sale_details_by_year(sale_details, 2021)
quarter_view_2021 = sda.analysis_by_quarter(sale_details_2021)
sale_details_2022 = sda.get_sale_details_by_year(sale_details, 2022)
quarter_view_2022 = sda.analysis_by_quarter(sale_details_2022)
# 获取 DataFrame 的行数和列数
rs = quarter_view_2021.shape[0]
columns = quarter_view_2021.shape[1]
# 使用 xlwings 保存文件
try:
    # 打开 Excel 应用软件
    app = xw.App(visible=False, add_book=False)
    # 新增工作簿
    wb = app.books.add()
    # 新增两个工作表
    sht1 = wb.sheets.add("2021 年季报")
    sht2 = wb.sheets.add("2022 年季报", after=sht1.name)
    # 保存数据到不同工作表中
    sht1.range("B2").value = quarter_view_2021.columns.tolist()
    sht1.range("B3").value = quarter_view_2021.values.tolist()
    sht2.range("B2").value = quarter_view_2022.columns.tolist()
    sht2.range("B3").value = quarter_view_2022.values.tolist()
    # 列索引格式化
    set_title(sht1.range((2, 2), (2, columns + 1)))
    set_title(sht2.range((2, 2), (2, columns + 1)))
    # 设置数据表边框
```

```
    set_table_border(sht1.range((2, 2), (rs+2, columns+1)))
    set_table_border(sht2.range((2, 2), (rs+2, columns+1)))
    # 对金额区域进行格式化
    record_time(sht1.range((3, 5), (rs+2, columns+1)))
    record_time(sht2.range((3, 5), (rs+2, columns+1)))
    # 记录数据分析时间，并格式化
    record_time(sht1, rs, columns)
    record_time(sht2, rs, columns)
    # 保存文件
    wb.save(filename.format("季报"))
finally:  # 关闭工作簿并退出 Excel 应用软件
    wb.close()
    app.quit()
```

代码的注释已经写清楚了关键的逻辑。运行代码，打开文件，可以看到图 10-5 所示的结果。

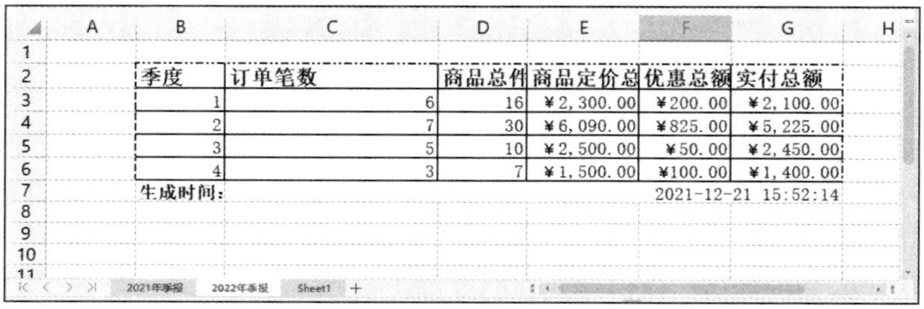

季度	订单笔数	商品总件	商品定价总	优惠总额	实付总额
1	6	16	¥2,300.00	¥200.00	¥2,100.00
2	7	30	¥6,090.00	¥825.00	¥5,225.00
3	5	10	¥2,500.00	¥50.00	¥2,450.00
4	3	7	¥1,500.00	¥100.00	¥1,400.00
生成时间:				2021-12-21 15:52:14	

图 10-5　格式化保存的结果

从结果来看，保存的数据已经格式化成功了。

10.2.4 保存图表

除了可以保存数据，还可以保存图表到 Excel 文件中。一般来说，保存图表的流程为：首先进行数据分析，然后绘制图表，最后保存到 Excel 文件中。下面通过实例演示如何使用 xlwings 保存图表：

```
import numpy as np
import matplotlib.pyplot as plt
import read_files as rf
import sale_details_analysis as sda
import xlwings as xw
import seaborn as sns

""" 第一步：数据分析 """
# 读取销售明细表数据
sale_details = rf.read_sales_details("销售明细表")
# 统计分析数据
sale_details_2021 = sda.get_sale_details_by_year(sale_details, 2021)
quarter_view_2021 = sda.analysis_by_quarter(sale_details_2021)
# 使用 Seaborn 最好数值从 0 开始
quarter_view_2021["季度"] = quarter_view_2021["季度"] - 1

""" 第二步：绘制图表 """
# 设置样式为白色网格
sns.set_style(style="whitegrid",
              # 设置字体为 Simhei，以避免中文乱码现象
              rc={"font.sans-serif": "SimHei"})
```

```python
# 设置画布大小，绘制第一张图表    ①
fig = plt.figure(figsize=(8, 6))
# 设置标题
plt.title("2021 年季度实付总额柱形图")
# 设置坐标轴的刻度
plt.xticks(np.arange(1, 5), ["第 1 季度", "第 2 季度", "第 3 季度", "第 4 季度"])
plt.yticks(np.arange(1000, 9000, 1000),
            ["1000 元", "2000 元", "3000 元", "4000 元",
            "5000 元", "6000 元", "7000 元", "8000 元"])
# 绘制柱形图
sns.barplot("季度", "实付总额", data=quarter_view_2021, label="2021 年实付总额")
# 添加文本标签，在图中标明准确数据
for quarter, amt in zip(
        quarter_view_2021["季度"], quarter_view_2021["实付总额"]):
    plt.text(quarter, amt, str(amt))
# 显示图例
plt.legend()

# 绘制第二张图表    ②
fig2 = plt.figure(figsize=(8, 6))
# 设置坐标轴的刻度
plt.xticks(np.arange(1, 5), ["第 1 季度", "第 2 季度", "第 3 季度", "第 4 季度"])
plt.yticks(np.arange(1000, 9000, 1000),
            ["1000 元", "2000 元", "3000 元", "4000 元",
            "5000 元", "6000 元", "7000 元", "8000 元"])
# 绘制折线图
sns.lineplot("季度", "订单笔数", data=quarter_view_2021,
            color="b", marker="o", label="2021 年订单笔数")
for quarter, data2 in zip(quarter_view_2021["季度"], quarter_view_2021["订单笔数"]):
    plt.text(quarter, data2 + 0.2, str(data2))
# 显示图例
plt.legend()

""" 第三步：保存图表 """
try:
    # 打开 Excel 应用软件
    app = xw.App(visible=False, add_book=False)
    # 添加工作簿
    wb = app.books.add()
    # 添加工作表
    sht = wb.sheets.add("图表")
    """
    添加图表，
    参数 left：代表与最左侧的距离
    参数 top：代表与顶部的距离
    参数 name：代表图表名称
    参数 update：设置对于同名图表是否进行替换
    """

    sht.pictures.add(  # ③
        fig, left=20, top=20, name='2021 年季度实付总额柱形图', update=True)
    sht.pictures.add(
        fig2, left=600, top=20, name='2021 年季度订单笔数折线图', update=True)
    filename = r"D:\蜂蜜销售数据分析\保存结果\{0}.xlsx"
    # 保存图表
    wb.save(filename.format("2021 年数据图表"))
finally:  # 关闭文件并退出 Excel 应用软件
```

```
wb.close()
app.quit()
```

上述代码分为 3 步，第一步是数据分析，第二步是绘制图表，第三步是使用 xlwings 保存图表。代码①设置第一个图表画布的大小，该方法会返回图表对象，然后用变量 fig 进行保存。代码②设置第二个图表画布的大小，这就意味着开始第二张图表的绘制，然后用变量 fig2 保存这个图表对象。代码③处的 add()方法用于在 Excel 文件中添加图表，相关的参数已经在代码注释中写明，请参考。运行代码，打开 Excel 文件，可以看到图 10-6 所示的结果。

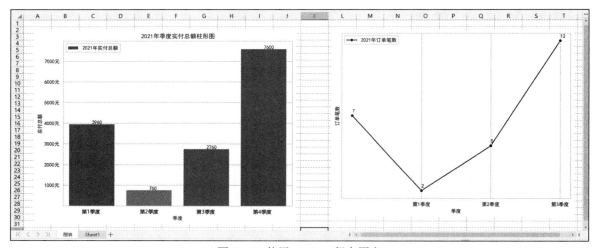

图 10-6 使用 xlwings 保存图表

第三部分

实践案例

这一部分主要通过实践案例来回顾之前学习的内容，从而提高读者对理论知识的运用能力。这一部分包括两个案例，分别是个人消费贷款数据分析和螺蛳粉连锁店销售数据分析。

- 个人消费贷款数据分析。主要内容集中在数据筛选、统计分析和数据可视化上，尤其是按时间维度进行统计分析（比如按年、按月和按季度），以及同比和环比等内容。
- 螺蛳粉连锁店销售数据分析。主要内容集中在对存在上下级关系的数据的分析上，此外会涉及多个文件的合并和处理。

第 11 章

个人消费贷款数据分析

个人消费贷款是指一些金融机构向个人发放的有指定消费用途的贷款业务，一般按用途进行分类，主要用途包括住房、汽车、助学、大宗消费品、旅游和装修等。个人消费贷款能够让消费者提高生活水平，比如可以通过按揭贷款购买住房，获得更好的居住环境，也可以通过个人消费贷款购买大宗消费品，还可以申请旅游贷款，与爱人去度蜜月等。

在做任何数据分析之前，都要掌握业务知识和数据特点，才能进一步操作，所以实践案例都要从业务和数据特点开始讲起。

11.1　业务和数据特点分析

个人贷款业务十分复杂，为了简单起见，下面给出贷款台账表和客户经理信息表，虽然这两个表的数据结构不是太复杂，但是已经涵盖了数据分析涉及的大部分场景。

11.1.1　贷款台账表业务分析

先对贷款台账表的业务和数据特点进行分析。图 11-1 展示了贷款台账表。

	A	B	C	D	E	F	G	H	I	J	K	L	M	N	O	P	Q
1	借据编号	借款人编号	借款人名称	业务品种	业务品种细分	贷款金额	贷款余额	起贷日期	止贷日期	还款方式	利率（%	担保方式	逾期情况	风险状态	客户经理编号	状态	备注
2	JJ0001	000001	张三	汽车贷款	二手车贷款	100,000.00	80,000.00	2021/4/11	2023/4/11	等额本息	4	抵押		正常	M0007	1	
3	JJ0002	000002	李四	个人其他消费贷款	住房装修贷款	100,000.00	0.00	2020/6/2	2020/6/2	一次性还清	6	抵押		正常	M0005	9	2022-1-3还清
4	JJ0003	000003	钱五	汽车贷款	一手车贷款	20,000.00	15,000.00	2021/5/31	2024/1/8	等额本金	6	信用		正常	M0003	1	
5	JJ0004	000004	赖元思	住房贷款	首套房贷款	2,000,000.00	1,800,000.00	2021/9/13	2041/9/13	等额本金	4	抵押		正常	M0005	1	
6	JJ0004	000004	赖元思	住房贷款	首套房贷款	2,000,000.00	1,800,000.00	2021/9/13	2041/9/13	等额本金	4	抵押		正常	M0008	1	
7	JJ0005	000005	满博容	住房贷款	首套有房贷款	1,000,000.00	800,000.00	2020/9/6	2030/9/6	等额本息	4	抵押		正常	M0008	1	
8	JJ0006	000006	扶同殷	住房贷款	住房装修贷款	50,000.00	50,000.00	2020/4/11	2025/4/11	不定期还款	5	信用		正常	M0005	1	
9	JJ0007	000007	郝光启	汽车贷款	一手车贷款	60,000.00	40,000.00	2020/9/2	2023/9/2	等额本息	5	抵押		正常	M0005	1	
10	000008	000008	满魏赫	住房贷款	首套房贷款	1,500,000.00	1,400,000.00	2021/8/15	2051/8/15	等额本息	4	抵押		正常	M0006	1	
11	JJ0009	000009	石建义	个人其他消费贷款	大宗商品贷款	30,000.00	20,000.00	2020/1/9	2022/1/9	不定期还款	6	信用		正常	M0006	1	
12	JJ0010	000010	第五堂	个人其他消费贷款	旅游贷款	15,000.00	15,000.00	2020/5/16	2022/5/16	一次性还清	5	信用		正常	M0003	1	

图 11-1　贷款台账表

注意图 11-1 中的①和②处，①处的两条记录是重复的，需要进行去重处理；②处的借据编号列为空，需要对数据进行修复，或者把它作为无效数据进行处理。下面对这些字段进行介绍。

- 借据编号。主键，它是一笔个人贷款存在的依据，有借据编号意味着发生了一笔贷款业务，它在贷款台账表中是唯一且不可重复的。

- 借款人编号和借款人名称。这两个字段比较好理解，都是借款人的基础信息。

- 业务品种和业务品种细分。业务品种用于区分贷款用途。比如，如果贷款的用途是购买住房，那么业务品种就是住房贷款；如果用途是购买汽车，那么业务品种就是汽车贷款；如果用途是助学，那么业务品种就是助学贷款。业务品种细分是在业务品种的基础上进行更细化的区分。比如住房贷款，首套房贷款首付比例为 30%，且利率低，而非首套房贷款首付比例可能是 50% 甚至更高，且利率高，因此有必要在业务品种的基础上再进行细分。

- 贷款金额。指发放贷款的金额。比如贷款发放金额为 5 万元，那么贷款金额就是 5 万元。

- 贷款余额。指贷款的本金（即不算利息）中还剩余多少未还清。比如贷款金额是 5 万元，已经还了 1 万元本金，那么贷款余额就是 4 万元。

- 起贷日期。指贷款发放的日期。

- 止贷日期。指贷款到期的日期，即借款合同规定借款人在该日期前还本付息。

- 还款方式。指借款人还本付息的方式，常见的有按揭还款（等额本金或者等额本息）、不定期还款、一次性还清等。

- 利率（%）。贷款的年利率，单位为百分比，金融机构会根据这个利率来计算贷款利息。

- 担保方式。担保是当借款人违约或者无力归还贷款时，可以执行的追回贷款本息的手段。一般贷款发放前，借款人会提供担保物或者找到保证人来担保贷款发放。一般来说，担保方式分为 4 种：质押、抵押、保证和信用。

  - 质押是指借款人用质押物担保的贷款，法律规定质押物是具备金融流通性的资产，常见的有黄金、国债、金融债券等，贷款期间质押物的使用权属于金融机构，当借款人不归还贷款时，金融机构就可以出售质押物来追回贷款本息。

  - 抵押是指使用一般性物品担保的贷款，比如住房贷款要求贷款人用购买的住房进行抵押担保，汽车贷款则用购买的汽车进行抵押担保，而抵押物的使用权则属于借款人，当借款人不归还贷款时可以拍卖抵押物来追回贷款本息。

  - 保证是指借款人信用不足，可以通过第三方进行担保贷款，比如 A 的信用不足，而 B 的信用良好且资金充足，如果 A 和 B 有良好的关系，那么 A 可以通过 B 担保来进行贷款，当 A 不归还贷款时，金融机构可以要求 B 来偿还贷款，那么 B 就为 A 贷款的保证人。

  - 信用是指根据借款人的收入水平、偿还能力和信用记录，在没有任何担保物和保证人的情况下发放贷款，一般适用于额度较小的贷款。

- 逾期情况。逾期是指贷款到了止贷日期，借款人还没有还本付息的贷款。它存在两种状态：1-未逾期；0-已逾期。

- 风险状态。指定金融机构根据借款人的情况来评估贷款的风险情况，一般按中国人民银行的规定可将风险状态分为 5 类：正常、关注、次级、可疑和损失。处于次级、可疑和损失 3 种风险状态的贷款统称为不良贷款。由于存在 5 类，因此也称为贷款五级分类，简称五级分类。

  - 正常是指贷款当前没有任何偿还风险，借款人资金情况良好，并如期还本付息。

  - 关注是指当前尚不存在无法偿还的贷款，但是借款人可能发生资金不足的情况，偿还贷款存在风险，需要留意后续的变化。

- ◆ 次级是指借款人已经或者明确即将发生资金不足的情况，并且影响贷款的偿还，导致较小部分金额无法偿还。
- ◆ 可疑是指借款人已经或者明确即将发生资金不足的情况，并且严重影响贷款的偿还，较大部分金额可能已经无法偿还。
- ◆ 损失是指借款人已经或者即将发生严重影响偿还贷款的情况，导致全部或者大部分贷款金额无法偿还。

- 客户经理编号。关联客户经理信息表的字段。
- 状态。指当前贷款状态，这里存在两种状态：1-正常；9-结清。

上面对贷款台账表业务进行了讲解，这是做数据分析前必须掌握的内容，并且还要熟悉它的数据特点，否则后续编程时就很容易出现错误。

11.1.2　客户经理信息表业务分析

图 11-2 所示为客户经理信息表。

编号	姓名	入职时间	职称	职务	离职时间	手机号	电话	电子邮箱	传真	状态	备注
M0001	辟小萍	2019/12/19	高级信贷员	部门经理		13166666666	010-23456789	ycz@186.com	35666857	1	
M0002	尉迟丁	2018/9/6	中级信贷员	一级信贷员		13266666666	010-72345689	wqq@186.com	98666857	1	
M0003	虞秋翠	2019/3/22	高级信贷员	部门副经理		13366666666	010-23456879	aj@186.com	36666857	1	
M0004	朴安梦	2020/1/2	中级信贷员	一级信贷员		13566666666	010-62345789	xxy@186.com	72666857	1	
M0005	鲁小之	2019/1/16	初级信贷员	二级信贷员		13766666666	010-42356789	hhy@186.com	85666857	1	
M0006	吕觅露	2019/10/18	高级信贷员	分区高级经理		13466666666	010-86234579	hts@186.com	31666857	1	
M0007	杨彤霞	2019/10/3	初级信贷员	二级信贷员		13766666666	010-52346789	axh@186.com	12666857	1	
M0008	单吉敏	2019/11/15	初级信贷员	二级信贷员		13866666666	010-92345678	mrg@186.com	97126857	1	
M0009	郑忆安	2023/12/6	实习生	实习生		13966666666	010-52346789	cqz@186.com	81666857	9	2023年6月毕业生
M0010	白丹亦	2020/12/6	实习生	一级信贷员	2022/2/6	13966666666	010-45987489	yzz@186.com	85666857	0	已离职

图 11-2　客户经理信息表

这里的字段都比较好理解，要注意的是状态字段，它有 3 种取值：1-正常在职；9-试用期员工；0-离职员工。

11.1.3　数据关联

贷款台账表和客户经理信息表存在数据关联，关联字段是贷款台账表的客户经理编号和客户经理信息表的编号，如图 11-3 所示。

借据编号	借款人编号	借款人名称	业务品种	业务品种细分	贷款金额	贷款余额	起贷日期	止贷日期	还款方式	利率（%	担保方式	逾期情况	风险状态	客户经理编号	状态	备注
JJ0001	000001	张三	汽车贷款	二手车贷款	100,000.00	80,000.00	2021/4/11	2023/4/11	等额本息	4	抵押	1	正常	M0007	1	
JJ0002	000002	李四	个人其他消费贷款	住房装修贷款	100,000.00	0.00	2020/6/2	2020/6/2	一次性还清	6	抵押	1	正常	M0005	9	2022-1-3还清
JJ0003	000003	钱五	汽车贷款	一手车贷款	20,000.00	15,000.00	2021/5/31	2024/1/8	等额本金	5	信用	1	正常	M0003	1	
JJ0004	000004	赖元思	住房贷款	首套房贷款	2,000,000.00	1,800,000.00	2021/9/13	2041/9/13	等额本金	4	抵押	1	正常	M0008	1	
JJ0004	000004	魏元思	住房贷款	首套房贷款	2,000,000.00	1,800,000.00	2021/9/13	2041/9/13	等额本金	4	抵押	1	正常	M0008	1	
JJ0005	000005	阚博睿	住房贷款	非首套房贷款	1,000,000.00	800,000.00	2020/9/6	2030/9/6	等额本息	4	抵押	1	正常	M0008	1	
JJ0006	000006	扶向晨	住房贷款	住房装修贷款	50,000.00	50,000.00	2020/4/11	2025/4/11	不定期还款	6	信用	1	正常	M0006	1	
JJ0007	000007	郝光启	汽车贷款	一手车贷款	60,000.00	40,000.00	2020/9/2	2023/9/2	等额本息	5	抵押	1	正常	M0005	1	
	000008	满巍昂	住房贷款	首套房贷款	1,500,000.00	1,400,000.00	2021/8/15	2051/8/15	等额本息	5	抵押	1	正常	M0006	1	
JJ0009	000009	古建义	个人其他消费贷款	大宗商品贷款	30,000.00	20,000.00	2020/1/9	2022/1/9	不定期还款	6	信用	1	正常	M0006	1	

编号	姓名	入职时间	职称	职务	离职时间	手机号	电话	电子邮箱	传真	状态	备注
M0001	辟小萍	2019/12/19	高级信贷员	部门经理		13166666666	010-23456789	ycz@186.com	35666857	1	
M0002	尉迟丁	2018/9/6	中级信贷员	一级信贷员		13266666666	010-72345689	wqq@186.com	98666857	1	
M0003	虞秋翠	2019/3/22	高级信贷员	部门副经理		13366666666	010-23456879	aj@186.com	36666857	1	
M0004	朴安梦	2020/1/2	中级信贷员	一级信贷员		13566666666	010-62345789	xxy@186.com	72666857	1	
M0005	鲁小之	2019/1/16	初级信贷员	二级信贷员		13766666666	010-42356789	hhy@186.com	85666857	1	
M0006	吕觅露	2019/10/18	高级信贷员	分区高级经理		13466666666	010-86234579	hts@186.com	31666857	1	
M0007	杨彤霞	2019/10/3	初级信贷员	二级信贷员		13766666666	010-52346789	axh@186.com	12666857	1	
M0008	单吉敏	2019/11/15	初级信贷员	二级信贷员		13866666666	010-92345678	mrg@186.com	97126857	1	
M0009	郑忆安	2023/12/6	实习生	实习生		13966666666	010-52346789	cqz@186.com	81666857	9	2023年6月毕业生
M0010	白丹亦	2020/12/6	实习生	一级信贷员	2022/2/6	13966666666	010-45987489	yzz@186.com	85666857	0	已离职

图 11-3　贷款台账表和客户经理信息表关联

11.2　数据处理

掌握业务和数据的特点后，先要读取数据，然后进行数据处理，包括验证数据的合法性、修复和处理默认值等。编写代码时，需要在项目中导入 pandas、NumPy、openpyxl、xlwings、Matplotlib和 Seaborn 库。

11.2.1　验证和修复数据

在做数据分析前，需要先验证数据，然后根据业务找到不合理的数据并对其进行修复。本例需要修复借据编号为空的数据，同时剔除重复的数据。在修复数据之前，需要先找到那些有问题的数据：

```python
import pandas as pd

file_path = r"D:\我的实践\个人贷款数据\{0}"
# 读取贷款台账表数据
load_info = pd.read_excel(file_path.format("贷款台账表.xlsx"))
# 查找借据编号为空的数据索引
null_idx = load_info["借据编号"].isnull()
# 查找借据编号为空的数据
print(load_info[null_idx]) # ①
# 查找借据编号重复的数据索引
dup_idx = load_info["借据编号"].duplicated()
# 查找借据编号重复的数据
print(load_info[dup_idx]) #  ②
```

代码①查找借据编号为空的数据，代码②查找借据编号重复的数据。运行代码，结果如下：

```
  借据编号 借款人编号 借款人名称 业务品种 业务品种细分 贷款金额 ... 担保方式 逾期情况 风险状态
客户经理编号    状态    备注
8 NaN    8    满巍昂    住房贷款    首套房贷款   1500000 ...  抵押    正常   M0006 1 NaN

[1 rows x 17 columns]
   借据编号 借款人编号 借款人名称 业务品种 业务品种细分   贷款金额 ...   担保方式 逾期情况 风险状态
客户经理编号    状态    备注
4 JJ0004    4    赖元思    住房贷款    首套房贷款   2000000 ...   抵押   1 正常 M0008 1 NaN

[1 rows x 17 columns]
```

从结果来看，已经成功地找到了借据编号为空的数据和借据编号重复的数据。对于借据编号为空的记录，要进行修复，假设经实际查证，这条记录的借据编号为"JJ0008"，那么就可以填补这条记录的借据编号。对于重复的记录，需要考虑保存哪条记录。

> ⚠ **验证数据需要根据自己的业务需求来确定**
> 　　验证数据是对存在字段的合法性进行验证，如是否非空、数据类型是否正确等。此外，还有一些逻辑方面的验证，比如要求"交易金额=定价×件数"。但是无论如何，都应该确保源头数据的质量。有时候源头数据质量太差，无法进行修复，将导致后续的统计分析无法进行，所以源头数据的质量是至关重要的。

11.2.2 读取数据

为了更好地读取数据，这里创建文件 file_reader.py 来编写代码。对于借据编号为空的记录，将其修复，填入 "JJ0008"；对于重复的记录，保留最先出现的那条。下面来读取贷款台账表数据，如代码清单 11-1 所示：

代码清单 11-1 读取贷款台账表数据（file_reader.py）

```python
import pandas as pd

# 文件路径
file_path = r"D:\我的实践\个人贷款数据\{0}"


def read_loan_info(filename):
    """
    读取贷款台账表数据
    :param filename: 文件名称
    :return: 贷款台账表数据
    """
    # 读取文件，并指定借款人编号为字符串
    loan_info = pd.read_excel(file_path.format(filename), dtype={"借款人编号": str})
    # 去除空行
    loan_info.dropna(how="all")
    # 查找借据编号为空的数据
    null_idx = loan_info["借据编号"].isnull()
    # 清除借据编号为空的数据
    loan_info.drop(loan_info[null_idx].index, inplace=True)
    # 去除重复数据
    loan_info.drop_duplicates("借据编号", inplace=True)
    # 重置索引
    loan_info.reset_index(inplace=True)
    if "index" in loan_info:
        # 删除 index 列
        loan_info.drop(columns="index", inplace=True)
    return loan_info
```

上述代码的核心是 read_loan_info()函数，先读取数据，然后处理数据（包括去除空行、不符合要求的数据和重复的数据），最后修复索引并返回结果。

接下来读取客户经理信息表数据，其代码与读取贷款台账表数据类似：

```python
def read_loan_mrg(filename):
    """
    读取客户经理信息表
    :param filename: 文件名称
    :return: 客户经理信息
    """
    # 读取客户经理信息表数据
    mrg_info = pd.read_excel(file_path.format(filename))
    # 删除空行
    mrg_info.dropna(how="all")
    # 查找编号为空的数据
    null_idx = mrg_info["编号"].isnull()
    # 清除编号为空的数据
```

```
mrg_info.drop(mrg_info[null_idx].index, inplace=True)
# 去除重复数据
mrg_info.drop_duplicates("编号", inplace=True)
if "index" in mrg_info.columns:
    # 删除 index 列
    mrg_info.drop(columns="index", inplace=True)
return mrg_info
```

有了这些读取数据的函数，后续获取数据就很方便了。

> ⚠ **在处理大量代码或者复杂情况时，要学会将代码拆分为模块和函数**
>
> 　　本节中的读取文件代码创建了一个独立的文件，然后编写了两个函数来读取不同的 Excel 数据。不要尝试在一个文件中将代码写完，遇到一些复杂的情况，应该考虑拆分代码。拆分为文件和函数有两个好处：一方面，代码的层次更清晰，有助于我们阅读和理解代码；另一方面，当遇到问题时，可以将可能出错的范围控制在某个文件的某个函数内，这样就能更方便地定位问题，以进行维护。

11.3　数据筛选

　　读取、验证、修复数据后，就要考虑数据筛选的问题了。筛选数据有两个原因：一方面，如果需要分析某些数据，就需要细致地研究相关的业务；另一方面，统计分析也是建立在数据筛选的基础上的。

11.3.1　简单地筛选数据

　　有时候只需要简单地筛选数据，比如根据借据编号查找对应的数据。假设需要筛选借据编号为"JJ0013"的数据，在 Excel 中可以像图 11-4 这样操作。

图 11-4　根据借据编号筛选数据

　　在图 11-4 中，打开 Excel 文件的"数据"菜单项，点击"数据筛选"按钮，在"借据编号"列设置筛选条件为"JJ0013"即可获取数据。在 Python 中实现这个功能也很简单，可以创建文件 search.py，然后编写代码清单 11-2 所示的代码：

代码清单 11-2　简单筛选数据（search.py）
```
# 导入模块
import file_reader as fr

# 读取贷款台账表数据
loan_info = fr.read_loan_info("贷款台账表.xlsx")
# 根据借据编号获取数据
condition_no = loan_info["借据编号"] == "JJ0013"   # ①
print(loan_info[condition_no])
```

筛选数据的关键在于筛选条件的编写，代码①编写筛选条件，比较简单。有时候需要根据借款人名称来筛选数据，比如查找借款人名称为"方成弘"或者"高山梅"的贷款，在 Excel 中，可以如图 11-5 这样操作。

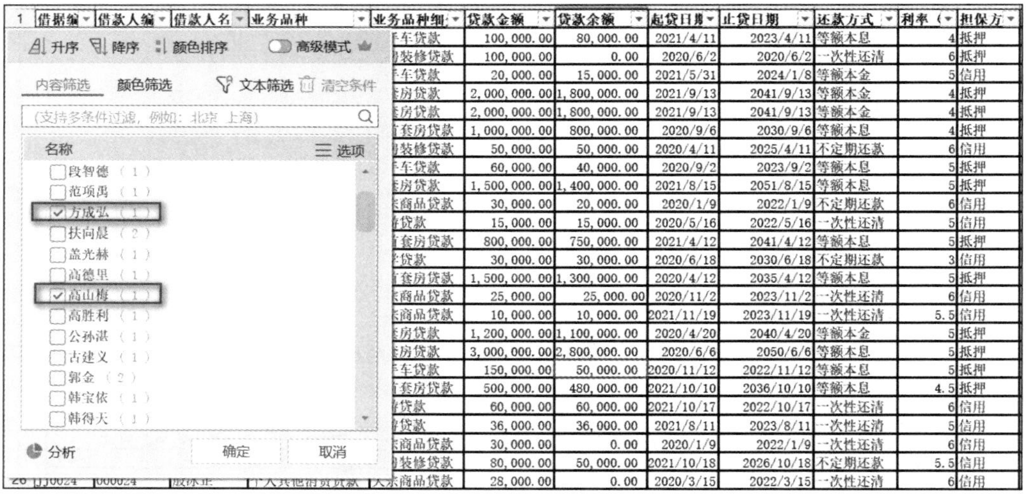

图 11-5　根据借款人名称查找贷款

图 11-5 中，在借款人名称列中选中了"方成弘"和"高山梅"这两个借款人名称，这样就能筛选出需要的数据了。在 Python 中，可以使用如下代码操作：

```
# 根据借款人名称筛选数据
condition_names = (loan_info["借款人名称"] == "方成弘") \
                  | (loan_info["借款人名称"] == "高山梅") # ①
print(loan_info[condition_names])
```

代码①编写筛选数据的条件，这里的运算符是"|"，它表示或者，也就是只要满足其中的一个条件即可。

11.3.2　模糊查询

有时候需要进行模糊查询，比如查找借款人名称开头是"张"的贷款，或者查找借款人名称包含"德"的贷款，如图 11-6 和图 11-7 所示。

图 11-6 查找借款人名称开头是"张"的记录（非检索结果）

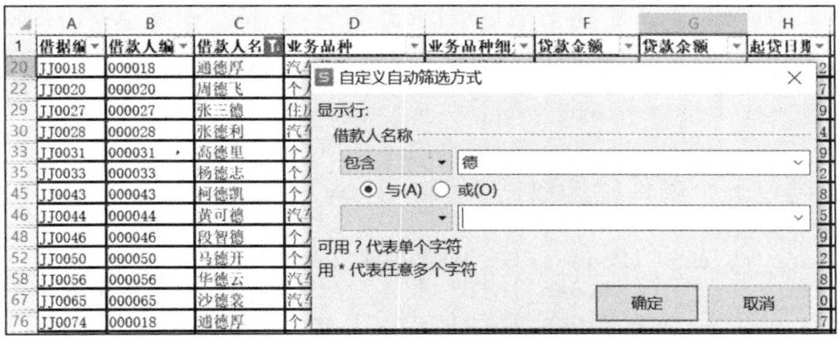

图 11-7 查找借款人名称包含"德"的记录

通过图 11-6 所示的操作就能找到"张"姓借款人的记录；通过图 11-7 所示的操作就能找到借款人名称包含"德"的记录。在 Python 中实现这两个操作也不难，如代码清单 11-3 所示：

代码清单 11-3　模糊查询数据（search.py）

```
# 限定借款人名称为"张"姓
condition_name_start = loan_info["借款人名称"].str.startswith("张") # ①
print(loan_info[condition_name_start])

# 限定借款人名称包含"德"
condition_name_contain = loan_info["借款人名称"].str.contains("德") # ②
print(loan_info[condition_name_contain])
```

代码①使用 startswith()方法来获取"张"姓借款人的贷款记录；代码②使用 contains()方法获取借款人名称含有"德"的贷款记录。

11.3.3　按多个条件筛选数据

有时候需要查询业务品种为汽车贷款且业务品种细分为一手车贷款的存量记录。请注意，这里要求的是存量记录，也就是状态为 1（正常）的贷款，对于状态为 9（结清）的贷款，由于借款人已经还清，因此不属于存量记录。按照要求，进行数据筛选时，先设置业务品种为汽车贷款，然后设置业务品种细分为一手车贷款，最后设置状态为 1。上述的查询显然是多条件的复合查询，在实践中，这样的查询也是常见的。这里用图 11-8 来展示如何使用状态列进行查询，对其他的列设置查询时与此类似，此处就不再展示了。

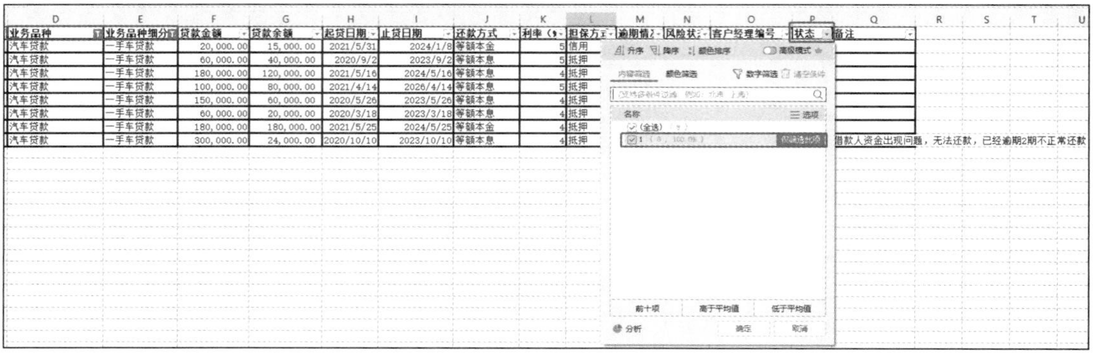

图 11-8 筛选业务品种为汽车贷款且业务品种细分为一手车贷款的存量记录

通过图 11-8 所示的操作，就能筛选出满足条件的记录。使用 Python 来实现也不是很困难，如代码清单 11-4 所示：

代码清单 11-4 通过多个条件筛选数据（search.py）

```python
# 查找一手车贷款的存量数据
condition_business_type = (loan_info["业务品种"] == "汽车贷款") \
                          & (loan_info["业务品种细分"] == "一手车贷款") \
                          & (loan_info["状态"] == 1) # ①
print(loan_info[condition_business_type])
```

显然这里使用了多个条件进行查询。

下面查找现有存量的不良贷款，不良贷款是指风险状态为次级、可疑和损失这 3 种状态之一的贷款。为了筛选数据，可以先参考图 11-8 选中对应贷款状态为 1 的数据，然后选中次级、可疑和损失风险状态，如图 11-9 所示。

图 11-9 筛选不良贷款

通过图 11-9 所示的操作就能获取不良贷款记录了，也可以通过代码清单 11-5 来筛选存量不良贷款：

代码清单 11-5 通过多个条件筛选存量不良贷款（search.py）

```python
# 查找存量不良贷款（风险状态为次级、可疑或者损失的贷款）
condition_npl = ((loan_info["风险状态"] == "次级") |
```

```
        (loan_info["风险状态"] == "可疑") |
        (loan_info["风险状态"] == "损失")) \
    & (loan_info["状态"] == 1) # ①
print(loan_info[condition_npl])
```

代码①设置筛选条件，这里请注意各风险状态作为条件用"()"括起来，这是因为运算符"|"的优先级低于运算符"&"。

> ⚠️ **同时使用"&"和"|"时，请注意"&"的优先级高于"|"**
>
> 初学者有时会忽略"&"和"|"的优先级问题，以如下条件为例进行说明：
>
> (loan_info["风险状态"] == "次级") | (loan_info["风险状态"] == "可疑") & (loan_info["状态"] == 1)
>
> 这个条件在运算时，会先计算：
>
> (loan_info["风险状态"] == "可疑") & (loan_info["状态"] == 1)
>
> 假设这个条件返回的结果为 result，那么接下来就做如下计算：
>
> (loan_info["风险状态"] == "次级") | result
>
> 所以读者在使用"&"和"|"时，需要特别注意其优先级。

11.3.4 查找十大存量贷款记录

业务的金额必然有大有小，一般大额业务对企业的影响较大，所以有必要对贷款进行排名，然后筛选出业务份额较大的贷款。请注意这里要查找的是存量贷款，也就是状态为 1 的贷款，而排序的规则是按贷款余额进行降序排列。在 Excel 中实现这个功能不难，按照图 11-8 所示的操作先筛选出状态为 1 的贷款记录，然后选中贷款余额列，最后进行降序排列即可，如图 11-10 所示。

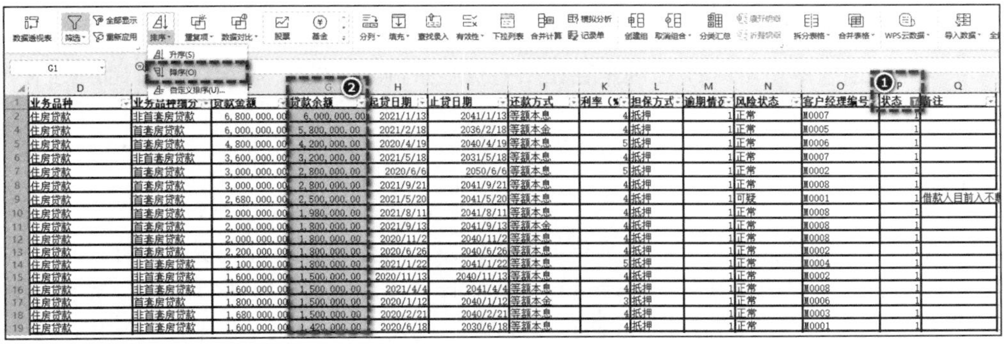

图 11-10　按贷款余额进行降序排列查找十大存量贷款记录

在图 11-10 中，①处筛选出状态为 1 的贷款记录，②处选中贷款余额列，然后通过排序菜单进行降序排列，这样就能够找到需要的十大存量贷款了。Python 也可以实现这样的功能，如代码清单 11-6 所示：

代码清单 11-6　查找十大存量贷款（search.py）

```python
# 查找存量贷款
effective_loan = loan_info[loan_info["状态"] == 1] # ①
# 对贷款余额进行降序排名
ranks = effective_loan["贷款余额"].rank(ascending=False, method="dense") # ②
# 插入排名列
```

```
effective_loan.insert(0, "排名", ranks)
# 根据排名排序，忽略索引影响
result = effective_loan.sort_values(by=["排名", "借据编号"],

                                    ignore_index=True) # ③
# 需要显示的列
show_cols = ["借据编号", "借款人名称", "起贷日期", "贷款金额", "贷款余额", "排名"]
# 输出十大存量贷款（存在金额相同的可能）
print(result[show_cols][result["排名"] <= 10]) # ④
```

代码①筛选出状态为 1 的贷款，这是存量贷款；代码②进行排名，参数 ascending 设置为 False 表示降序，采用的是 dense 算法进行排名，关于这个算法可以参考 8.3.4 节的内容；代码③根据排名对数据排序；代码④获取贷款余额排名前十的记录。运行代码，结果如下：

	借据编号	借款人名称	起贷日期	贷款金额	贷款余额	排名
0	JJ0100	司马露	2021-01-13	6800000	6000000	1.0
1	JJ0037	空身	2021-02-18	6000000	5800000	2.0
2	JJ0061	南宫云	2020-04-19	4800000	4200000	3.0
3	JJ0038	郭金	2021-05-18	3600000	3200000	4.0
4	JJ0017	任和裕	2020-06-06	3000000	2800000	5.0
5	JJ0081	扶向晨	2021-09-21	3000000	2800000	5.0
6	JJ0096	东郭睿姿	2021-05-20	2680000	2500000	6.0
7	JJ0039	黄刚	2021-08-11	2000000	1980000	7.0
8	JJ0004	赖元思	2021-09-13	2000000	1800000	8.0
9	JJ0048	周博	2020-11-02	2000000	1800000	8.0
10	JJ0071	陆乘风	2020-06-26	2200000	1800000	8.0
11	JJ0092	公孙湛	2021-01-22	2100000	1800000	8.0
12	JJ0035	空贤	2020-11-13	1600000	1500000	9.0
13	JJ0040	杨健	2021-04-04	1600000	1500000	9.0
14	JJ0068	韦英媛	2020-01-12	1800000	1500000	9.0
15	JJ0093	乐骞	2020-02-21	1680000	1500000	9.0
16	JJ0047	王高阳	2020-06-18	1600000	1420000	10.0

从结果来看，记录不止 10 条，原因是存在很多贷款余额相同的情况，不过它们都属于使用 dense 算法排名的十大存量贷款。

11.4 统计分析

前面介绍了通过筛选操作可以获取需要的数据，本节将介绍如何进行统计分析。一般来说，进行统计分析时会根据某个或者某几个维度进行分组统计，以时间为维度进行统计分析也是十分常见的。在进行统计分析时，分组方法 groupby() 或者数据透视表方法 pivot_table() 比较常用，这两个方法就是数据分析的核心内容。为了更好地编写代码，创建文件 loan_analysis.py 来编写对应的函数。

一般来说分组统计分为以下 3 个步骤：

（1）筛选需要统计的数据；

（2）使用对应的方法（分组或者数据透视表）统计分析数据；

（3）处理最后的结果。

11.4.1 使用分组方法 groupby() 按风险状态分组进行统计

下面从最简单的场景开始讲解如何进行分组统计。假设按风险状态进行分组统计，统计的往往都是存量贷款，也就是状态为 1 的记录，并且统计一般都是计算贷款余额，毕竟贷款余额是未收回的本金，是存在风险的。下面使用 groupby()方法来计算贷款的风险状态情况，如代码清单 11-7 所示：

代码清单 11-7　按风险状态分组统计存量贷款数据（loan_analysis.py）

```python
# 导入所需模块
import file_reader as fr
import numpy as np

def by_risk_state(loan_info):
    """
    按风险状态汇总贷款余额和求业务笔数
    :param loan_info: 贷款台账表数据
    :return: 按风险状态汇总的数据
    """
    # 筛选出现有存量贷款
    eff_info = loan_info[loan_info["状态"] == 1] # ①
    # 各列统计方法
    methods = {"借据编号": np.count_nonzero, # 求笔数
               "贷款余额": np.sum} # 求和
    # 数据统计分析
    result = eff_info.groupby(["风险状态"]).agg(methods) # ②
    # 处理分组统计后的结果        ③
    # 重置索引
    result.reset_index(inplace=True)
    # 修改列名
    result.rename(columns={"借据编号": "业务笔数"}, inplace=True)
    # 显示结果
    return result
```

上述代码中，by_risk_state()函数实现按风险状态进行分组统计，该函数分为 3 个步骤，已经在代码中用数字标明：代码①筛选需要统计的存量贷款数据；代码②使用 groupby()方法进行统计分析得到结果；代码③在函数返回前处理结果。

可以编写如下测试代码来测试这个函数：

```python
import file_reader as fr
import loan_analysis as la

file_name = "贷款台账表.xlsx"
# 读取贷款台账表数据
loan_info = fr.read_loan_info(file_name)
# 按风险状态进行分组统计
print(la.by_risk_state(loan_info))
```

运行代码，结果如下：

```
  风险状态  业务笔数    贷款余额
0  关注      1      48000
1  可疑      2    2521000
2  损失      1      30000
3  次级      1      24000
4  正常     91   57966466
```

上述代码只是按风险状态这一个维度进行分组统计，而有时候需要按多个维度进行分组统计，比如按照业务品种和业务品种细分两个维度。下面在 loan_analysis.py 文件中编写函数 by_business_type()

来实现这个功能，如代码清单 11-8 所示：

代码清单 11-8 按业务品种和业务品种细分分组统计存量贷款数据（loan_analysis.py）

```python
def by_business_type(loan_info, details=True):
    """
    按业务品种进行分类
    :param loan_info: 贷款台账表数据
    :param details: 是否在按业务品种的基础上，再按业务品种细分进行分组统计
                    默认值为 True，即需要细分，False 则表示不需要细分
    :return: 按业务品种分组统计的结果
    """
    # 筛选出现有存量贷款
    eff_info = loan_info[loan_info["状态"] == 1]
    # 设置各列的统计方法
    methods = {"借据编号": np.count_nonzero,  # 求笔数
               "贷款余额": np.sum}  # 求和
    if details:  # 需要按业务品种细分统计
        by_columns = ["业务品种", "业务品种细分"]
    else:  # 不需要按业务品种细分统计
        by_columns = ["业务品种"]
    # 数据统计分析
    result = eff_info.groupby(by_columns).agg(methods)
    # 处理分组统计后的结果
    # 重置索引
    result.reset_index(inplace=True)
    # 修改列名
    result.rename(columns={"借据编号": "业务笔数"}, inplace=True)
    # 显示结果
    return result
```

上述代码通过 by_business_type()函数来实现按业务品种进行分组统计，这个函数中有一个参数 details，它的默认值为 True，即在业务品种的基础上再按业务品种细分进行分组统计，代码加粗部分实现了这个功能。

可以编写如下测试代码来测试这个函数：

```python
import file_reader as fr
import loan_analysis as la

file_name = "贷款台账表.xlsx"
# 读取贷款台账表数据
loan_info = fr.read_loan_info(file_name)
# 按业务品种和业务品种细分进行分组统计
print(la.by_business_type(loan_info))
print()
# 按业务品种进行分组统计
print(la.by_business_type(loan_info, False))
```

运行代码，结果如下：

	业务品种	业务品种细分	业务笔数	贷款余额
0	个人其他消费贷款	住房装修贷款	6	530000
1	个人其他消费贷款	大宗商品贷款	15	981000
2	个人其他消费贷款	旅游贷款	11	332000
3	住房贷款	住房装修贷款	1	50000
4	住房贷款	非首套房贷款	16	24770000

```
5        住房贷款          首套房贷款      15      32360000
6        助学贷款          助学贷款        11        461800
7        汽车贷款          一手车贷款      8         539000
8        汽车贷款          二手车贷款      13        565666

         业务品种          业务笔数      贷款余额
0   个人其他消费贷款       32            1843000
1        住房贷款          32           57180000
2        助学贷款          11             461800
3        汽车贷款          21            1104666
```

从结果来看，已经成功地按照业务品种和业务品种细分进行分组统计了。

11.4.2 使用数据透视表按季度统计分析数据

有时候需要考虑按日期维度来统计分析数据，这是十分常见的需求。按日期，在贷款中往往会统计发生额，此时就要统计贷款金额，而不是贷款余额了。这个时候就使用起贷日期为维度进行讨论，常见的时间维度是年、月、季。

对起贷日期来说，直接按年、月、季进行分组不是很便利，这个时候可以先求出起贷日期的年份、月份、季度，再进行统计分析。在 Excel 中的操作如图 11-11 所示。

H	I	J	K	L	M	N	O	P	Q	R	S	T
起贷日期	止贷日期	还款方式	利率（%）	担保方式	逾期情况	风险状态	客户经理编号	状态	备注	年份	月份	季度
2021/4/11	2023/4/11	等额本息	4	抵押	1	正常	M0007	1		2021	4	2
2020/6/2	2020/6/2	一次性还清	6	抵押	1	正常	M0005	9	2022-1-3还清	2020	6	2
2021/5/31	2024/1/8	等额本金	5	信用	1	正常	M0003	1		2021	5	2
2021/9/13	2041/9/13	等额本金	4	抵押	1	正常	M0008	1		2021	9	3
2021/9/13	2041/9/13	等额本金	4	抵押	1	正常	M0008	1		2021	9	3
2020/9/6	2030/9/6	等额本息	4	抵押	1	正常	M0008	1		2020	9	3
2020/4/11	2025/4/11	不定期还款	6	信用	1	正常	M0006	1		2020	4	2
2020/9/2	2023/9/2	等额本息	5	抵押	1	正常	M0005	1		2020	9	3
2021/8/15	2051/8/15	等额本息	5	抵押	1	正常	M0006	1		2021	8	3
2020/1/9	2022/1/9	不定期还款	6	信用	1	正常	M0006	1		2020	1	1
2020/5/16	2022/5/16	一次性还清	5	信用	1	正常	M0003	1		2020	5	2
2021/4/12	2041/4/12	等额本息	5	抵押	1	正常	M0006	1		2021	4	2
2020/6/18	2030/6/18	不定期还款	3	信用	1	正常	M0007	1		2020	6	2
2020/4/12	2035/4/12	等额本息	5	抵押	1	正常	M0004	1		2020	4	2

图 11-11　给数据添加年、月、季列

在图 11-11 中，右边的 3 列是新加入的。R 列为年份列，R2 单元格中输入公式“=YEAR(H2)”，R3 单元格中输入公式“=YEAR(H3)”，以此类推。S 列为月份列，S2 单元格中输入公式“=MONTH(H2)”，S3 单元格中输入公式“=MONTH(H3)”，以此类推。T 列为季度列，T2 单元格中输入公式“=MATCH (MONTH(H2),{1,4,7,10},1)”，T3 单元格中输入公式“=MATCH (MONTH(H3),{1,4,7,10},1)”，以此类推。这样就能获取每一条贷款记录发生的年、月、季了。

下面先用 Excel 的数据透视表按季度和业务品种分组，求出 2021 年各季度贷款发生的笔数和总额。但要注意这里并不是求存量，而是包含那些状态为结清的贷款，所以不需要通过状态来筛选数据。先打开数据透视表，然后通过数据透视表来求出对应的数据，如图 11-12 所示。

注意图 11-12 右下角的数据透视表区域，这里的筛选器选择了年份列，并且在 B1 单元格选定了 2021 年，这样就可以筛选出对应年份的数据了。数据透视表区域的行选择季度和业务品种，这样就能按这两个维度进行分组统计了。数据透视表区域的值选择借据编号和贷款金额，并且分别设置计算方法为计数项和求和项。

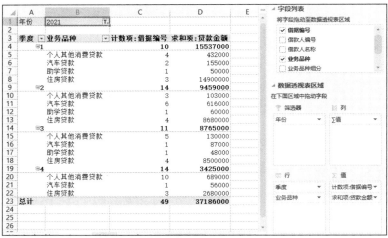

图 11-12　按季度和业务品种求出 2021 年贷款的笔数和总额

下面通过 Python 实现这个功能，为此在 loan_analysis.py 文件中编写 insert_year_month_quarter() 和 by_quarter_business_type()函数，如代码清单 11-9 所示：

代码清单 11-9　按某年季度和业务品种分组统计贷款数据（loan_analysis.py）

```python
def insert_year_month_quarter(loan_info):
    """
    给贷款记录添加年、月、季列
    :param loan_info: 贷款台账表数据
    :return: 添加年月季后的贷款
    """
    # 计算出年、月、季
    years = loan_info["起贷日期"].dt.year  # 年
    months = loan_info["起贷日期"].dt.month  # 月
    quarters = loan_info["起贷日期"].dt.quarter  # 季
    # 计算出有多少列
    col_idx = loan_info.shape[1]
    # 给记录对应的地方添加年、月、季
    loan_info.insert(col_idx, "年份", years)
    loan_info.insert(col_idx + 1, "月份", months)
    loan_info.insert(col_idx + 2, "季度", quarters)
    return loan_info


def by_quarter_business_type(loan_info, year):
    """
    按季度求出贷款的发生额和笔数
    :param loan_info: 贷款台账表数据
    :param year: 年份
    :return: 贷款发生额和笔数
    """

    # 筛选对应年份的数据
    loan_year = loan_info[loan_info["年份"] == year]
    result = loan_year.pivot_table(
        # 数据透视行
```

```
            index=["季度", "业务品种"],
            # 数据透视值
            values=["借据编号", "贷款金额"],
            aggfunc={"借据编号": np.count_nonzero,   # 计数
                     "贷款金额": np.sum   # 求和
                     }
    )
    result.reset_index(inplace=True)
    result.rename(columns={"借据编号": "贷款笔数"}, inplace=True)
    return result
```

上述代码中，insert_year_month_quarter()函数的作用是添加年、月、季各列，比较简单，就不再详细讨论了。而 by_quarter_business_type()函数是数据透视表计算的核心代码，所以重点讨论它。这个函数先通过年份条件来筛选数据，再通过加粗的数据透视表方法 pivot_table()来获取汇总数据。pivot_table()方法的参数对应的数据透视区域如图 11-13 所示。

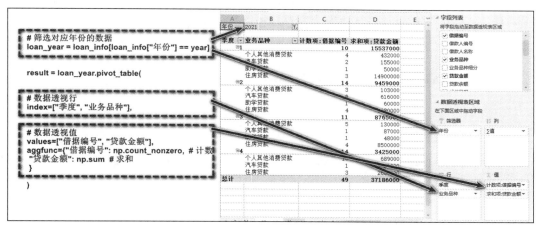

图 11-13　pivot_table()方法的参数和 Excel 中数据透视表区域的对应关系

图 11-13 已经给出 pivot_table()方法的参数和 Excel 中数据透视表区域的对应关系。下面编写代码来测试这个数据透视表的功能：

```
import file_reader as fr
import loan_analysis as la

file_name = "贷款台账表.xlsx"
# 读取贷款台账表数据
loan_info = fr.read_loan_info(file_name)
# 插入年、月、季列
la.insert_year_month_quarter(loan_info)
# 按季度求贷款笔数和发生额
print(la.by_quarter_business_type(loan_info, 2021))
```

运行后，结果如下：

```
    季度     业务品种       贷款笔数        贷款金额
0    1    个人其他消费贷款       4        432000
1    1    住房贷款          3      14900000
2    1    助学贷款          1         50000
```

3	1	汽车贷款	2	155000
4	2	个人其他消费贷款	3	103000
5	2	住房贷款	4	8680000
6	2	助学贷款	1	60000
7	2	汽车贷款	6	616000
8	3	个人其他消费贷款	5	130000
9	3	住房贷款	4	8500000
10	3	助学贷款	1	48000
11	3	汽车贷款	1	87000
12	4	个人其他消费贷款	10	689000
13	4	住房贷款	3	2680000
14	4	汽车贷款	1	56000

11.4.3　使用数据透视表按月份统计贷款笔数和发生额

由于数据透视表是很常用的功能，因此这里再举一个例子进行说明。在统计贷款时，有可能需要统计某年 12 个月各类业务品种贷款的笔数和发生额。回到图 11-11，假设已经在贷款台账表中加入了年、月、季各列，就可以进行数据透视表的操作了，如图 11-14 所示。

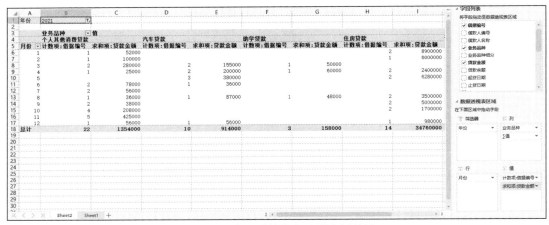

图 11-14　各月份按业务品种分组统计

注意图 11-14 中右下角的数据透视表区域：筛选器选择了年份，然后在左上角 B1 单元格选定 2021 年，也就是只筛选 2021 年的数据；列选择了业务品种；行选择了月份；值选择了借据编号和贷款金额，其中设置对借据编号计数、贷款金额求和。这就是使用 Excel 进行数据透视的过程。

Python 也可以实现这个功能，为此在 loan_analysis.py 文件中添加函数 by_month_business_type()，如代码清单 11-10 所示：

代码清单 11-10　按某年月份和业务品种分组统计贷款数据（loan_analysis.py）

```
def by_month_business_type(loan_info, year):
    """
    按月份和业务品种统计贷款的笔数和发生额
    :param loan_info:
    :param year:
    :return: 按月份和业务品种统计贷款的笔数和发生额
    """
    # 筛选对应年份的数据
```

```
loan_year = loan_info[loan_info["年份"] == year]
# 数据透视表
result = loan_year.pivot_table(
    # 数据透视行
    index=["月份"],
    # 数据透视值
    values=["借据编号", "贷款金额"],
    aggfunc={"借据编号": np.count_nonzero,  # 计数
             "贷款金额": np.sum  # 求和
             },
    # 数据透视列
    columns=["业务品种"],
    # 显示合计数据
    margins=True,
    margins_name="合计"
)
result.reset_index(inplace=True)
result.rename(columns={"借据编号": "贷款笔数"}, inplace=True)
return result
```

上述代码中的加粗部分就是需要讲解的核心。为了方便读者理解，这里给出 pivot_table()方法的参数和 Excel 中数据透视表区域的对应关系，如图 11-15 所示。

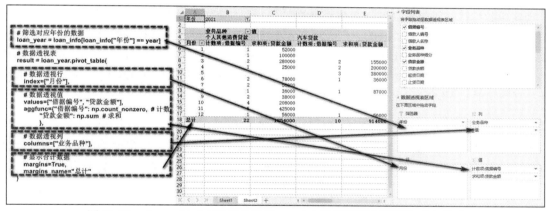

图 11-15　pivot_table()方法的参数和 Excel 中数据透视表区域的对应关系

图 11-15 已经给出了 Excel 数据透视表区域和 Python 方法的参数之间的对应关系。相信通过这张图就很容易理解 pivot_table()方法的参数的含义。

下面编写代码来测试 by_month_business_type()函数：

```
import file_reader as fr
import loan_analysis as la

file_name = "贷款台账表.xlsx"
# 读取贷款台账表数据
loan_info = fr.read_loan_info(file_name)
# 插入年、月、季列
la.insert_year_month_quarter(loan_info)
# 按季度求贷款笔数和发生额
print(la.by_month_business_type(loan_info, 2021))
```

运行代码，结果如下：

业务品种	月份	贷款笔数 个人其他消费贷款	住房贷款	助学贷款	汽车贷款	合计	贷款金额 个人其他消费贷款	住房贷款	助学贷款	汽车贷款	合计
0	1	1.0	2.0	NaN	NaN	3	52000.0	8900000.0	NaN	NaN	8952000
1	2	1.0	1.0	NaN	NaN	2	100000.0	6000000.0	NaN	NaN	6100000
2	3	2.0	NaN	1.0	2.0	5	280000.0	NaN	50000.0	155000.0	485000
3	4	1.0	2.0	1.0	2.0	6	25000.0	2400000.0	60000.0	200000.0	2685000
4	5	NaN	2.0	NaN	3.0	5	NaN	6280000.0	NaN	380000.0	6660000
5	6	2.0	NaN	NaN	1.0	3	78000.0	NaN	NaN	36000.0	114000
6	7	2.0	NaN	NaN	NaN	2	56000.0	NaN	NaN	NaN	56000
7	8	1.0	2.0	1.0	1.0	5	36000.0	3500000.0	48000.0	87000.0	3671000
8	9	2.0	2.0	NaN	NaN	4	38000.0	5000000.0	NaN	NaN	5038000
9	10	4.0	2.0	NaN	NaN	6	208000.0	1700000.0	NaN	NaN	1908000
10	11	5.0	NaN	NaN	NaN	5	425000.0	NaN	NaN	NaN	425000
11	12	1.0	1.0	NaN	1.0	3	56000.0	980000.0	NaN	56000.0	1092000
12	合计	22.0	14.0	3.0	10.0	49	1354000.0	34760000.0	158000.0	914000.0	37186000

从结果来看，已经按月份和业务品种两个维度分组统计了贷款的笔数和发生额。

11.5 通过数据关联查询和统计分析数据

现实中数据往往不是独立的，而是互相关联的，比如贷款台账表的客户经理编号字段和客户经理信息表的编号字段是相互关联的。假设现在需要按客户经理维度来查找和统计数据，那么就要考虑数据关联的问题了。在 Excel 中，主要使用 VLOOKUP()函数来关联数据，可以参考第 7 章中的图 7-2，但使用 VLOOKUP()函数时受限较多。在 DataFrame 中主要使用 merge()方法来实现两张表的关联，它的功能比 VLOOKUP()函数强大得多。

11.5.1 通过关联查询数据

假设要查找客户经理为"吕觅露"的存量贷款台账表数据。为了实现这个功能，先创建文件 cst_loan_analysis.py，然后编写函数 find_loan_by_mrg_name()，如代码清单 11-11 所示：

代码清单 11-11 通过关联数据按客户经理姓名查询存量数据（cst_loan_analysis.py）

```
import numpy as np


def find_loan_by_mrg_name(loan_info, mrg_info, name):
    """
    根据客户经理姓名查找贷款台账表数据
    :param loan_info: 贷款台账表数据
    :param mrg_info: 客户经理信息表数据
    :param name: 客户经理姓名
    :return: 客户经理管理的贷款数据
    """
    # 关联两张表的数据
    join_info = loan_info[loan_info["状态"] == 1].merge(
        mrg_info, left_on="客户经理编号", right_on="编号") # ①
    # 根据客户经理姓名查找数据
    result = join_info[join_info["姓名"] == name]
    return result
```

代码①使用 merge()方法关联两张表，从而得到关联数据，而关联的字段通过 left_on 和 right_on

参数指定。接下来就可以通过姓名来筛选数据了。下面编写代码来测试这个函数:

```
import file_reader as fr
import cst_loan_analysis as cla

# 文件名
loan_file_name = "贷款台账表.xlsx"
mrg_file_name = "客户经理信息表.xlsx"
# 读取贷款台账表数据
loan_info = fr.read_loan_info(loan_file_name)
# 读取客户经理信息表数据
mrg_info = fr.read_loan_mrg(mrg_file_name)
# 参数
cst_name = "吕觅露"
# 函数调用
print(cla.find_loan_by_mrg_name(loan_info, mrg_info, cst_name))
```

运行代码,结果如下:

	借据编号	借款人编号	借款人名称	业务品种	...	电子邮箱	传真	状态_y	备注_y
36	JJ0006	000006	扶向晨	住房贷款	...	hts@186.com	31666857	1	NaN
37	JJ0008	000008	满巍昂	住房贷款	...	hts@186.com	31666857	1	NaN
38	JJ0009	000009	古建义	个人其他消费贷款	...	hts@186.com	31666857	1	NaN
39	JJ0011	000011	余莎莎	住房贷款	...	hts@186.com	31666857	1	NaN
40	JJ0059	000059	罗弘毅	汽车贷款	...	hts@186.com	31666857	1	NaN
41	JJ0061	000061	南宫云	住房贷款	...	hts@186.com	31666857	1	NaN
42	JJ0063	000063	李嘉容	个人其他消费贷款	...	hts@186.com	31666857	1	NaN
43	JJ0068	000068	韦英媛	住房贷款	...	hts@186.com	31666857	1	NaN
44	JJ0095	000081	康芸姝	助学贷款	...	hts@186.com	31666857	1	NaN

11.5.2 关联客户经理信息表并统计分析数据

下面通过代码来实现按客户经理维度统计分析数据,为此可以在 cst_loan_analysis.py 文件中新增 mrg_loan_analysis()函数,如代码清单 11-12 所示:

代码清单 11-12 通过关联数据按客户经理统计存量数据(cst_loan_analysis.py)

```
def mrg_loan_analysis(loan_info, mrg_info):
    """
    按客户经理维度分组统计数据
    :param loan_info: 贷款台账表数据
    :param mrg_info:客户经理信息表数据
    :return:
    """
    join_info = loan_info[loan_info["状态"] == 1].merge(
        mrg_info, left_on="客户经理编号", right_on="编号") # ①
    # 设置各列的统计方法
    methods = {"借据编号": np.count_nonzero, "贷款余额": np.sum}
    # 分组统计
    result = join_info.groupby(["客户经理编号", "姓名"]).agg(methods) # ②
    # 重置索引
    result.reset_index(inplace=True)
    result.rename(columns={"借据编号": "贷款笔数"}, inplace=True)
    return result
```

代码①使用 merge()方法关联两张表,从而得到关联数据,关联的字段通过参数 left_on 和 right_on 来指定;代码②处使用 groupby()方法进行分组统计。为了测试 mrg_loan_analysis()函数,编写如下测试代码:

```
import file_reader as fr
import cst_loan_analysis as cla

# 文件名
loan_file_name = "贷款台账表.xlsx"
mrg_file_name = "客户经理信息表.xlsx"
# 读取贷款台账表数据
loan_info = fr.read_loan_info(loan_file_name)
# 读取客户经理信息表数据
mrg_info = fr.read_loan_mrg(mrg_file_name)
# 函数调用
print(cla.mrg_loan_analysis(loan_info, mrg_info))
```

运行代码，结果如下：

	客户经理编号	姓名	贷款笔数	贷款余额
0	M0001	辟小萍	9	7376000
1	M0002	尉迟丁	14	8688666
2	M0003	虞秋翠	11	2018000
3	M0004	朴安梦	17	5316000
4	M0005	鲁小之	11	6263000
5	M0006	吕觅露	9	8052800
6	M0007	杨彤霞	10	10792000
7	M0008	单吉敏	15	12083000

11.6 数据可视化

进行数据分析后，接下来就要考虑绘制图表进行数据可视化的问题了。数据可视化的主要目的是借助图形化手段，清晰有效地展示数据，使需要查看数据的人员能更加直观和高效地掌握和理解数据。在办公自动化中最常见的 4 种图表是柱形图、折线图、条形图和饼图，其中柱形图和条形图是相似的。本章的例子主要使用柱形图、折线图和饼图，第 12 章的例子将使用条形图。

> ⚠️ **在绘制数据可视化的图表前，应该注意不同图表的使用场景**
> - 折线图适用于显示相等时间间隔的数据的趋势。
> - 柱形图用来比较两个或两个以上的值的大小，比如一年中四季的销售额。
> - 条形图是柱形图的横向倒置形式。
> - 饼图用于显示一个数据系列中各项的大小与占比。

一般来说，先进行数据分析，得到结果后再根据数据来绘制图表。下面分节绘制 3 张图表进行实践。

11.6.1 绘制折线图展示两年各月份的贷款数据

为了绘制某年 12 个月的贷款发生额，需要先统计分析这 12 个月的贷款笔数和发生额。为此在 loan_analysis.py 文件中添加 by_month()函数，如代码清单 11-13 所示：

代码清单 11-13 统计某年 12 个月的贷款发生额（loan_analysis.py）

```
def by_month(loan_info, year):
    """
    按月统计贷款笔数和发生额
    :param loan_info: 贷款台账表数据
```

```
    :param year: 年份
    :return: 该年份 12 个月贷款笔数和发生额
    """
    # 筛选对应年份的数据
    loan_year = loan_info[loan_info["年份"] == year]
    # 各列统计方法
    methods = {"借据编号": np.count_nonzero,  # 求笔数
               "贷款金额": np.sum}  # 求和
    # 按月分组统计数据
    result = loan_year.groupby("月份").agg(methods)
    # 重置索引
    result.reset_index(inplace=True)
    result.rename(columns={"借据编号": "贷款笔数"}, inplace=True)
    return result
```

这样就能得到某年 12 个月的贷款发生额了，接下来绘制图表。新建一个文件 figures.py，然后添加函数 make_fig_month_amt()来实现这个功能，如代码清单 11-14 所示：

代码清单 11-14　绘制两年各月的贷款发生额的折线图（figures.py）

```
import loan_analysis as la
import matplotlib.pyplot as plt
import numpy as np


def make_fig_month_amt(loan_info, year1, year2):
    """
    绘制两年贷款发生额的折线图
    :param loan_info: 贷款台账表数据
    :param year1: 年份 1
    :param year2: 年份 2
    :return: 折线图
    """
    """ 第一步：数据分析 """
    # 统计年份 year1 的数据
    month_year1 = la.by_month(loan_info, year1)
    # 转换单位为万元
    month_year1["贷款金额"] = month_year1["贷款金额"] / 10000
    # 统计年份 year2 的数据
    month_year2 = la.by_month(loan_info, year2)
    # 转换单位为万元
    month_year2["贷款金额"] = month_year2["贷款金额"] / 10000

    """ 第二步：绘制图表 """
    # 指定默认字体为 SimHei，以避免中文乱码现象
    plt.rcParams["font.sans-serif"] = ['SimHei']
    # 正常显示负号
    plt.rcParams["axes.unicode_minus"] = False
    # 设置画布大小
    fig = plt.figure(figsize=(12, 8))
    # 设置图表和坐标轴的标题
    plt.title(str(year1) + "年和" + str(year2) + "年贷款发生额折线图")
    plt.xlabel("月份", labelpad=12)
    plt.ylabel("发生额（单位：万元）", labelpad=12)
    # 添加网格，设置参数 visible 为 True
    plt.grid(visible=True)
    # 设置坐标轴的刻度
```

```
plt.xticks(np.arange(1, 13),
           ["1 月", "2 月", "3 月", "4 月", "5 月", "6 月",
            "7 月", "8 月", "9 月", "10 月", "11 月", "12 月"])
plt.yticks(np.arange(0, 1200, 200),
           ["0 万元", "200 万元", "400 万元", "600 万元",
            "800 万元", "1000 万元"])
# 绘制月份和贷款发生额的折线图
plt.plot(month_year1["月份"], month_year1["贷款金额"],
         color="r", marker="*", label=str(year1) + "年贷款状况")
plt.plot(month_year2["月份"], month_year2["贷款金额"],
         color="b", marker="p", label=str(year2) + "年贷款状况")
# 设置文本标签
for month, amt1, amt2 in zip(month_year1["月份"],
                             month_year1["贷款金额"], month_year2["贷款金额"]):
    plt.text(month, amt1, str(amt1))
    plt.text(month, amt2, str(amt2))
# 显示图例
plt.legend()
return fig
```

注意，make_fig_month_amt()函数就是绘制折线图的函数。该函数大体上分为两步：第一步是做数据分析，获取绘制图表需要的数据；第二步是根据数据来绘制图表。函数的最后会返回图表对象。绘制图表的代码有点长，代码中已经写清楚了注释，请读者自行参考。

> ⚠️ **虽然绘制图表的代码比较长，但是代码模板是相对固定的**
>
> 绘制图表的代码比较长，对于初学者不太友好。不过认真学习下来，读者就会发现绘制图表的代码模板是相对固定的，比如字体、标题、坐标刻度、文本标签、图例等的代码基本都可以"生搬硬套"。在实践中，读者可以先借鉴这些模板代码，再根据自己的需求修改对应的参数和选择图表。真正需要处理的还是做数据分析的逻辑和数据。

为了测试 make_fig_month_amt()函数，编写如下代码：

```
# 导入模块
import file_reader as fr
import loan_analysis as la
import matplotlib.pyplot as plt
import figures as figs

# 文件名
loan_file_name = "贷款台账表.xlsx"
# 读取贷款台账表数据
loan_info = fr.read_loan_info(loan_file_name)
# 插入年、月、季列
la.insert_year_month_quarter(loan_info)
# 绘制图表
figs.make_fig_month_amt(loan_info, 2020, 2021)
# 使用 show()函数显示图表
plt.show()
```

运行代码，可以看到图 11-16 所示的结果。

从图 11-16 来看，已经成功地绘制了 2020 年和 2021 年各月的贷款发生额的折线图。

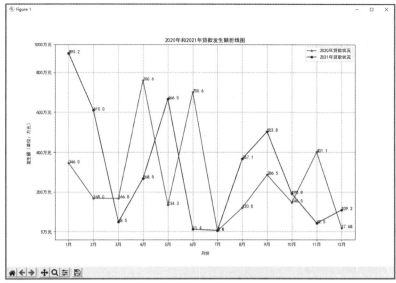

图 11-16 两年各月贷款发生额折线图

11.6.2 绘制柱形图对比两年各季度的贷款发生额

为了得到绘制图表所需的数据，先在文件 loan_analysis.py 中添加函数 by_quarter()，如代码清单 11-15 所示：

代码清单 11-15 按季度统计某年的贷款发生额（loan_analysis.py）

```
def by_quarter(loan_info, year):
    """
    按季度进行统计分析
    :param loan_info: 贷款台账表数据
    :param year:      年份
    :return: 返回该年份（year）季度数据
    """
    # 筛选对应年份的数据
    loan_year = loan_info[loan_info["年份"] == year]
    # 设置各列统计方法
    methods = {"借据编号": np.count_nonzero,  # 求笔数
               "贷款金额": np.sum}  # 求和
    # 按季度分组统计数据
    result = loan_year.groupby("季度").agg(methods)
    # 重置索引
    result.reset_index(inplace=True)
    result.rename(columns={"借据编号": "贷款笔数"}, inplace=True)
    return result
```

通过 by_quarter()函数就可以统计出某年各季度的贷款发生额。接下来在 figures.py 文件中添加绘制柱形图的函数 make_fig_quarter_amt()，如代码清单 11-16 所示：

代码清单 11-16 按季度绘制两年贷款发生额柱形图（figures.py）

```
def make_fig_quarter_amt(loan_info, year1, year2):
    """
    绘制两年贷款发生额柱形图
```

```
    :param loan_info: 贷款台账表数据
    :param year1: 年份 1
    :param year2: 年份 2
    :return: 年份 1 和年份 2 的贷款发生额的柱形图
    """
    """第一步：数据统计分析"""
    # 按季度统计分析数据
    quarter_year1 = la.by_quarter(loan_info, year1)
    # 转换单位为万元
    quarter_year1["贷款金额"] = quarter_year1["贷款金额"] / 10000
    quarter_year2 = la.by_quarter(loan_info, year2)
    # 转换单位为万元
    quarter_year2["贷款金额"] = quarter_year2["贷款金额"] / 10000

    """ 第二步：绘制图表 """
    # 指定默认字体为 SimHei，以避免中文乱码现象
    plt.rcParams["font.sans-serif"] = ['SimHei']
    # 正常显示负号
    plt.rcParams["axes.unicode_minus"] = False
    # 设置画布大小
    fig = plt.figure(figsize=(12, 8))
    # 设置图表和坐标轴的标题
    plt.title(str(year1) + "年和" + str(year2) + "年贷款发生额柱形图")
    plt.xlabel("季度", labelpad=12)
    plt.ylabel("发生额（单位：万元）", labelpad=12)
    # 添加网格，这里需要设置参数 visible 为 True，设置参数 axis 为 "y"，表示显示 y 轴刻度方向的网格
    plt.grid(visible=True, axis="y")
    # 设置坐标轴的刻度
    plt.xticks(np.arange(1, 5), ["第 1 季度", "第 2 季度", "第 3 季度", "第 4 季度"])
    plt.yticks(np.arange(0, 2000, 400),
               ["0 万元", "400 万元", "800 万元", "1200 万元", "1600 万元"])
    # 绘制季度和贷款发生额的柱形图
    plt.bar(quarter_year1["季度"] - 0.2, quarter_year1["贷款金额"],
            width=0.4, label=str(year1) + "年贷款状况")
    plt.bar(quarter_year2["季度"] + 0.2, quarter_year2["贷款金额"],
            width=0.4, label=str(year2) + "年贷款状况")
    # 设置文本标签
    for quarter, amt1, amt2 in zip(quarter_year1["季度"],
                                   quarter_year1["贷款金额"], quarter_year2["贷款金额"]):
        plt.text(quarter - 0.2, amt1, str(amt1))
        plt.text(quarter + 0.2, amt2, str(amt2))
    # 显示图例
    plt.legend()
    return fig
```

关于图表的代码有点复杂，不过已经写清楚了注释，请读者自行参考。下面编写代码调用 make_fig_quarter_amt()函数来展示结果：

```
# 导入模块
import file_reader as fr
import loan_analysis as la
import matplotlib.pyplot as plt
import figures as figs

# 文件名
loan_file_name = "贷款台账表.xlsx"
# 读取贷款台账表数据
loan_info = fr.read_loan_info(loan_file_name)
```

```
# 插入年、月、季列
la.insert_year_month_quarter(loan_info)
# 绘制图表
figs.make_fig_quarter_amt(loan_info, 2020, 2021)
# 使用 show() 函数显示图表
plt.show()
```

运行代码，可以得到图 11-17 所示的结果。

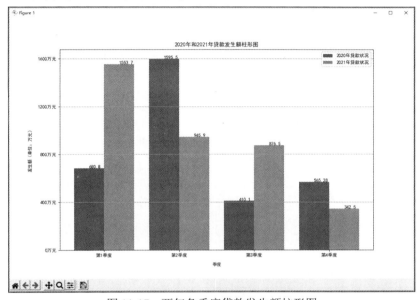

图 11-17　两年各季度贷款发生额柱形图

11.6.3　绘制饼图展示各业务品种贷款余额

在 loan_analysis.py 文件中编写的 by_business_type() 函数可以按业务品种来统计贷款余额。有时候需要观察各业务品种在整体业务中的占比，使用饼图就会比较方便。为了绘制饼图，在 figures.py 文件中添加 make_fig_business_amt() 函数，如代码清单 11-17 所示：

代码清单 11-17　绘制饼图展示各业务品种贷款余额（figures.py）

```
def make_fig_business_amt(loan_info):
    """
    绘制按业务品种分组统计的饼图
    :param loan_info: 贷款台账表数据
    :return: 饼图
    """
    # 数据统计
    business_amt = la.by_business_type(loan_info, False)
    # 转换单位为万元
    business_amt["贷款余额"] = business_amt["贷款余额"] / 10000
    # 指定默认字体为 SimHei，以避免中文乱码现象
    plt.rcParams["font.sans-serif"] = ['SimHei']
    # 正常显示负号
    plt.rcParams["axes.unicode_minus"] = False
    # 设置画布大小
    fig = plt.figure(figsize=(12, 8))
```

```
# 设置图表标题
plt.title("贷款台账饼图（按业务品种维度）")
# 设置文本标签
pie_labels = business_amt["业务品种"] \
            + "(" + business_amt["贷款余额"].astype(str) + "万元)"
# 绘制饼图
plt.pie(business_amt["贷款余额"],  # 构成饼图的数据
        labels=pie_labels,  # 饼图各部分的标签
        data=business_amt,  # 数据源
        autopct='%.2f%%')  # 各部分的百分比显示格式，该写法表示保留两位小数
return fig
```

make_fig_business_amt()函数的代码有点长，不过已经写清楚了注释，请读者自行参考。编写如下代码进行测试：

```
# 导入模块
import file_reader as fr
import matplotlib.pyplot as plt
import figures as figs

# 文件名
loan_file_name = "贷款台账表.xlsx"
# 读取贷款台账表数据
loan_info = fr.read_loan_info(loan_file_name)
# 绘制图表
figs.make_fig_business_amt(loan_info)
# 使用 show() 函数显示图表
plt.show()
```

运行代码，可以得到图 11-18 所示的结果。

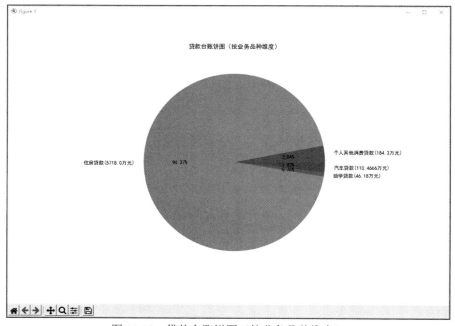

图 11-18　贷款台账饼图（按业务品种维度）

11.7　保存结果

通过运行前面的代码已经得到分析的结果，并且绘制出了图表。最后，还需要保存分析结果。保存结果一般分为对分析数据和对图表的保存。在将结果写入 Excel 文件的操作中，使用 xlwings 库会比较常见，所以本节基于 xlwings 进行操作。为了实现保存结果的功能，这里创建一个文件 save.py，如代码清单 11-18 所示：

代码清单 11-18　保存数据和图表（save.py）

```
import xlwings as xw
import loan_analysis as la
import figures as figs

# 文件路径
file_path = r"D:\我的实践\个人贷款数据\加工数据\{0}"


def save_business_type_data(loan_info, filename):
    """
    保存文件
    :param loan_info: 贷款台账表数据
    :param filename:  文件名称
    """
    try:
        """
        打开 Excel 应用软件，其中参数 visible 设置为 False，表示在后台操作 Excel，
        add_book 设置为 False，表示打开 Excel 后不添加工作簿
        """
        app = xw.App(visible=False, add_book=False)  # ①
        # 创建工作簿
        book = app.books.add()  # ②
        # 添加两个工作表  # ③
        sht1 = book.sheets.add("按业务品种统计数据")
        sht2 = book.sheets.add("饼图（按业务品种维度）")
        result = la.by_business_type(loan_info, False)
        # 在工作表 sht1 中保存数据  # ④
        sht1.range("A1").value = result.columns.tolist()
        sht1.range("A2").value = result.values.tolist()
        # 设置为粗体
        sht1.range("A1:C1").api.Font.Bold = True
        # 绘制图表
        fig = figs.make_fig_business_amt(loan_info)
        # 在工作表 sht2 中添加图表
        sht2.pictures.add(  # ⑤
            fig, left=20, top=20, name='饼图（按业务品种维度）', update=True)
        # 保存 Excel 文件
        book.save(file_path.format(filename))
    # 使用 finally 语句确保关闭工作簿并退出 Excel 应用软件
    finally:
        book.close()
        app.quit()
```

代码①打开 Excel 应用软件，参数 visible 为 False 表示在后台操作 Excel 应用，而不显示 Excel；代码②添加一个工作簿，可以理解为添加一个 Excel 文件；代码③添加两个工作表；在代码④处写入

对应的数据；代码⑤在工作表中添加图表。这里需要读者注意的是，上述代码都是在 try...finally...语句中完成的，使用 finally 语句可以确保 Excel 工作簿正常关闭，并且正常退出 Excel 应用软件。

编写代码验证保存文件的功能：

```
# 导入模块
import file_reader as fr
import save

# 文件名
loan_file_name = "贷款台账表.xlsx"
# 读取贷款台账表数据
loan_info = fr.read_loan_info(loan_file_name)
save.save_business_type_data(loan_info, "业务品种.xlsx")
```

运行代码，打开保存的文件（D:\我的实践\个人贷款数据\加工数据\业务品种.xlsx），就可以看到图 11-19 所示的结果。

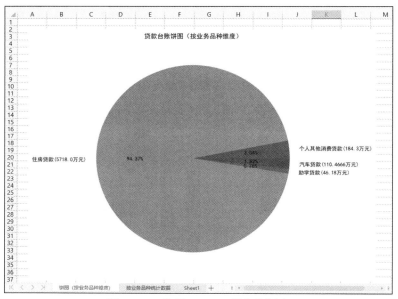

图 11-19 使用 xlwings 保存的图表

从图 11-19 中可以看出，结果保存到了 Excel 文件中。

第12章

螺蛳粉连锁店销售数据分析

在实际的生产中，数据往往是零散的，比如常见的连锁店，每家连锁店都有自己的数据。本章以螺蛳粉连锁店销售数据为例进行分析，因为螺蛳粉已经成了深受人们喜爱的食品之一，读者也容易理解。这里假设存在 3 家螺蛳粉连锁店（店铺 A、店铺 B 和店铺 C），每家分店每个月都会上报销售月报到总部，总部需要统计分析这些数据。

12.1　业务分析

和之前介绍的一样，在做数据分析之前，必须先掌握业务知识，熟悉数据特点。所以本节先介绍业务方面的内容。本例涉及 4 个 Excel 文件，如图 12-1 所示。

在图 12-1 中，有两类数据：一类是店铺销售月报数据，另一类是商品信息表数据。下面就对这两类数据进行业务分析。

图 12-1　相关文件

12.1.1　店铺销售月报数据

对螺蛳粉连锁店来说，它销售的商品可分为三大类：螺蛳粉、配菜、饮品和甜品。因此销售月报数据分为以下 4 种。

- 报告说明：包括报告的店铺、时间和报告人等报表基础信息。
- 螺蛳粉销售情况：主营业务各类螺蛳粉的月度销售情况。
- 配菜销售情况：螺蛳粉相关配菜的月度销售情况。
- 饮品和甜品销售情况：在吃螺蛳粉时，顾客往往还会购买饮品和甜品，所以也需要统计它们的月度销售情况。

这样销售月报数据就会分为 4 个工作表，如图 12-2 所示。

图 12-2 中所展示的是报告说明的内容，注意这个 Excel 文件中存在 4 个工作表，报告说明只是其中之一。螺蛳粉销售情况工作表如图 12-3 所示。

图 12-2　销售月报数据——报告说明

编号	商品	单价	销量	优惠金额	合计
00001	原味螺蛳粉	10	240	200	2200
00002	干捞螺蛳粉	10	60	0	600
00003	煎蛋螺蛳粉	12	90	0	1080
00004	卤蛋螺蛳粉	12	180	0	2160
00005	热狗螺蛳粉	12	60	0	720
00006	牛肉丸螺蛳粉	15	160	0	2400
00007	叉烧螺蛳粉	15	480	360	6840
00008	牛腩螺蛳粉	18	320	0	5760
00009	排骨螺蛳粉	18	120	0	2160
00010	瘦肉螺蛳粉	15	320	500	4300
00011	大肠螺蛳粉	15	85	0	1275
00012	牛肉螺蛳粉	20	460	800	8400

图 12-3　螺蛳粉销售月报数据结构

图 12-3 展示的是螺蛳粉的销售月报，但是有时候各分店上报的数据可能不同，比如店铺 B 的螺蛳粉销售月报中就没有优惠金额列，如图 12-4 所示。

图 12-4 中缺少图 12-3 所示的优惠金额列，所以将来在处理数据时，可以给它添加优惠金额列，并设置默认值，这样就能和其他分店报告的数据结构统一了。

配菜销售月报数据结构如图 12-5 所示。

饮品和甜品销售月报数据结构如图 12-6 所示。

编号	商品	单价	销量	合计
00001	原味螺蛳粉	10	280	2800
00002	干捞螺蛳粉	10	80	800
00003	煎蛋螺蛳粉	12	100	1200
00004	卤蛋螺蛳粉	12	240	2880
00005	热狗螺蛳粉	12	60	720
00006	牛肉丸螺蛳粉	15	168	2520
00007	叉烧螺蛳粉	15	450	6750
00008	牛腩螺蛳粉	18	330	5940
00009	排骨螺蛳粉	18	120	2160
00010	瘦肉螺蛳粉	15	300	4500
00011	大肠螺蛳粉	15	80	1200
00012	牛肉螺蛳粉	20	480	9600

图 12-4　缺少优惠金额列的螺蛳粉销售月报

编号	商品	单价	销量	合计
00013	煎蛋	2	560	1120
00014	卤蛋	2	160	320
00015	豆腐干	1	68	68
00016	鱼蛋丸	5	70	350
00017	牛肉丸	8	36	288
00018	油豆腐	2	70	140
00019	叉烧	10	160	1600
00020	鸡腿	8	160	1280
00021	鸭脚	5	80	400
00022	香肠	6	45	270
00023	炸蛋	5	150	750
00024	卤猪脚	12	160	1920
00025	鸭胗	8	60	480

图 12-5　配菜销售月报数据结构

编号	商品	单价	销量	总价
00026	可乐	2	500	1000
00027	雪碧	2	360	720
00028	芬达	2	150	300
00029	豆奶	3	240	720
00030	绿豆沙	5	180	900
00031	木薯羹	5	260	1300

图 12-6　饮品和甜品销售月报数据结构

至此，各销售月报的内容就介绍完了。

12.1.2　商品信息表

商品信息表是描述商品的信息表，其数据结构如图 12-7 所示。

商品信息表的内容比较简单，需要注意的是商品信息表中的编号与销售月报中的编号是关联的，如图 12-8 所示。

图 12-7　商品信息表的数据结构

图 12-8　销售月报和商品信息表关联

从图 12-8 中可以看出，销售月报数据和商品信息表的数据是通过编号字段进行关联的。

12.2 读取数据

通过 12.1 节的业务分析，可以看到数据来自多个 Excel 文件，并且每个销售月报还被拆分为多个工作表，这无疑会增加数据分析的难度，不过这也是很常见的场景。本例中只有 4 个 Excel 文件，而现实中可能会遇到多个不确定数量的文件，所以你需要学会如何读取不确定数量的文件，为此先来学习 os 库的 walk() 函数：

```
import os
file_path = r"D:\我的实践\螺蛳粉销售数据"


"""
 使用 os 库的 walk() 函数遍历文件夹路径下的文件夹和文件
 path 为文件夹路径
 folders 为文件夹路径下的文件夹
 files 为文件夹路径下的文件（非文件夹）
"""
for path, folders, files in os.walk(file_path):
    # 子文件夹
    for folder in folders:
        print(path + "\\" + folder)
    # 文件
    for file in files:
        print(path + "\\" + file)
```

注意加粗的代码使用了 os 库的 walk() 函数，它返回 3 个值：第一个是 path，表示文件夹路径；第二个是 folders，表示文件夹路径下的子文件夹列表；第三个是 files，表示路径下的文件列表。显然，使用 walk() 函数就能遍历某个文件夹下的所有子文件夹和文件。下面将讲解如何读取数据，需要先导入 pandas、NumPy、openpyxl、xlwings、Matplotlib 和 Seaborn 库。

12.2.1 遍历文件

由于文件比较多且存在多个工作表，因此读取文件时需要考虑将其拆分为多个文件和函数。先创建一个文件 file_read.py。要读取文件中的数据，需要先遍历文件，所以编写遍历文件的函数 read_files()，如代码清单 12-1 所示：

代码清单 12-1 遍历销售月报数据和商品信息表数据（file_read.py）

```
# 导入 os 库
import os
# 导入常用的数据分析库
import numpy as np
import xlwings as xw
import pandas as pd


def read_files(file_path):
    """
    读取销售月报数据和商品信息表数据
    :param file_path: 文件夹路径
    :return: 一个包含两个元素的列表，其中第一个元素是商品信息，第二个元素是销售月报数据
    """
```

```
try : # ①
    # 打开 Excel 应用软件
    app = xw.App(visible=False, add_book=False)
    # 用于保存销售月报数据
    reports = []
    # 用于保存商品信息表数据
    commodities = []
    """
    读取文件夹信息
    path: 表示当前文件夹路径
    folders: 表示文件夹路径下的子文件夹
    files: 表示非文件夹的文件名
    """
    for path, folders, files in os.walk(file_path): # ②
        # 遍历路径下的所有文件
        for file in files:
            # 当前文件的完整路径
            curr_file = path + "\\" + file
            # 如果是商品信息
            if file.startswith("商品"):
                commodities.append(read_commodity(app, curr_file)) # ③
            # 如果是店铺销售月报数据
            elif file.startswith("店铺"):
                reports.append(read_report_files(app, curr_file)) # ④
finally:
    # 退出 Excel 应用软件
    app.quit()
return [commodities, reports]
```

read_files()函数使用 xlwings 读取 Excel 文件，因为存在多个文件和多个工作表时使用 xlwings 比较方便。为了确保 Excel 应用软件能够正常关闭，代码①处引入了 try 语句，并使用 finally 语句确保 Excel 应用软件能够退出。接下来声明两个变量 commodities 和 reports，commodities 用于保存商品信息表数据，而 reports 用于保存销售月报数据。这里的核心代码是代码②处的 os 库的 walk()函数，它会遍历所有文件，再根据文件名称来调用函数，如果文件名以"商品"开头，则是商品信息表数据，在代码③处调用 read_commodity()函数，如果文件名以"店铺"开头，则是店铺销售月报数据，在代码④处调用 read_report_files()函数。显然 read_commodity()和 read_report_files()函数需要进一步编写。最后返回的是一个列表，它包含两个元素：第一个元素是商品信息表数据；第二个元素是销售月报数据。

12.2.2　读取商品信息表数据

前面遍历文件时提到了 read_commodity()函数，它的主要作用是读取商品信息表的数据。读取商品信息表的代码比较简单，因为它只有一个工作表，如代码清单 12-2 所示：

代码清单 12-2　读取商品信息表数据（file_read.py）

```
def read_commodity(app, file_path):
    """
    读取商品信息表数据
    :param app: Excel 应用软件
    :param file_path: 商品信息表文件路径
    :return: 商品信息表数据
```

```
    """
try: # ①
    # 打开 Excel 工作簿
    book = app.books.open(file_path)
    # 获取 "商品信息" 工作表
    sht = book.sheets["商品信息"]
    # Excel 数据的总行数（请注意包括标题行）
    rows = sht.api.UsedRange.Rows.count
    # Excel 数据的总列数
    cols = sht.api.UsedRange.Columns.count
    # 列标题
    titles = sht.range((1, 1), (1, cols)).value
    # 商品信息
    commodity = sht.range((2, 1), (rows, cols)).value
    # 创建 DataFrame 对象
    df = pd.DataFrame(columns=titles, data=commodity)  # ②
    # 指定 axis 为 1，表示按列删除；参数 how 指定全列为空时进行删除
    df.dropna(axis=1, how="all", inplace=True)
    # 指定用编号作为依据去重
    df.drop_duplicates("编号", inplace=True)
    # 返回编号非空的数据
    return df[df["编号"].notnull()]
finally:
    # 确保关闭工作簿
    book.close()
```

代码①使用 try 语句，它的作用是确保 finally 语句一定会运行，从而确保 Excel 工作簿会被关闭。在 try 语句中，首先读取 Excel 文件的数据，然后在代码②处创建 DataFrame 对象，最后删除空列、去重并返回编号非空的数据，这样就完成了整个 read_commodity()函数的编写。

12.2.3　读取销售月报数据

在 12.2.1 节中，提到了读取销售月报数据的函数 read_report_files()。从图 12-2 中可以看出，销售月报有 4 个工作表，所以读取相对麻烦一些。下面给出 read_report_files()函数的代码，如代码清单 12-3 所示：

代码清单 12-3　读取销售月报数据（file_read.py）

```
def read_report_files(app, file_path):
    """
    读取单个 Excel 文件月报数据
    :param app: Excel 应用软件
    :param file_path: 文件路径
    :return: 单个销售月报数据
    """
    try:
        # 打开 Excel 工作簿
        book = app.books.open(file_path)
        # 分别获取 4 种不同的工作表 # ①
        sht1 = book.sheets["报告说明"]
        sht2 = book.sheets["螺蛳粉销售情况"]
        sht3 = book.sheets["配菜销售情况"]
        sht4 = book.sheets["饮品和甜品销售情况"]
        # 读取分店的信息 # ②
        store_no = sht1.range("B1").value # 店铺编号
```

```
        store_name = sht1.range("D1").value # 店铺名称
        year = sht1.range("B2").value # 报告年份
        month = sht1.range("D2").value # 报告月份
        # 读取各个工作表 # ③
        # 读取报告说明数据
        report_info = read_report_info(sht1)
        # 读取螺蛳粉销售情况数据
        sale_info = read_sale_info(sht2, store_no, store_name, year, month)
        # 读取配菜销售情况数据
        side_dish_info = read_side_dish(sht3, store_no, store_name, year, month)
        # 读取饮品和甜品销售情况数据
        dessert_info = read_dessert(sht4, store_no, store_name, year, month)
    finally:
        # 关闭工作簿
        book.close()
    # 以字典返回数据
    return {  # ④
            "报告说明": report_info, "螺蛳粉销售情况": sale_info,
            "配菜销售情况": side_dish_info, "饮品和甜品销售情况": dessert_info}
```

代码①获取销售月报 Excel 文件的 4 个工作表。代码②读取报告说明中的一些重要信息，比如店铺信息和报告的年、月。代码③处调用 4 个函数读取不同工作表的数据，这 4 个函数都进行了加粗处理，它们是后续需要编写的函数。代码④返回一个字典，字典中包含各个工作表的信息，这样函数的调用者就能够通过字典来获取 Excel 工作表的数据了。读者需要注意的是，这些内容都放在 try 语句中是为了确保 finally 语句一定会运行，从而能够关闭工作簿。上述代码中读取各个工作表数据的函数尚未编写，12.2.4 节将完成这些内容。

12.2.4 读取工作表的数据

12.2.3 节中读取了销售月报文件中的 4 个工作表，但是还有 4 个函数待编写，下面编写这 4 个工作表的读取函数。先读取报告说明工作表，如代码清单 12-4 所示：

代码清单 12-4 读取报告说明数据（file_read.py）

```
def read_report_info(sht):
    """
    读取报告说明工作表
    :param sht: 工作表
    :return: 报告说明数据（数据类型为字典）
    """
    store_no = sht.range("B1").value # 店铺编号
    store_name = sht.range("D1").value # 店铺名称
    year = sht.range("B2").value # 年份
    month = sht.range("D2").value # 月份
    reporter = sht.range("B3").value # 报告人
    mobile = sht.range("D3").value # 手机号
    email = sht.range("B4").value # 邮箱
    # 返回字典
    return {"店铺编号": store_no, "店铺名称": store_name,
            "年份": year, "月份": month, "报告人": reporter,
            "手机号": mobile, "邮箱": email}
```

读取报告说明工作表的代码比较简单，就是将对应位置的字段一个个读出即可。为了方便，最后采用了字典数据类型返回结果。

接下来读取螺蛳粉销售情况、配菜销售情况、饮品和甜品销售情况的数据，由于它们是类似的，因此这里一并给出相关代码，如代码清单 12-5 所示：

代码清单 12-5　读取螺蛳粉销售情况、配菜销售情况与饮品和甜品销售情况数据（file_read.py）

```python
def read_sale_info(sht, store_no, store_name, year, month):
    """
    读取螺蛳粉销售情况数据
    :param sht: 工作表
    :param store_no: 店铺编号
    :param store_name: 店铺名称
    :param year: 年份
    :param month: 月份
    :return: 螺蛳粉销售情况（以 DataFrame 为数据类型）
    """
    # Excel 数据的总行数（请注意包括标题行）
    rows = sht.api.UsedRange.Rows.count
    # Excel 数据的总列数
    cols = sht.api.UsedRange.Columns.count
    # 列名
    titles = sht.range((1, 1), (1, cols)).value
    # 螺蛳粉销售情况
    sale_infoes = sht.range((2, 1), (rows, cols)).value
    # 创建 DataFrame 对象
    result = pd.DataFrame(columns=titles, data=sale_infoes)
    # 添加对应的列数据  # ①
    result["店铺编号"] = store_no
    result["店铺名称"] = store_name
    result["年份"] = year
    result["月份"] = month
    # 指定 axis 为 1，表示按列删除，指定全行为空时进行删除
    result.dropna(axis=1, how="all", inplace=True)
    # 指定用编号作为依据去重
    result.drop_duplicates("编号", inplace=True)
    # 如果没有优惠金额列，则添加优惠金额列
    if "优惠金额" not in result:  # ②
        result["优惠金额"] = np.nan
    # 获取编号不为空的行
    return result[result["编号"].notnull()]


def read_side_dish(sht, store_no, store_name, year, month):
    """
    读取配菜销售情况数据
    :param sht: 工作表
    :param store_no: 店铺编号
    :param store_name: 店铺名称
    :param year: 年份
    :param month: 月份
    :return: 配菜销售情况数据（以 DataFrame 为数据类型）
    """
    # Excel 数据的总行数（请注意包括标题行）
    rows = sht.api.UsedRange.Rows.count
    # Excel 数据的总列数
    cols = sht.api.UsedRange.Columns.count
    # 列名
    titles = sht.range((1, 1), (1, cols)).value
```

```
        # 配菜销售情况
        side_dishes = sht.range((2, 1), (rows, cols)).value
        # 创建 DataFrame 对象
        result = pd.DataFrame(columns=titles, data=side_dishes)
        # 添加对应的列数据
        result["店铺编号"] = store_no
        result["店铺名称"] = store_name
        result["年份"] = year
        result["月份"] = month
        # 指定 axis 为 1，表示按列删除，指定全行为空时删除
        result.dropna(axis=1, how="all", inplace=True)
        # 指定用编号作为依据去重
        result.drop_duplicates("编号", inplace=True)
        # 获取编号不为空的行
        return result[result["编号"].notnull()]


def read_dessert(sht, store_no, store_name, year, month):
    """
    读取饮品和甜品销售情况数据
    :param sht: 工作表
    :param store_no: 店铺编号
    :param store_name: 店铺名称
    :param year: 年份
    :param month: 月份
    :return: 饮品和甜品销售情况数据（以 DataFrame 为数据类型）
    """
    # Excel 数据的总行数（请注意包括标题行）
    rows = sht.api.UsedRange.Rows.count
    # Excel 数据的总列数
    cols = sht.api.UsedRange.Columns.count
    # 列名
    titles = sht.range((1, 1), (1, cols)).value
    # 饮品和甜品销售情况
    side_dishes = sht.range((2, 1), (rows, cols)).value
    # 创建 DataFrame 对象
    result = pd.DataFrame(columns=titles, data=side_dishes)
    # 添加对应的列数据
    result["店铺编号"] = store_no
    result["店铺名称"] = store_name
    result["年份"] = year
    result["月份"] = month
    # 指定 axis 为 1，表示按列删除，指定全行为空时删除
    result.dropna(axis=1, how="all", inplace=True)
    # 指定用编号作为依据去重
    result.drop_duplicates("编号", inplace=True)
    # 获取编号不为空的行
    return result[result["编号"].notnull()]
```

这 3 个函数的逻辑是类似的，所以这里只讲解 read_sale_info()函数，另外两个函数就不再讨论了。先读取 Excel 工作表的数据，然后创建 DataFrame 对象，在代码①处添加列，主要是店铺信息和年、月，这样可使数据更健全，接下来就是删除空列和去重的操作。在代码②处，由于有些螺蛳粉销售情况的数据并没有优惠金额（见图 12-4），因此这里会做判断，如果没有优惠金额列就添加，以确保从不同文件读取的数据结构一致，便于后续做数据分析。

12.2.5 合并数据

到这里，读取数据的工作就全部完成了。注意，分别读取了各个分店的数据后，还要将各个分店的数据合并在一起，因此还需要编写一个函数实现这样的功能。下面编写函数 concat_reports() 来实现这个功能，如代码清单 12-6 所示：

代码清单 12-6 合并数据（file_read.py）

```python
def concat_reports(reports, key):
    """
    合并销售月报中的某个销售情况的数据
    :param reports: 销售月报数据（字典格式）
    :param key: 销售月报中数据的 key
    :return: 合并后的数据
    """
    # 需要返回的结果
    result = None
    for report in reports:
        # 如果 result 为 None，则先赋值
        if result is None:
            result = report[key]
        else:
            # 如果 result 不为 None，则使用 concat() 函数来拼接数据  # ①
            result = pd.concat([result, report[key]])
    result.drop_duplicates(["编号", "店铺编号"], inplace=True)
    # 重置索引
    result.reset_index(inplace=True)
    # 删除 index 列
    result.drop(columns="index", inplace=True)
    # 返回结果
    return result
```

代码中变量 result 是需要返回的结果，一开始初始化为 None，当遇到第一个销售月报数据时，就直接赋值，如果遇到的不是第一个销售月报数据，就在代码①处使用 concat() 函数拼接数据，这样就可以把从多份 Excel 文件读取的数据合并到一起了。后面的代码主要包含去重、重置索引和删除 index 列等操作。

12.2.6 测试读取文件与合并数据

最后，需要编写代码对前面编写好的函数进行测试：

```python
import file_read as fr

# 文件路径
file_path = r"D:\我的实践\螺蛳粉销售数据"
# 读取文件
result = fr.read_files(file_path)
# 将各个文件的数据合并
print(fr.concat_reports(result[1], "螺蛳粉销售情况"))
```

运行代码，结果如下：

	编号	商品	单价	销量	优惠金额	合计	店铺编号	店铺名称	年份	月份
0	00001	原味螺蛳粉	10.0	320.0	560.0	2640.0	D0001	店铺 A	2022	10.0
1	00002	干捞螺蛳粉	10.0	120.0	0.0	1200.0	D0001	店铺 A	2022	10.0

```
...
12    00001    原味螺蛳粉    10.0    280.0    NaN        2800.0    D0002    店铺 B    2002.0    10.0
13    00002    干捞螺蛳粉    10.0     80.0    NaN         800.0    D0002    店铺 B    2002.0    10.0

...
34    00011    大肠螺蛳粉    15.0     85.0    0.0        1275.0    D0003    店铺 C    2022      10
35    00012    牛肉螺蛳粉    20.0    460.0    800.0      8400.0    D0003    店铺 C    2022      10
```

从结果来看，读取文件和合并数据都成功了。

12.3　整理和分析数据

完成了文件的读取和数据的合并，接下来就要考虑统计和分析数据了。由于读取的数据是分散的，因此需要先整理这些分散的数据，然后才能进行统计分析。下面先来讨论整理数据的问题。

12.3.1　整理数据

整理数据是把所有数据有目的地整合在一起，比如要计算总的销售额，也就是螺蛳粉、配菜、饮品和甜品的总销售额，需要按照店铺和类型进行分组统计。

下面先把所有店铺的销售情况数据整合在一起，为此需要新建一个文件 data_processor.py，如代码清单 12-7 所示：

代码清单 12-7　整理销售情况数据（data_processor.py）

```python
import pandas as pd
import file_read as fr

def deal_all_data(reports):
    """
    处理销售月报数据
    :param reports: 销售月报数据
    :return: 合并后的销售月报数据
    """  """ 整合各销售情况数据    ① """
    # 螺蛳粉销售情况
    noodle_sale_details = fr.concat_reports(reports, "螺蛳粉销售情况")
    # 配菜销售情况
    side_dish_info = fr.concat_reports(reports, "配菜销售情况")
    # 饮品和甜品销售情况
    dessert_info = fr.concat_reports(reports, "饮品和甜品销售情况")
    # 各类数据需要保留的列名
    columns = ["编号", "商品", "单价", "销量",
               "合计", "店铺编号", "店铺名称", "年份", "月份"]
    # 合并所有的数据到一个 DataFrame 对象中，以便统计
    result = pd.concat([noodle_sale_details[columns],
                        side_dish_info[columns], dessert_info[columns]]) # ②
    # 重置索引
    result.reset_index(inplace=True)
    # 删除 index 列
    result.drop(columns="index", inplace=True)
    # 返回结果
    return result
```

上述代码主要是完成 deal_all_data()函数，它大概分为两部分：一部分是从代码①处开始的，整合读取的各个文件的各类数据；另一部分是代码②处，将多种不同的数据合并到一起，以便后续进

行统计分析。

完成销售情况数据的整理后，接下来整理商品信息表数据，如代码清单 12-8 所示：

代码清单 12-8　整理商品信息表数据（data_processor.py）

```python
def concat_commodity(commodities):
    """
    处理商品信息表数据
    :param commodities: 商品信息表数据
    :return:  商品信息表数据
    """
    # 需要返回的结果
    result = None
    # 循环读取的数据
    for commodity in commodities:
        # 如果开始为 None，则直接赋值
        if result is None:
            result = commodity
        else:
            # 如果不为 None，则合并数据
            result = pd.concat([result, commodity])
    return result
```

上述代码比较简单，其中已写清楚了注释，就不再赘述了。编写如下代码测试这两个函数：

```python
import file_read as fr
import data_processor as dp

# 文件路径
file_path = r"D:\我的实践\螺蛳粉销售数据"
# 读取文件
all_files_data = fr.read_files(file_path)
# 处理销售月报数据
reports = dp.deal_all_data(all_files_data[1])
print(reports)
# 处理商品信息表数据
commodities = dp.concat_commodity(all_files_data[0])
print(commodities)
```

运行代码，结果如下：

```
     编号    商品      单价     销量      合计      店铺编号   店铺名称    年份    月份
0    00001  原味螺蛳粉  10.0   320.0   2640.0   D0001    店铺 A   2022   10.0
1    00002  干捞螺蛳粉  10.0   120.0   1200.0   D0001    店铺 A   2022   10.0
...
95   00032  龟苓膏     6.0    160.0   960.0    D0003    店铺 C   2022   10
96   00033  豆腐花     3.0    120.0   360.0    D0003    店铺 C   2022   10

[97 rows x 9 columns]
     编号    品类      单价     类型           单位             备注
0    00001  原味螺蛳粉  10.0   1-螺蛳粉       份      300g 粉，配酸豆角和酸笋、炸花生、木耳等
1    00002  干捞螺蛳粉  10.0   1-螺蛳粉       份                干拌粉
...
31   00032  龟苓膏     6.0    3-饮品或甜品    碗                200ml
32   00033  豆腐花     3.0    3-饮品或甜品    碗                200ml
```

从结果来看，销售月报和商品信息表的数据已经整理好了。

12.3.2　分析数据

整理好数据后，接下来进行数据分析。为了方便，创建一个文件 analysis.py，先按店铺来统计销量（包括数量和金额），如代码清单 12-9 所示：

代码清单 12-9　按店铺进行统计分析（analysis.py）

```python
import numpy as np


def by_store(all_reports):
    """
    按店铺进行统计分析
    :param all_reports: 销售月报合并数据
    :return: 返回按店铺计算的销售数量和金额
    """
    # 设置统计方法
    methods = {"销量": np.sum, "合计": np.sum}
    # 使用数据透视表
    result = all_reports.pivot_table(  # ①
        # 数据透视表的行
        index=["店铺编号", "店铺名称"],
        # 数据透视表的值
        values=["销量", "合计"],
        # 数据透视表的计算方法
        aggfunc=methods,
        # 设置是否进行求和
        margins=True,
        # 设置求和标签
        margins_name="共计")
    # 重置索引
    result.reset_index(inplace=True)
    return result
```

代码①处的数据透视表方法 pivot_table()是核心代码，通过数据透视表来完成统计分析，该方法的参数的具体作用在注释里写清楚了，请读者自行参考。

接下来按店铺和商品类型进行统计分析，因为商品类型在商品信息表中，所以需要关联两张表才可以进行统计分析。不过整体上也不算困难，如代码清单 12-10 所示：

代码清单 12-10　按店铺和商品类型进行统计分析（analysis.py）

```python
def by_store_and_type(all_reports, commodities):
    """
    根据店铺和商品类型统计数据
    :param all_reports: 销售月报合并数据
    :param commodities: 商品信息表数据
    :return: 按店铺和商品类型统计的数据
    """
    # 两个表的关联以“编号”为关键字
    union_reports = all_reports.merge(commodities, on="编号")  # ①
    # 设置统计方法
    methods = {"销量": np.sum, "合计": np.sum}
    # 通过groupby()方法统计分析
    result = union_reports.groupby(["店铺编号", "店铺名称", "类型"]).agg(methods)  # ②
    # 重置索引
    result.reset_index(inplace=True)
    return result
```

代码①连接销售月报和商品信息表的数据，代码②通过 groupby()方法进行统计分析。

编写如下代码测试上面的函数：

```
import file_read as fr
import data_processor as dp
import analysis as an

# 文件路径
file_path = r"D:\我的实践\螺蛳粉销售数据"
# 读取文件
all_files_data = fr.read_files(file_path)
# 处理销售月报数据
all_reports = dp.deal_all_data(all_files_data[1])
# 处理商品信息表数据
commodities = dp.concat_commodity(all_files_data[0])
# 按店铺进行分组统计
print(an.by_store(all_reports), "\n")
# 按店铺和商品类型进行数据透视表分析
print(an.by_store_and_type(all_reports, commodities))
```

运行代码，结果如下：

```
   店铺编号   店铺名称      合计        销量
0  D0001    店铺 A     72900.0     9240.0
1  D0002    店铺 B     58250.0     6978.0
2  D0003    店铺 C     51786.0     5989.0
3    共计             182936.0    22207.0

   店铺编号   店铺名称       类型        销量        合计
0  D0001    店铺 A    1-螺蛳粉      3490.0    49460.0
1  D0001    店铺 A    2-配菜       3720.0    16940.0
2  D0001    店铺 A    3-饮品或甜品   2030.0     6500.0
3  D0002    店铺 B    1-螺蛳粉      2688.0    41070.0
4  D0002    店铺 B    2-配菜       2600.0    12240.0
5  D0002    店铺 B    3-饮品或甜品   1690.0     4940.0
6  D0003    店铺 C    1-螺蛳粉      2575.0    37895.0
7  D0003    店铺 C    2-配菜       1799.0     8986.0
8  D0003    店铺 C    3-饮品或甜品   1615.0     4905.0000
```

从结果来看，统计分析已经成功了。

12.4 数据可视化

在 12.3 节中对数据进行了统计分析。为了更方便地观察数据，往往还需要进行数据可视化操作，这就会涉及图表的绘制。第 11 章中讨论了折线图、柱形图和饼图，本章讨论条形图和双轴图，它们在实际应用中也很常见。

12.4.1 绘制店铺月交易金额条形图

条形图也是最常用的图表之一，它是柱形图的转置。先创建一个文件 figures.py，然后绘制店铺月交易金额条形图，如代码清单 12-11 所示：

代码清单 12-11 绘制店铺月交易金额条形图（figures.py）
```
# 导入所需的库
import matplotlib.pyplot as plt
```

```python
import numpy as np

def bar_chart(result):
    """
    绘制店铺月交易金额条形图
    :param result: 按店铺进行统计分析
    :return: 条形图
    """
    # 去除统计结果中的共计行  # ①
    rows = result.shape[0] - 1
    result = result[:rows]
    # 指定默认字体为 SimHei，以避免中文乱码现象
    plt.rcParams["font.sans-serif"] = ['SimHei']
    # 正常显示负号
    plt.rcParams["axes.unicode_minus"] = False
    # 设置画布大小
    fig = plt.figure(figsize=(10, 8))  # ②
    # 设置图表和坐标轴的标题
    plt.title("店铺月交易金额条形图")
    plt.xlabel("交易金额", labelpad=12)
    plt.ylabel("店铺", labelpad=12)
    # 设置坐标轴的刻度
    plt.yticks(np.arange(1, rows+1), result["店铺名称"])
    plt.xticks(np.arange(10000, 90000, 10000),
               ["10000元", "20000元", "30000元", "40000元",
                "50000元", "60000元", "70000元", "80000元"])
    # 绘制条形图
    plt.barh(np.arange(1, rows+1), result["合计"],
             height=0.8, label="交易金额")  # ③
    # 添加文本标签，在图中标明精确数据
    for idx, amt in zip(np.arange(1, rows+1), result["合计"]):
        plt.text(amt, idx, str(amt))
    # 显示图例
    plt.legend()
    return fig
```

上述代码的核心是 bar_chart()函数，它的作用是绘制按店铺统计的月交易额的条形图。由于统计数据时使用了数据透视表，并且进行了求和，因此在绘图时需要在代码①处去除求和列。代码②设置了画布，然后使用变量 fig 进行保存，以便最后返回图表。处理完了数据，设置了标题、刻度等内容后，在代码③处使用 barh()函数绘制条形图。最后返回变量 fig，这样函数的调用者就可以得到图表了。

12.4.2 绘制按店铺统计销量和金额双轴图

双轴图也是一种常见的图表，它可以展示两种不同维度的统计情况，比如各个店铺的销量和交易金额。下面在 figures.py 文件中添加函数来绘制双轴图，如代码清单 12-12 所示：

代码清单 12-12 绘制按店铺统计销量和金额双轴图（figures.py）

```python
def biaxial_chart(result):
    """
    绘制按店铺统计销量和金额双轴图
    :param result: 按店铺进行统计分析
    :return: 双轴图
    """
    # 去除共计行
    rows = result.shape[0] - 1
```

```
    result = result[:rows]
    # 指定默认字体为 SimHei，以避免中文乱码现象
    plt.rcParams["font.sans-serif"] = ['SimHei']
    # 正常显示负号
    plt.rcParams["axes.unicode_minus"] = False
    # 设置画布大小
    fig = plt.figure(figsize=(10, 8))  # ①
    # 设置图表和坐标轴的标题
    plt.title("按店铺统计销量和金额双轴图")
    plt.xlabel("店铺", labelpad=12)
    plt.ylabel("交易金额", labelpad=12)
    # 设置坐标轴的刻度
    plt.xticks(np.arange(1, rows + 1), result["店铺名称"])
    plt.yticks(np.arange(10000, 90000, 10000),
               ["10000 元", "20000 元", "30000 元", "40000 元",
                "50000 元", "60000 元", "70000 元", "80000 元"])
    # 绘制柱形图
    plt.bar(np.arange(1, rows + 1), result["合计"],
            width=0.8, label="交易金额")  # ②
    # 添加文本标签，在图中标明精确数据
    for idx, amt in zip(np.arange(1, rows + 1), result["合计"]):
        plt.text(idx, amt, str(amt))
    # 显示图例，放置在中间靠上位置
    plt.legend(loc="upper center")
    # 开启第二个坐标轴
    plt.twinx()  # ③
    # 设置坐标轴的刻度
    plt.ylabel("交易笔数（单位：笔）")
    # 设置 y 轴的刻度
    plt.yticks(np.arange(5000, 12000, 1000),
               ["5000", "6000", "7000", "8000", "9000", "10000", "11000"])
    # 绘制交易笔数的折线图
    plt.plot(np.arange(1, rows + 1), result["销量"],
             color="r", marker="o", label="交易笔数")  # ④
    # 设置标明笔数的标签
    for idx, count in zip(np.arange(1, rows + 1), result["销量"]):
        plt.text(idx, count + 50, str(count))
    # 显示图例
    plt.legend()
    return fig
```

代码①设置了画布，使用变量 fig 进行保存，以便最后返回图表；然后绘制交易金额的柱形图，见代码②；代码③使用 twinx() 函数启动第二个坐标轴绘制图表；代码④在第二个坐标轴上绘制折线图。

编写如下代码测试一下图表的绘制：

```
import matplotlib.pyplot as plt

import file_read as fr
import data_processor as dp
import analysis as an
import figures as figs


# 文件路径
file_path = r"D:\我的实践\螺蛳粉销售数据"
# 读取文件
all_files_data = fr.read_files(file_path)
# 处理销售月报数据
```

```
all_reports = dp.deal_all_data(all_files_data[1])
# 处理商品信息表数据
commodities = dp.concat_commodity(all_files_data[0])
# 按店铺进行分组统计
result = an.by_store(all_reports)
# 绘制双轴图
figs.biaxial_chart(result)
# 显示图表
plt.show()
```

运行代码，可以看到图 12-9 所示的结果。

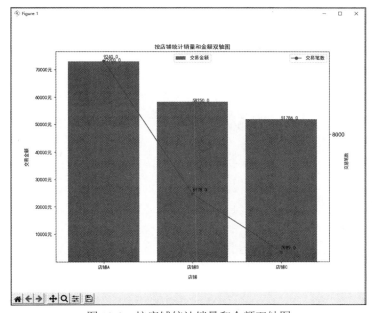

图 12-9　按店铺统计销量和金额双轴图

12.5　保存结果

本节将保存前面数据分析的结果，包括数据和图表，为此创建一个文件 save.py，如代码清单 12-13
所示：

代码清单 12-13　保存结果（save.py）

```
import file_read as fr
import data_processor as dp
import analysis as an
import xlwings as xw
import os
import figures as figs


def save_result(file_path, result_name):
    """
    保存数据分析的结果
```

```
    :param file_path: 文件路径
    :param result_name: 文件名称
    """
    # 读取文件
    all_files_data = fr.read_files(file_path)
    # 处理销售月报数据
    all_reports = dp.deal_all_data(all_files_data[1])
    # 处理商品信息表数据
    commodities = dp.concat_commodity(all_files_data[0])
    # 按店铺进行分组统计
    result_store = an.by_store(all_reports)
    # 按店铺和商品类型进行数据透视表分析
    result_store_type = an.by_store_and_type(all_reports, commodities)
    try:
        # 打开 Excel 应用软件
        app = xw.App(visible=False, add_book=False)
        # 创建工作簿
        book = app.books.add()
        # 创建工作表
        sht1 = book.sheets.add("按店铺进行分组统计")
        sht2 = book.sheets.add("按店铺和商品类型进行分析")
        sht3 = book.sheets.add("图表")
        # 写入标题和数据  # ①
        sht1.range("A1").value = result_store.columns.tolist()
        sht1.range("A2").value = result_store.values.tolist()
        sht2.range("A1").value = result_store_type.columns.tolist()
        sht2.range("A2").value = result_store_type.values.tolist()
        # 将标题设置为粗体
        sht1.range("A1:D1").api.Font.Bold = True
        sht2.range("A1:F1").api.Font.Bold = True
        # 绘制图表
        fig1 = figs.bar_chart(result_store)
        fig2 = figs.biaxial_chart(result_store)
        # 在 sht3 工作表中添加两张图表  # ②
        sht3.pictures.add(
            fig1, left=20, top=20, name='店铺月交易金额的条形图', update=True)
        sht3.pictures.add(
            fig2, left=620, top=20, name='按店铺统计销量和金额的双轴图', update=True)
        # 判断文件是否存在
        deal_flag = False
        # 若不存在保存文件的文件夹, 则创建文件夹
        if not os.path.exists(file_path + "\\分析结果"):
            os.mkdir(file_path + "\\分析结果")
        # 文件保存完整路径
        save_path = file_path + "\\分析结果\\" + result_name
        # 文件保存标记
        save_flag = False
        # 若不存在工作簿, 则直接进行保存
        if not os.path.exists(save_path):  # ③
            # 保存工作簿
            book.save(file_path + "\\分析结果\\" + result_name)
            # 标识已经成功保存文件
            save_flag = True
        else:
            # 工作簿已经存在, 由客户端输入是否需要重新加工保存  # ④
            choice = input("文件已经存在是否需要重新加工（y/n）？")
            if choice.lower() == "y":
                # 删除文件
```

```
                os.remove(save_path)
            # 保存工作簿
            book.save(file_path + "\\分析结果\\" + result_name)
            # 标识已经成功保存文件
            save_flag = True
    # 若创建文件失败，则输出信息
    if not save_flag:
        print("文件已经存在创建失败了")
    finally: # 确保关闭工作簿和退出 Excel 应用软件
        book.close()
        app.quit()
```

上述代码比较长，先通过已经编写好的模块和函数来读取和分析数据，然后使用 xlwings 处理 Excel 文件的内容。代码①保存数据分析的结果到 Excel 文件中。代码②添加两张图表到 Excel 文件中。代码③判断文件是否存在，如果不存在，则直接保存工作簿，这样 xlwings 就会创建对应的 Excel 文件；如果文件已经存在，就要在代码④处由客户端输入是否需要重新加工保存文件，如果输入的是 "y" 或者 "Y"，就删除原来存在的文件，然后重新保存新的文件。请注意用 xlwings 处理的代码都在 try...finally... 语句中，这样做是为了在 finally 语句中确保关闭工作簿和退出 Excel 应用软件的代码会被运行。

编写代码测试保存文件：

```
import save

# 文件路径
file_path = r"D:\我的实践\螺蛳粉销售数据"
# 保存文件名
excel_name = "2022 年 10 月数据分析结果.xlsx"
# 保存文件
save.save_result(file_path, excel_name)
```

运行代码后，就会生成工作簿（D:\我的实践\螺蛳粉销售数据\分析结果\2022 年 10 月数据分析结果.xlsx），打开文件，可以看到图 12-10 所示的结果。

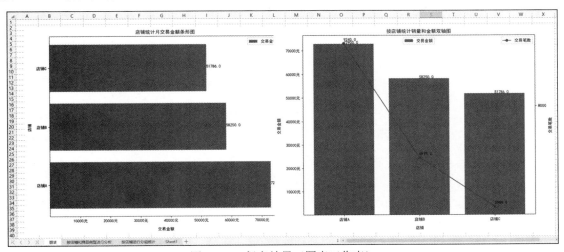

图 12-10　保存结果（图表工作表）

图 12-10 所示为图表工作表,这证明图表保存成功了。打开"按店铺和商品类型进行分析"工作表,如图 12-11 所示。

▲	A	B	C	D	E	F
1	店铺编号	店铺名称	类型	销量	合计	
2	D0001	店铺A	1-螺蛳粉	3490	49460	
3	D0001	店铺A	2-配菜	3720	16940	
4	D0001	店铺A	3-饮品或甜品	2030	6500	
5	D0002	店铺B	1-螺蛳粉	2688	41070	
6	D0002	店铺B	2-配菜	2600	12240	
7	D0002	店铺B	3-饮品或甜品	1690	4940	
8	D0003	店铺C	1-螺蛳粉	2575	37895	
9	D0003	店铺C	2-配菜	1799	8986	
10	D0003	店铺C	3-饮品或甜品	1615	4905	

图 12-11 保存结果("按店铺和商品类型进行分析"工作表)

从图 12-11 可以看出,对应的工作表也保存了数据分析的结果。

到这里,整个数据分析流程就完成了,包括读取数据、整理数据、筛选数据、统计分析、绘制图表和保存结果。如果统计的数据后续发生变动或者统计的口径有了新的变化,那么可以通过重新运行代码来得到需要的结果。